小角散射技术
在页岩油气储层表征中的应用

孙梦迪　张林浩　赵　翔　赵家乐　编著

科学出版社

北　京

内 容 简 介

近 10 年来，国内外学者在页岩储层表征方面取得了大量的研究成果，超小角和小角中子/X 射线散射技术在页岩储层表征中的应用愈加广泛。本书将系统介绍小角散射的实验原理及中国的小角散射设备；结合近年来小角散射在页岩储层表征中的研究工作，论述样品环境及制备方法，以及小角散射实验及数据分析；同时重点介绍小角中子散射同位素匹配法在表征页岩孔隙连通性、润湿性、膨胀性及渗透性方面的应用；最后与其他表征技术如气体吸附、高压压汞和核磁共振等进行比较，分析各种方法的差异性及互补性，通过各种技术的结合达到多尺度、多维度表征页岩储层物性结构的目的。

本书适合矿产普查与勘探专业非常规油气地质方向的学生使用，也可供从事页岩油气研究的科研人员参考阅读。

图书在版编目（CIP）数据

小角散射技术在页岩油气储层表征中的应用/孙梦迪等编著.—北京：科学出版社，2021.9

ISBN 978-7-03-069762-2

Ⅰ.① 小…　Ⅱ.① 孙…　Ⅲ. ① 小角散射-应用-油页岩-储集层特征-研究 Ⅳ. ① P618.130.2

中国版本图书馆 CIP 数据核字（2021）第 183539 号

责任编辑：何　念/责任校对：高　嵘
责任印制：彭　超/封面设计：苏　波

科 学 出 版 社 出版
北京东黄城根北街 16 号
邮政编码：100717
http://www.sciencep.com
武汉精一佳印刷有限公司印刷
科学出版社发行　各地新华书店经销
*
开本：787×1092　1/16
2021 年 9 月第　一　版　　印张：12 1/4
2021 年 9 月第一次印刷　　字数：290 000
定价：128.00 元
（如有印装质量问题，我社负责调换）

前　言

随着页岩油气在世界范围内的勘探与开发，页岩储层也逐渐成为继砂岩储层和碳酸盐岩储层之后又一重要的油气勘探开发层位。页岩油气储层通常具有纳米级孔隙、有机组分和无机矿物混合、非均质性强、特低孔低渗、油气赋存状态复杂等特征，使得页岩油气储层精细表征成为页岩油气地质与工程研究的热点与难点。同时一系列定量化和可视化的表征技术也被应用于页岩储层的评价与研究。近年来小角度和超小角度中子/X 射线散射技术得到了快速的发展和改进。2018 年 8 月中国散裂中子源通过国家验收，成为我国首个即世界第四个对外开放的散裂中子源，也是继中国绵阳研究堆和中国先进研究堆之后我国第三个可以开展中子散射研究的实验平台。同时北京同步辐射光源和上海同步辐射光源均可以开展 X 射线散射研究。未来我国预计建成的北京怀柔同步辐射光源、南方同步辐射光源、武汉同步辐射光源都会极大地促进小角散射技术的发展，助力于页岩油气储层等非常规油气储层的精细表征。

20世纪80年代以来，小角散射技术开始应用于岩石领域，A.P.Radliński、Y.B.Melnichenko、L.M.Anovize 等一批优秀的科学家逐渐将小角散射技术引入页岩油气储层的研究工作。随着美国“页岩油气革命”的到来，2012 年后美国学者通过中子散射技术对北美页岩油气储层开展了大量的研究工作。2016 年后中国学者也通过小角散射技术对页岩油气储层开展了研究工作。相信随着我国一系列中子源和同步辐射光源实验平台的不断完善，小角散射技术在页岩油气储层的研究领域将有极大的应用前景。

本书主要聚焦于小角散射技术在页岩油气储层表征中的应用。具体内容包括：页岩储层表征研究现状（第 1 章）、小角散射技术的基本原理（第 2 章）、中国的小角散射线站（第 3 章）、页岩小角散射实验（第 4 章）、页岩小角散射实验数据分析（第 5 章）、小角散射对页岩孔隙结构的表征（第 6 章）、小角散射与其他技术的互补性应用（第 7 章）。在本书撰写过程中，美国得克萨斯州立大学胡钦红教授、澳大利亚联邦科学与工业研究院潘哲君研究员、北京化工大学程刚教授、中国地质大学（北京）于炳松教授、澳大利亚新南威尔士大学 T.P.Blach 研究员、清华大学王沫然教授、中国散裂中子源柯于斌研究员及中国绵阳研究堆白亮飞和孙良卫研究员给予了大力的支持，在此表示衷心的感谢。课题组研究生杨五星、刘擎和温建江等在图表绘制及文字校对等方面做了大量的协助工作。本书的出版得到了国家自然科学基金项目和中国科学院 A 类战略性先导科技专项（41802146、XDA14010302、41830431、42072174、41690124）的资助，同时也离不开科学出版社的帮助，在此一并感谢。

由于作者水平有限，书中难免有欠妥之处，恳请相关领域的专家和读者批评指正。

孙梦迪

2020 年 6 月 22 日于武汉

目　录

第 1 章

页岩储层表征研究现状

在过去的10年，世界油气的产量大幅增加，特别是美国的产量呈指数增长。这主要归因于页岩油气产量的快速增加。随着水平井技术和水力压裂技术的大力发展，美国页岩气产量从2000年的110.4亿 m^3 提升到2015年的2 820.4亿 m^3（EIA，2016）。同样美国页岩油产量从不到100万bbl/d到2018年的超过500万bbl/d。在2014年，中国四川盆地涪陵区块的五峰组—龙马溪组页岩也最先实现了国内页岩气的商业化开发（金之钧 等，2016；郭彤楼，2016）。截至2019年底，涪陵页岩气田累计建成产能110亿 m^3，累计探明储量6 008亿 m^3，累计产气277.85亿 m^3（郭洪金，2020）。目前，我国已建成涪陵、长宁—威远和昭通3个海相页岩气示范区。页岩储层也逐渐成为继砂岩储层和碳酸盐岩储层之后又一重要的油气勘探开发层位。但在全球的页岩油气开发过程中都面临着科学与工程的挑战，如页岩油气采收率低、产量递减快、压裂液返排率低等问题都制约着页岩油气工业的可持续性发展（董大忠 等，2016；邹才能 等，2016，2015）。而以上问题无不与页岩储层特征息息相关。页岩储层通常具有纳米级孔隙、有机组分和无机矿物混合、非均质性强、特低孔低渗、油气赋存状态复杂等特征。因此页岩储层评价内容、方法与手段有别于常规储层，使得页岩储层精细表征成为页岩油气地质与工程研究的热点问题之一。本章将重点介绍国内外页岩储层的组分特征（矿物组分和有机质）和孔隙特征研究现状，以及页岩储层表征的技术方法。

1.1 页岩矿物组分特征

页岩作为一种细粒沉积岩，超过 50%的矿物颗粒小于 62.5 μm，其矿物组成主要包括黏土矿物（主要包括伊利石、伊蒙混层、高岭石、绿泥石等）、石英、长石（钾长石和斜长石）、碳酸盐矿物（方解石和白云石）和黄铁矿（Arthur and Cole，2014）。与常规砂岩或碳酸盐岩储层相比，页岩的矿物组成具有强非均质性、矿物质量分数大小与组分类型复杂多样的特点。大量勘探和测试结果发现，同一套页岩在不同地区的矿物类型及各组分的质量分数差异较大。而页岩矿物的组成关系到油气“甜点”的判断及后期开采过程中压裂造缝的难易程度。此外，页岩矿物组分还通过影响孔隙体系类型控制着天然气的赋存形式、聚集与流动行为等，因此了解页岩矿物组分特征是研究页岩储层的基础内容。

1.1.1 黏土矿物

黏土矿物是页岩中最主要的矿物之一，其分布的广泛性、特有的晶体结构及独特的物理化学性质，决定了它与页岩油气成藏机理及储层质量关系密切。大量研究表明，通常页岩气藏中分布最广的黏土矿物类型为伊利石、伊蒙混层、高岭石、绿泥石等（邹才能 等，2014）。近年来，国内外学者应用场发射扫描电镜（field emission-scanning electron microscope，FE-SEM）和 X 射线衍射（X-ray diffraction，XRD）等实验手段对页岩储层中的黏土矿物组成及质量分数进行了大量研究，认为北美下密西西比统 Barnett 页岩中的黏土矿物质量分数变化较大（5%～48%），平均质量分数为 24.2%；北美 Bakken 页岩中的黏土矿物平均质量分数为 31.2%，Haynesville 页岩中的黏土矿物平均质量分数为 33.7%（Loucks and Ruppel，2007；Jarvie et al.，2007）；对于国内页岩，上扬子地区寒武系筇竹寺组黏土矿物质量分数为 21.1%～56.4%，下志留统龙马溪组富有机质黑色页岩的黏土矿物质量分数为 37.4%～48.3%（董大忠 等，2010）。可见不同地区或同一地区不同层位页岩的黏土矿物组成与质量分数差异较大，而黏土矿物的差异将会造成明显的页岩储层性质的差异。图 1.1 显示了页岩中黏土矿物在场发射扫描电镜下的特征。

黏土矿物对页岩储层孔隙发育具有较显著的影响。通过对黏土质页岩研究发现，黏土矿物粒间和粒内均会存在大量的纳米级孔隙（Fishman et al.，2012；Loucks et al.，2012）。在成岩过程中，黏土矿物的机械化学稳定性较差，既容易发生物理变形，又可以发生化学转化，是产生各种无机孔缝的主要载体。在扫描电镜下可观察到与黏土矿物有关的孔隙类型如下。①黏土矿物形成的微裂隙（孔）。例如，蒙皂石向伊利石转化，伴随体积减小而产生微孔隙，可构成部分页岩储层的储渗空间[图 1.2（a）～（c）]。②由絮状作用沉积形成的孔隙。絮凝物是沉入海水富含离子的块状静电荷黏土碎片，是黏土类孔隙的

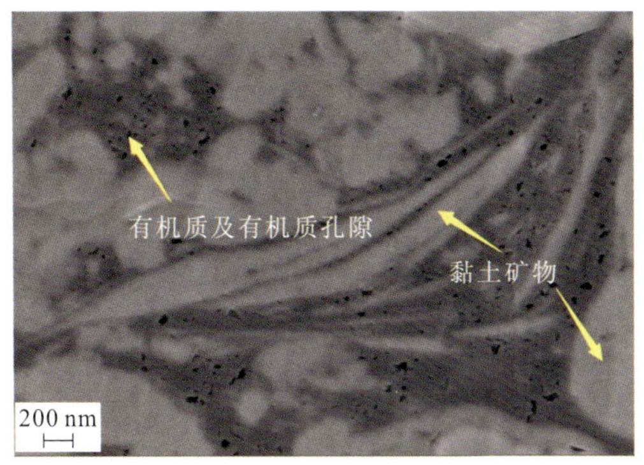

(a) 牛蹄塘组页岩中的黏土矿物

(b) 延长组7段中的黏土矿物

图 1.1　页岩黏土矿物组分镜下特征

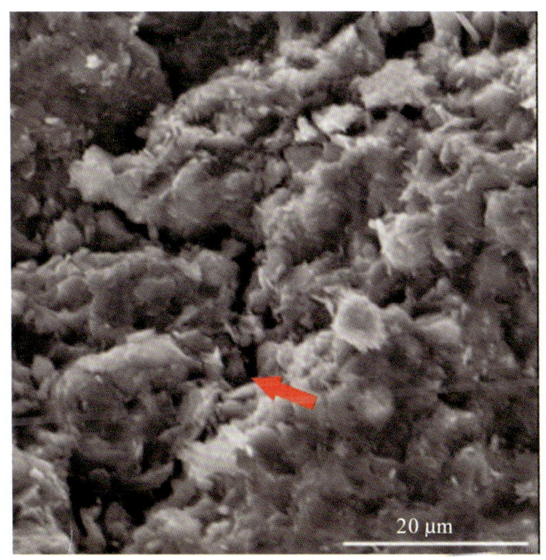

(a) 黏土矿物形成的微裂隙（孔）

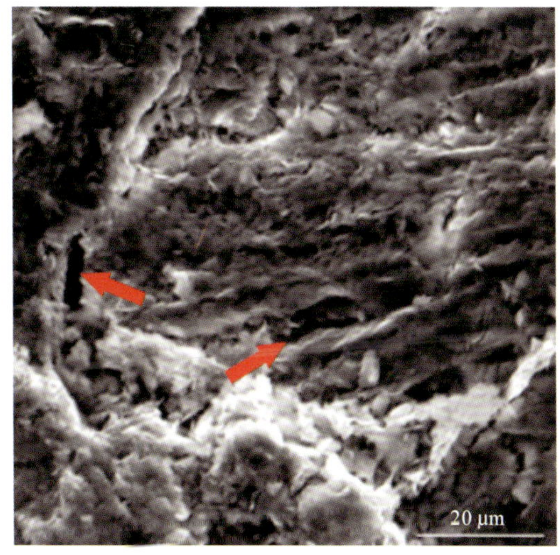

(b) 黏土矿物形成的微裂隙（孔）

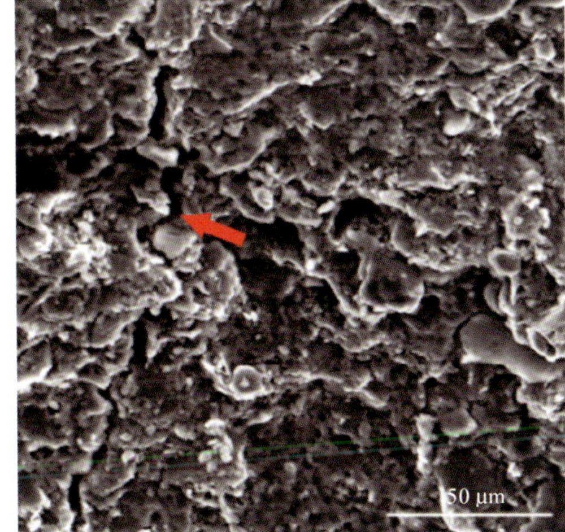

(c) 黏土矿物形成的微裂隙（孔）

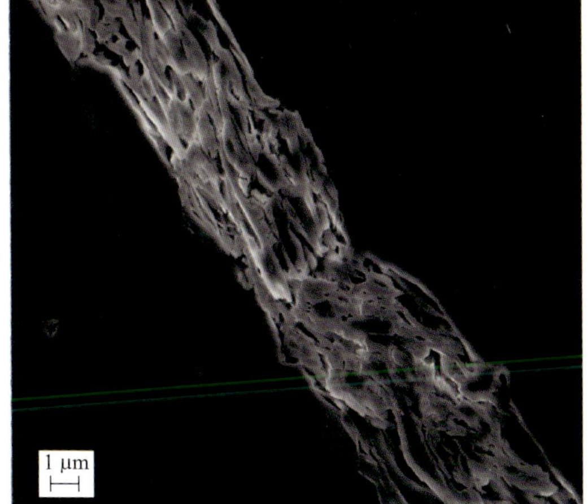

(d) 黏土聚合体之间形成的孔隙

图 1.2　与黏土矿物有关的孔隙（湖南牛蹄塘组黑色页岩）（范二平 等，2013）

典型代表。絮凝物可形成边-面或边-边方位的单个纸房状结构与面-面方位连成的网络结构。③黏土矿物具有较高的塑性，随着温度压力的增加黏土矿物片发生破碎、扭曲变形，从而在黏土聚合体之间形成孔隙[图 1.2（d）]。④黏土矿物与其他矿物相互接触时，由于硬度和韧度不同所形成的粒间孔。这些孔隙的大小一般都在微米至纳米级，为页岩中游离气提供了储存空间，同时也是页岩气运移的主要通道。此外，由氮气和二氧化碳吸附实验可知，黏土矿物层内部还存在大量连通的微孔隙（<50 nm），构成了一定的气体吸附空间（武景淑 等，2012；蒋裕强 等，2010）。Ross 和 Bustin（2009）通过分析页岩组成和孔隙结构对天然气吸附的影响，认为吸附态的甲烷主要赋存于有机质和黏土矿物产生的中-微孔隙中。

同时黏土矿物的富集程度也影响着页岩储层的水力压裂改造。黏土矿物相对于硅质、钙质矿物具有较强的比表面积和表面自由能，可塑性和吸水膨胀性较强，外来流体侵入地层后会发生敏感性物理或化学反应，在一定程度上抑制压裂，影响人工造缝，不利于页岩气的水力压裂开采。

1.1.2 石英

页岩中常含有大量的硅质成分，常表现为不同形态特征的石英，一部分是来源于盆地内部或者盆地外部的碎屑石英，另一部分是页岩中的自生石英。通过镜下观察发现鄂西渝东地区五峰组—龙马溪组页岩的石英主要呈纹层状[图 1.3(a)]、分散状[图 1.3(b)]、斑状或类球状等碎屑颗粒形态分布[图 1.3（c）～（e）]，颗粒间大多充填了暗色或黑色

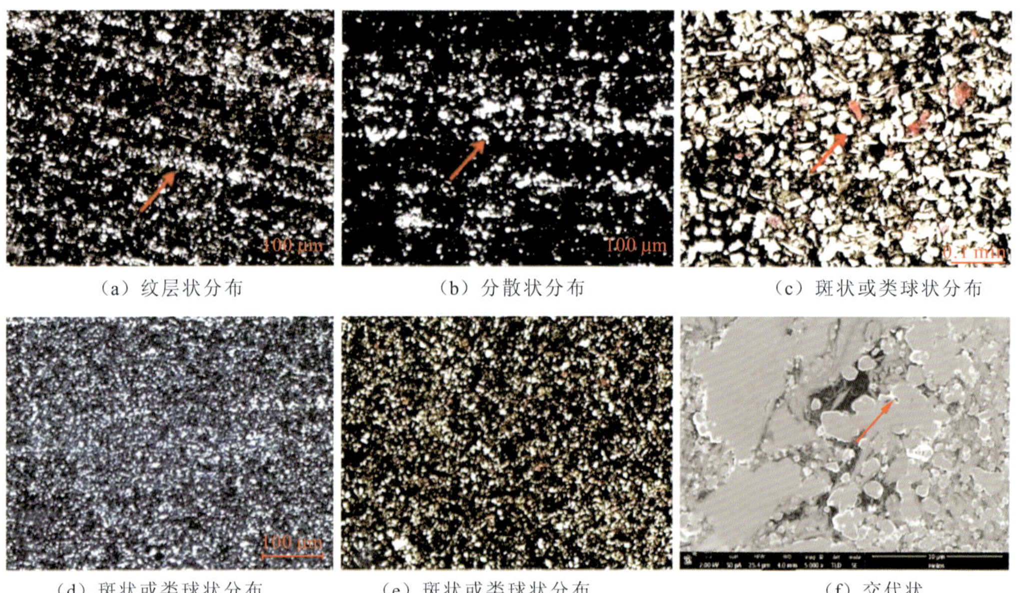

（a）纹层状分布　（b）分散状分布　（c）斑状或类球状分布

（d）斑状或类球状分布　（e）斑状或类球状分布　（f）交代状

图 1.3　鄂西渝东地区五峰组—龙马溪组页岩石英颗粒镜下特征（杨锐，2018）

的沥青。页岩高分辨率扫描电镜观察发现了不同形态的石英集合体，石英颗粒的大小差异较为明显，颗粒边缘全部或局部可见被溶蚀作用形成的不规则港湾状，也有部分石英颗粒被方解石或者白云石交代[图 1.3（f）]。Milliken 等（2016）采用 X 射线扫描对 Si、Ca、Al、Mg 进行元素分析，并结合电子显微镜成像合成了“元素和形貌”的双通道图像。基于该图像观察了美国 Eagle Ford 页岩基质分散自生微石英的镜下形态（图 1.4）。

（a）斑状或类球状分布自生石英矿物颗粒　　（b）交代状石英矿物颗粒

图 1.4　Eagle Ford 页岩基质分散自生微石英照片（Milliken et al.，2016）

红色部分代表石英颗粒

细粒沉积物在沉积作用过程中能够保留大量的孔隙（～80%）（Velde，1996），这些孔隙以原始的粒间孔和粒内孔的形式存在（Loucks et al.，2012；Desbois et al.，2009）。而在埋藏作用早期，大多数原始孔隙会在压实作用过程中被破坏（Pommer and Milliken，2015；Loucks et al.，2012；Mondol et al.，2007；Velde，1996）。石英等脆性矿物的堆积将以骨架的形式支撑保存部分原始粒间孔和粒内孔（Pommer and Milliken，2015；Milliken and Reed，2010；Desbois et al.，2009）。此外通过溶解作用，析出的硅质将在原始孔隙中再沉淀或重结晶形成不规则的石英微晶的堆积体或者隐晶质石英（Williams and Crerar，1985），这也破坏了原始孔隙，但同样作为脆性的骨架保存了孔隙的内部结构，限制了挤压作用对孔隙的影响，所以在石英微晶的堆积体中有大量的孔隙空间。图 1.5 展示了四川盆地五峰组—龙马溪组页岩中与石英有关的孔隙发育类型。在生油窗阶段充填油和沥青，石英微晶堆积体内压缩的孔隙空间控制了运移有机质的分布空间和范围。另外，溶蚀孔及石英晶间孔也会增加一定的赋存空间。脆性矿物诱导孔隙和裂缝的形成增加了页岩储层孔隙度及渗透率。

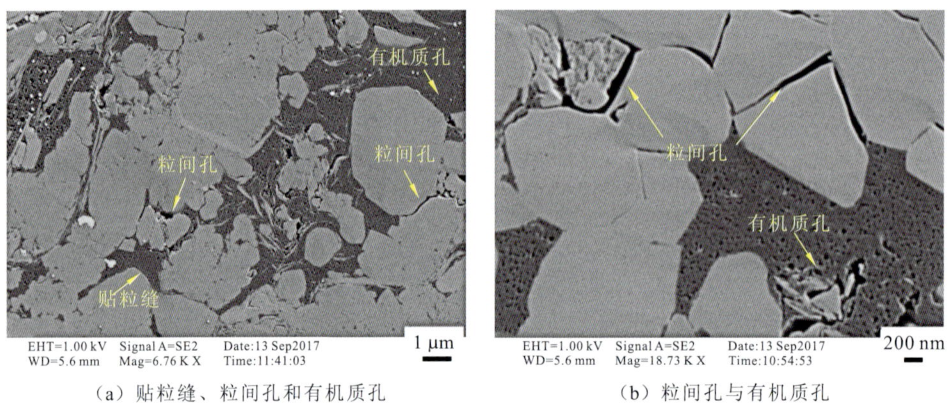

（a）贴粒缝、粒间孔和有机质孔　　（b）粒间孔与有机质孔

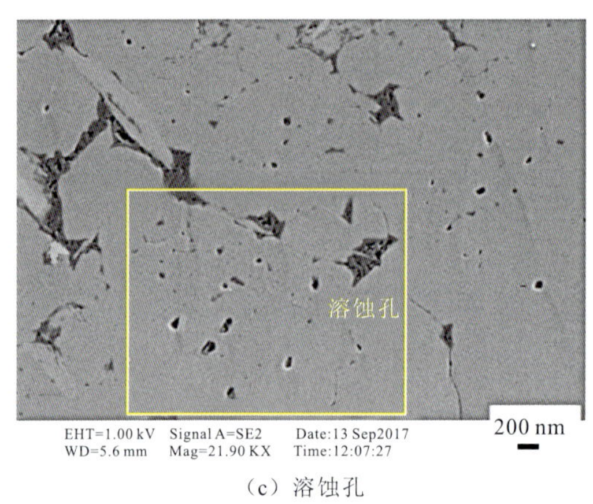

（c）溶蚀孔

图 1.5　四川盆地五峰组－龙马溪组页岩中与石英有关的孔隙发育类型（李凯强，2018）

1.1.3　长石

页岩中长石主要包括钾长石和斜长石。在中国南方海相龙马溪组页岩中钾长石质量分数一般低于 5%，平均质量分数约为 2.5%；斜长石质量分数为 1.0%～10%，平均值约为 7.0%。镜下观察发现长石偶见零散不均匀分布，主要为半自形或他形颗粒，颗粒大小介于 5～10 μm，部分长石被碳酸盐矿物交代。图 1.6 显示了长石矿物的镜下特征。

钾长石溶蚀过程往往与黏土矿物的转化有一定的关系，因为伊利石的形成需要消耗一定量的钾元素，从而能促进钾长石颗粒发生溶蚀作用。通过对 Barney Creek 组页岩研究发现，在低成熟度页岩中页岩基质包含了大量化学未成熟粉砂大小的钾长石，随着成熟度的提高烃类生产过程中释放的有机酸会对长石进行溶解，从而形成大量的次生孔隙（图 1.7）（Baruch et al.，2015）。然而，次生孔隙以中孔和大孔的形式出现在随机分布的晶粒中，这表明有机酸影响的范围有限（Taylor et al.，2010）。

（a）半自形与他形长石矿物颗粒

（b）被碳酸盐矿物交代的长石矿物颗粒

图 1.6　长石矿物的镜下特征（Baruch et al.，2015）

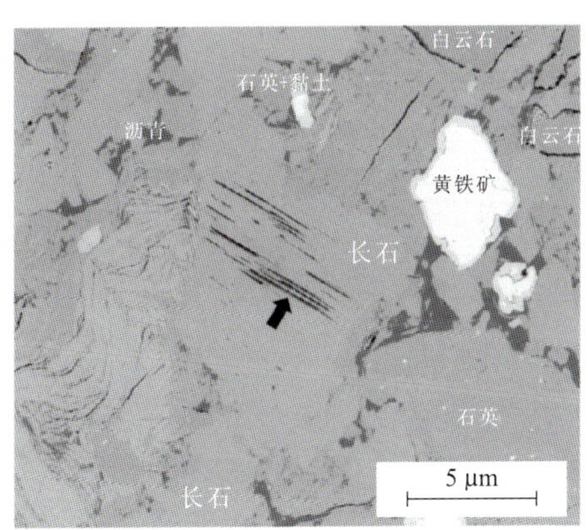

（a）沿着钾长石解理面溶解（黑色箭头）

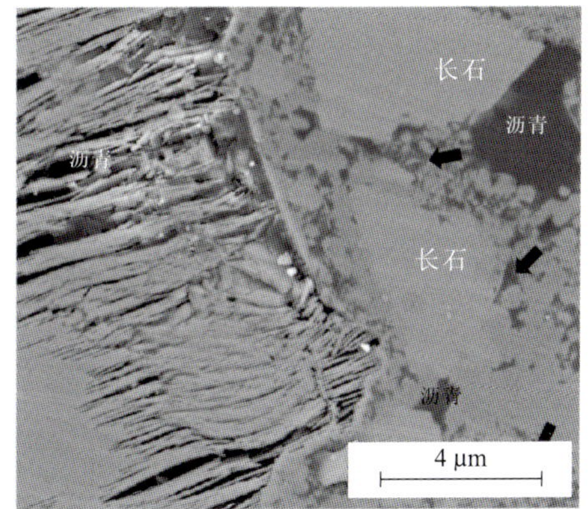

（b）钾长石颗粒沿着其解理面溶解，沥青分布（黑色箭头）

图 1.7　长石溶解产生的次生孔隙（Baruch et al.，2015）

1.1.4　碳酸盐矿物

页岩中的碳酸盐矿物主要由方解石和白云石组成。白云石和方解石会在页岩中出现沿层理和裂缝填充的现象[图 1.8（a）、（b）]，页岩中方解石自形程度高，晶形完整，斑点状分布，粒度可达 50～70 μm，部分粗粒可达 100 μm。交代成因的白云石自形程度高，为自形—半自形，晶形多为菱面体结构[图 1.8（c）]。龙马溪组页岩中可见大量生物钙质化石颗粒，主要为钙质成分[图 1.8（d）]（Sun et al.，2017）。

在深埋藏作用下，碳酸盐矿物容易发生溶解或溶蚀，一般沿解理缝进行溶蚀，会在方解石与白云石颗粒内部形成溶蚀孔，孔径一般为 5 nm～1 μm（郭芪恒等，2019）[图 1.9（a）]。同时碳酸盐边缘溶蚀可以与附近的孔隙网络连接，改善孔隙连通性[图 1.9（b）]。

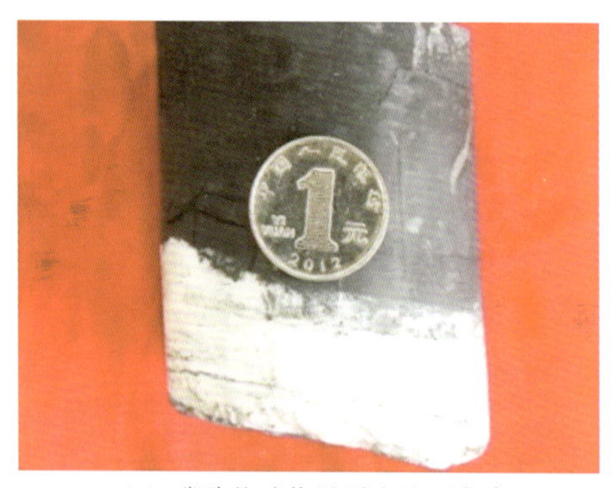

（a）碳酸盐矿物沿页岩纹层发育

（b）碳酸盐矿物填充页岩缝隙

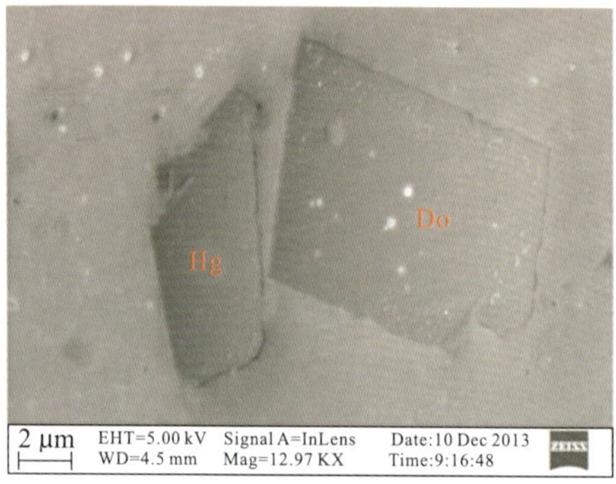

（c）页岩中自形白云石

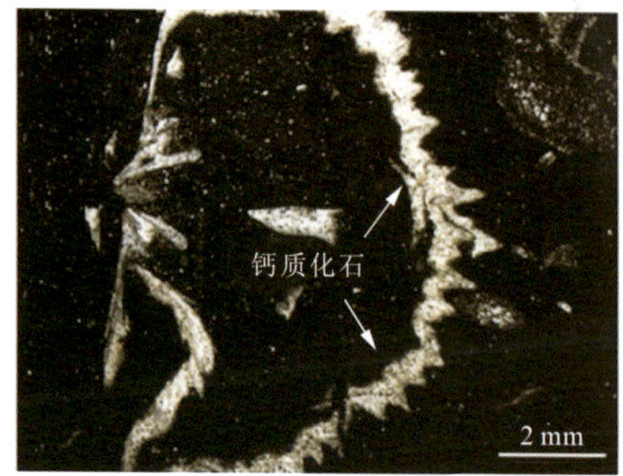

（d）页岩中钙质化石

图 1.8　页岩中的碳酸盐矿物（Sun et al.，2017；孙梦迪，2014）

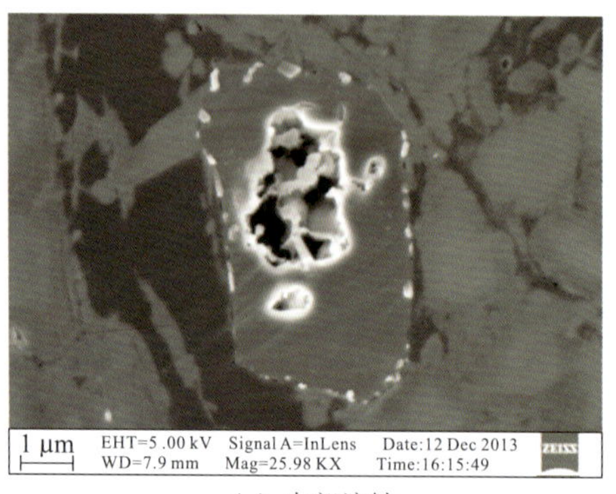

（a）内部溶蚀

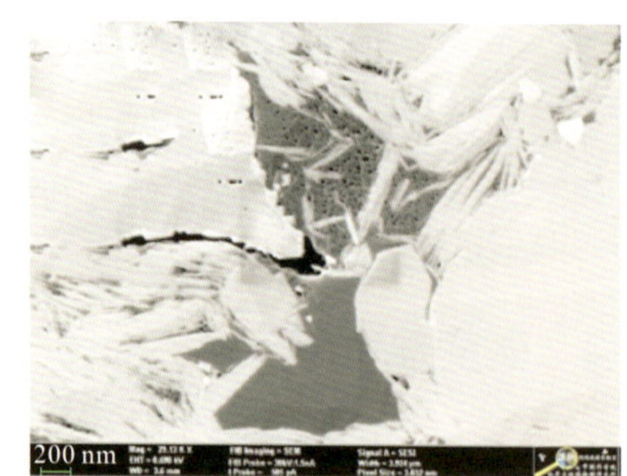

（b）边缘溶蚀

图 1.9　碳酸盐矿物溶蚀孔类型（Sun et al.，2019；郭芪恒 等，2019）

1.1.5　黄铁矿

页岩中的黄铁矿主要分为草莓状黄铁矿和自形黄铁矿[图 1.10（a）]。这两种黄铁矿的形态、形成过程、形成环境都不同（Shi et al.，2015；孙梦迪 等，2014；Wilkin and Barnes，1997；Raiswell and Berner，1985）。草莓状黄铁矿和自形黄铁矿可以通过形态进行区分。草莓状黄铁矿通常为粒径均一的椭球—圆球状聚集体[图 1.10（b）]，但也有诸如环状、太阳花状、非球状的异形草莓状黄铁矿。而自形黄铁矿通常以单颗粒晶体[图 1.10（c）]或多颗粒晶体聚集的方式存在，其中，部分多颗粒晶体聚集体容易与非球状草莓状黄铁矿混淆，其区分要点为：①自形黄铁矿的多颗粒晶体聚集体的单颗晶体尺寸差异较大，草莓状黄铁矿的单颗晶体尺寸相对均一[图 1.10（d）]；②自形黄铁矿的多颗粒晶体聚集体一般充填于孔缝之中，单颗粒之间有时甚至会被其他无机矿物分隔开。

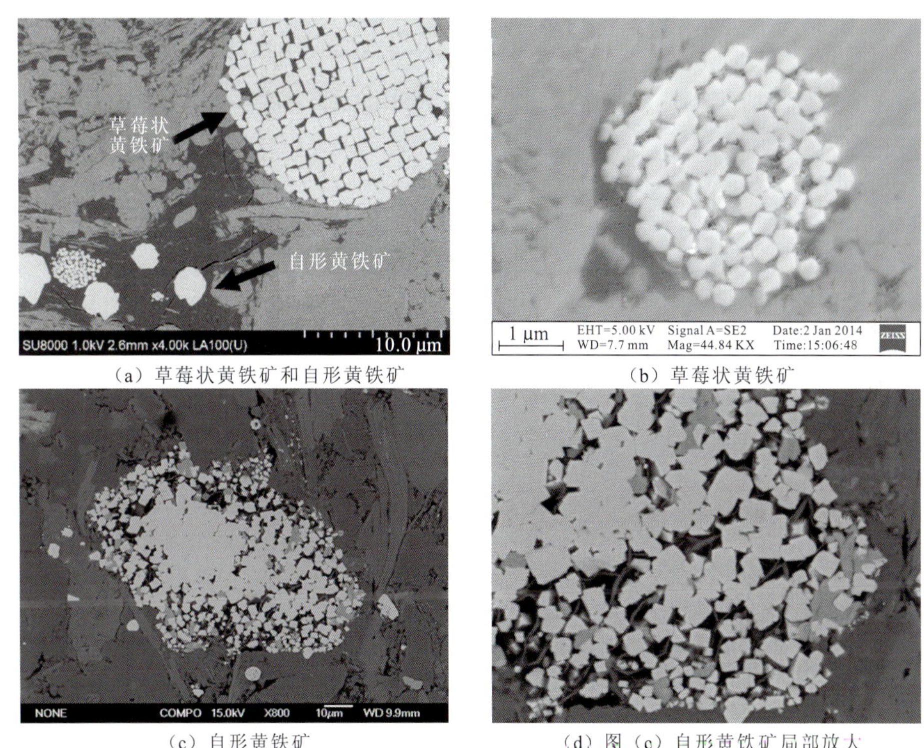

（a）草莓状黄铁矿和自形黄铁矿　　（b）草莓状黄铁矿

（c）自形黄铁矿　　（d）图（c）自形黄铁矿局部放大

图 1.10　页岩中的各形黄铁矿

页岩中的黄铁矿是页岩储层评价的辅助依据。国内外的研究显示，含气量高的储层通常含有大量的黄铁矿，并且草莓状黄铁矿和有机质伴生（Sun et al.，2019；Yang et al.，2016；Loucks et al.，2009）。一些学者研究指出，含铁矿物可以催化液态烃发生裂解，使气态烃的产率增加 1.5～3 倍（吴艳艳 等，2015；祖小京 等，2007）。页岩中的黄铁矿还增加了利于甲烷吸附的微孔数量，促进了页岩气的富集（Sun et al.，2016；于炳松，2013；Loucks et al.，2009）。部分学者基于黄铁矿与页岩气的相关关系，提出可利用黄铁矿丰度与低阻高极化率的特征，使用测井技术划分富有机质页岩区块与页岩气富集区（李丹 等，2018；赵迪斐 等，2016）。

页岩气开采过程中，利用黄铁矿可被氧化的特性，可提高页岩气采收率。黄铁矿化学性质较为活泼，通过氧化反应可形成溶蚀孔，并产生热量和气体，进而增强孔隙的连通性，提高裂缝密度或体积，促进甲烷解吸（游利军 等，2017；Kuila et al.，2014；Dimitrijević et al.，1999）。前人通过实验显示，在压裂液中加入氧化剂，有效提升了页岩气的采收率（谭鹏 等，2018；游利军 等，2016）。

1.2 页岩有机质特征

有机质是页岩油气生成的物质基础，生烃过程中形成的有机孔隙网络也是重要的油气储集空间。页岩储层中有机质的类型、丰度和成熟度对页岩气的资源量具有重要影响。总有机碳（total organic carbon，TOC）质量分数是衡量页岩有机质丰度的重要指标，有经济开发价值的页岩油气区的最低TOC质量分数一般在2%以上。有机质类型的研究对于确定页岩气勘探开发的有利远景区带是必不可少的，其与TOC质量分数和成熟度共同决定着烃源岩的生气潜力。表1.1、表1.2分别总结了国内、国外页岩有机质参数及类型（邹才能 等，2010）。

表1.1　国内页岩有机质参数及类型（邹才能 等，2010）

区域名称	地层	TOC质量分数/%	有机质类型	镜质组反射率 R_o/%
四川盆地	下寒武统	1.0～5.5	I～II	1.6～5.2
	下志留统	2.0～4.0	I～II	1.6～3.6
塔里木盆地	下寒武统	0.2～5.5	I～II	1.9～2.0
	下奥陶统	0.2～2.1		1.7
上扬子东南缘	上奥陶统—下志留统	1.7～3.1	I	1.8～2.5
鄂尔多斯盆地	上三叠统	6.0～22.0	I～II	0.9～1.2
松辽盆地	上白垩统	0.5～4.5	I～II	0.6～1.2

表1.2　国外页岩有机质参数及类型

页岩名称	地层	TOC质量分数/%	有机质类型	镜质组反射率 R_o/%
Barnett	下密西西比统	2.0～7.0	I～II	1.1～2.0
Fayetteville	下密西西比统	4.0～9.8	II～III	1.2～4.0
Haynesville	上侏罗统	0.5～4.0	II	2.2～3.2
Marcellus	上泥盆统	3.0～12.0	II	0.6～3.0
Woodford	上泥盆统	1.0～14.0	II	1.1～3.0
Antrim	上泥盆统	1.0～20.0	I～II	0.4～0.6
New Albany	上泥盆统—下石炭统	1.0～25.0	II	0.4～0.8

通常，烃源岩的有机质类型划分为三分法，将有机质类型划分为I型（腐泥型）、II型（过渡型）和III型（腐殖型）有机质，其中I型有机质有极高的氢指数和极低的氧指数，II型有机质有较高的氢指数和较高的氧指数，III型有机质有极低的氢指数和极高的氧指数。烃源岩有机质类型可采用三类四分法或三类五分法（傅家谟 等，1986；黄第藩

和李晋超，1982）。烃源岩的有机质类型是有机质的质量指标，它对烃源岩的生烃潜力起着重要作用（İnan et al.，2018；Delle et al.，2018；柳少鹏 等，2012）。研究普遍认为：富氢有机质主要生油，而含氢量较低的有机质以生气为主；海洋或湖泊环境下形成的有机质（I 型和 II 型）易于生油。随热演化程度的增加，原油裂解成气。陆相环境下形成的有机质（III 型）主要生气，中间混合型（尤其是 II 型和 III 型）在海相页岩中最为普遍，产气潜力大。对于国内产气页岩，四川盆地在内的扬子地台大部分地区古生界烃源岩属 I 型干酪根。四川盆地下古生界寒武系筇竹寺组和志留系龙马溪组两套海相黑色页岩属 I—II 型干酪根。我国北方古生界石炭系—二叠系、中生界侏罗系含煤层系碳质页岩，干酪根主要是 III 型。鄂尔多斯、塔里木和华北地区上古生界石炭系—二叠系碳质页岩的有机质类型则多为 II—III 型。而我国松辽盆地古龙凹陷已发现下白垩统青山口组和嫩江组页岩干酪根为 I—II 型（邹才能 等，2010）。

TOC 质量分数是有机质丰度的重要参考标准（崔景伟 等，2012），也是生烃量和生烃强度的重要决定因素，尤其在含气页岩的研究中应用最为广泛、实验测试技术最为成熟，国内外的页岩储层研究中也基本应用这一基础指标。与常规油气藏相同，充足的有机质来源是油气生成的物质基础，含油气页岩本来作为烃源岩，有机质丰度一般较高，TOC 质量分数直接影响着页岩气的富集量。研究发现，高 TOC 质量分数有利于页岩气的吸附，Curtis 等（2012b）对加拿大西部地区页岩研究发现，TOC 质量分数与页岩中甲烷吸附量具有明显的正相关关系（图 1.11）；在国内的鄂尔多斯盆地页岩和四川盆地龙马溪组页岩实验上也发现了同样的结果，表明页岩 TOC 质量分数与页岩中游离烃的体积分数明显有着非常紧密的联系。另外，TOC 质量分数是控制页岩储层中纳米孔隙体积及其比表面积的主要内在因素，在一定程度上存在着正相关性，高 TOC 质量分数有利于纳米级孔隙的形成。在这些纳米孔隙中，微孔、中孔与 TOC 质量分数的相关性较好（陈尚斌 等，2012）。

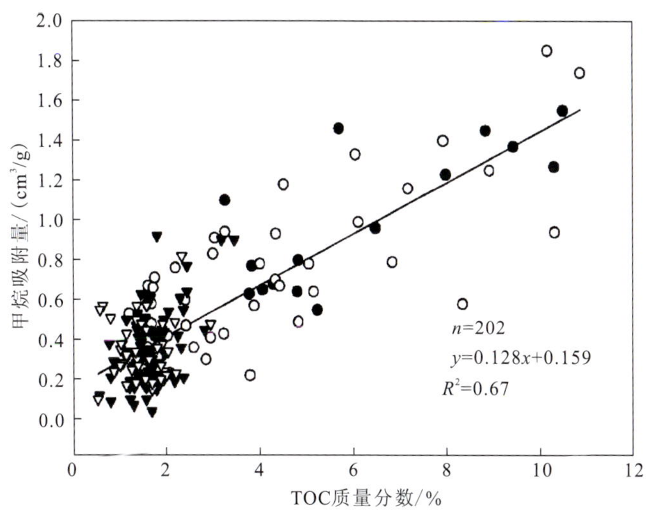

图 1.11　TOC 质量分数与甲烷吸附量关系图（Curtis et al.，2012b）

有机质成熟度是确定有机质生油、生气或向烃类转化程度的关键指标。镜质组反射率 R_o≥1.0%为高生油峰，R_o≥1.3%为生气阶段。自然界中不同类型的干酪根进入湿气和凝析油阶段的温度或成熟度界限有一定差异。北美从未成熟到成熟页岩层系中均有商业性页岩气显示，密歇根盆地的 Antrim 页岩埋藏较浅，成熟度只有 0.5%左右，为典型的生物成因的页岩气藏；而圣胡安的 Lewis 页岩气藏为典型的热成因页岩气藏，其 R_o 介于 1.2%～2.1%；Barnett 页岩分布较广，南部产气区页岩层段的 R_o 平均为 2.2%，北部为 1.3%（张田 等，2013）。可见 R_o 并不是页岩气成藏的主控条件，但其对于页岩气的富集有着重要的影响。我国古生界海相页岩成熟度普遍较高，R_o 一般为 2.0%～4.0%，处于高成熟—过成熟以生干气为主的阶段；而中新生界陆相页岩成熟度普遍偏低，R_o 一般为 0.8%～1.2%，处于成熟—高成熟以生油为主的阶段，兼生气。随着热演化程度的增加，页岩有机孔逐渐发育。Curtis 等（2012b）通过扫描电镜对比了 8 块 R_o 为 0.51%～6.36%的 Woodford 页岩观察发现，随着成熟度的增加 TOC 质量分数逐渐减少，有机孔隙开始发育，有机孔隙度增大，成熟度过高时机孔隙度减小。Shi 等（2018）通过热模拟实验给出不同成熟度有机孔的发育情况，从图 1.12 可以观察到页岩从低成熟阶段到高成熟阶段，有机孔隙发育，有机孔隙的总比例逐渐上升到 50%以上，为气体的储存提供了主要空间，但随着样品被加热到过成熟阶段，有机孔隙的总比例反而会降低。

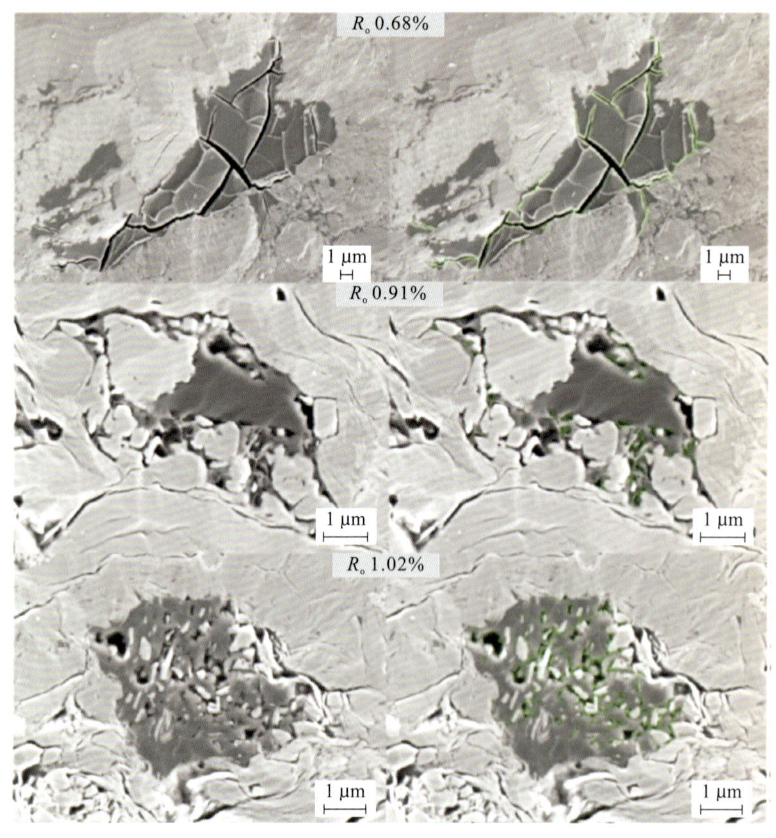

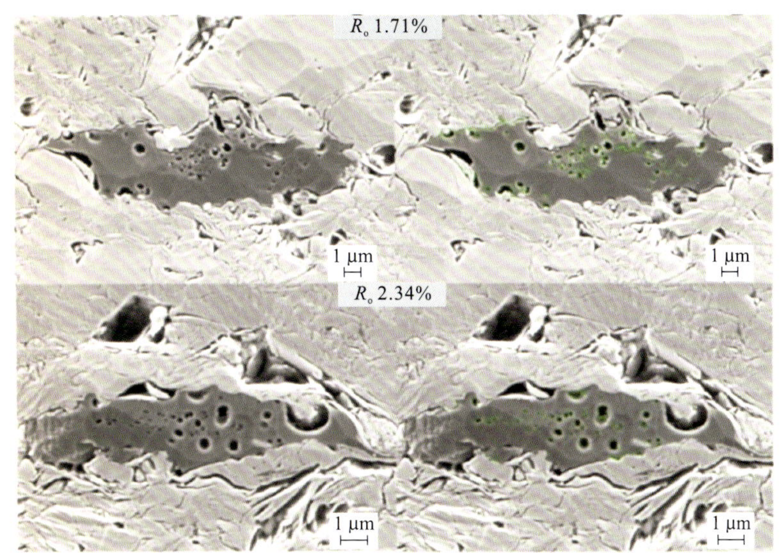

图 1.12　镜下不同成熟度页岩的有机孔隙发育特征及孔隙提取（Shi et al.，2018）

1.3　页岩储层孔隙表征技术的发展

伴随着常规油气储量的消耗及水平井和多段水力压裂技术的发展，非常规页岩油气储层得到了全世界油气工业领域的关注（Guo，2015；Clarkson et al.，2013；Hao et al.，2013）。页岩储层中的油气产量与复杂且多尺度的孔隙结构息息相关（Hu et al.，2015；Mastalerz et al.，2013；Curtis et al.，2012a）。孔隙的几何特征（如孔隙大小、形状、孔径分布）和拓扑特征（如孔隙连通性、挠曲度、分形维数）直接关系到页岩储层的储集能力和输导能力（Song and Carr，2020；Sun et al.，2017；Milliken et al.，2013）。为了更好地评价储层质量和优化开发，全面地研究页岩储层的孔隙结构特征，在过去的 10 年里，一系列可视化和定量化的技术被应用于揭示页岩的孔隙特征，它们的表征尺度和适用范围如图 1.13 所示。

1.3.1　图像分析技术

页岩样品中孔隙的可视化通常依赖于各种成像技术如场发射扫描电镜、原子力显微镜（atomic force microscopy，AFM）和氦离子显微镜（helium ion microscope，HIM）（Li et al.，2018；Sun et al.，2016；King et al.，2015）。结合聚焦离子束技术（focus on ion beam，FIB），可以通过聚焦离子束扫描电镜（focus on ion beam-scanning electron microscope，FIB-SEM）或聚焦离子束氦离子显微镜（focus on ion beam-helium ion microscope，FIB-HIM）来重建孔隙体系的三维结构。孔隙体积、孔径分布和孔隙连通性可以通过孔

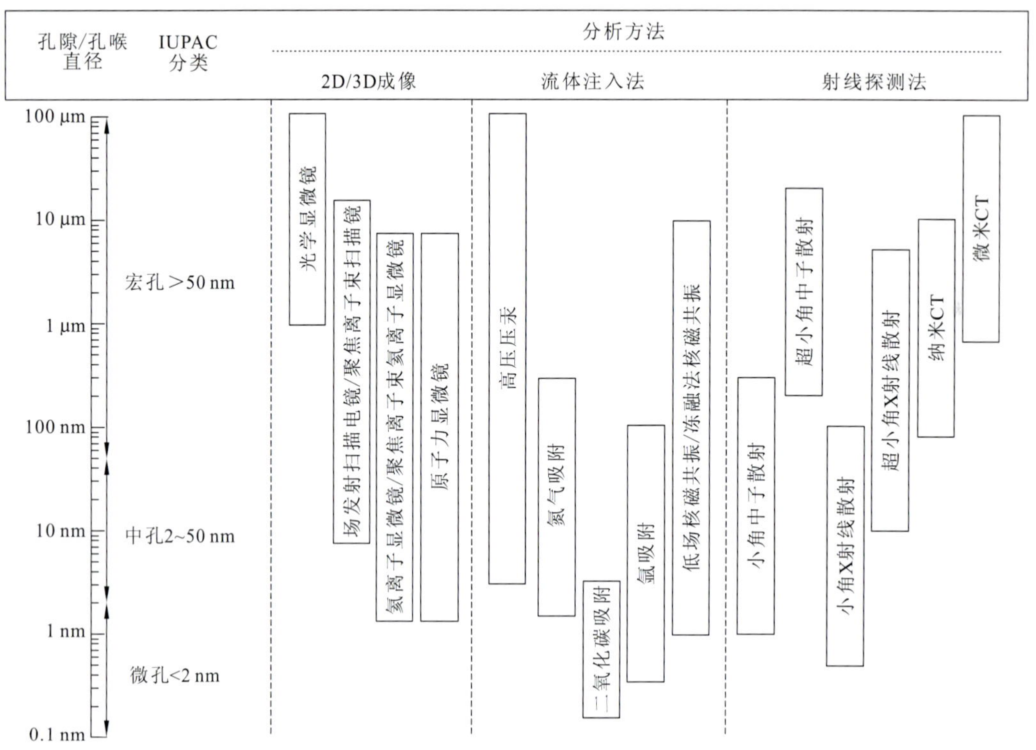

图 1.13 不同尺度的页岩孔隙表征技术

IUPAC 为国际纯粹与应用化学联合会

隙体系的三维结构进行计算（Sun et al.，2020a）。但是当成像技术获取高分辨率的图像时很难克服视域范围有限和不具有代表性等劣势。

目前，扫描电镜在页岩孔隙可视化表征方面的应用最为广泛。扫描电子显微镜（scanning electron microscope，SEM）简称扫描电镜，其通过用聚焦电子束扫描样品的表面来产生样品表面的图像。入射的电子激发样本表面原子散发出二次电子，可以检测的二次电子的数量取决于样品形貌。通过扫描样品并使用特殊检测器收集被发射的二次电子，显示样品表面的形貌图像。

结合 SEM 镜下直观观察页岩中微米—纳米孔隙的图像分析技术，可获得关于孔隙形态、分布位置和大小等信息，结合图像统计学方法还能定量地获得孔径和孔隙度等（Loucks et al.，2017，2009；Hu et al.，2017），这些定性-定量信息极大地推动了孔隙的几何学特征、孔隙成因、孔隙形态分类等问题的研究。早在 1970 年，O'Brien（1970）就利用 SEM 观察了页岩的组构及黏土片纹层特征，但当时“页岩油气革命”尚未开始，直到 2007 年，Reed 和 Loucks（2007）第一次使用 SEM 对美国下密西西比统 Barnett 页岩的纳米孔隙进行了成像，首次对低至 5 nm 的微孔进行了成像；随后有学者利用高分辨率场发射扫描电镜技术对沃思堡盆地 Barnett 页岩的孔隙进行了一系列研究（Loucks et al.，2017，2009；Loucks and Reed，2014），照片显示页岩发育丰富的纳米级孔隙（图 1.14），页岩的扫描电镜研究方法逐渐成熟。

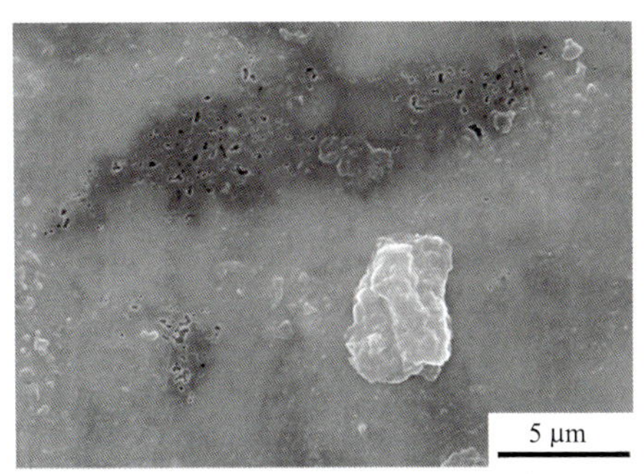

（a）有机颗粒中椭圆形与近圆形的纳米孔，颜色较深的位置是有机物

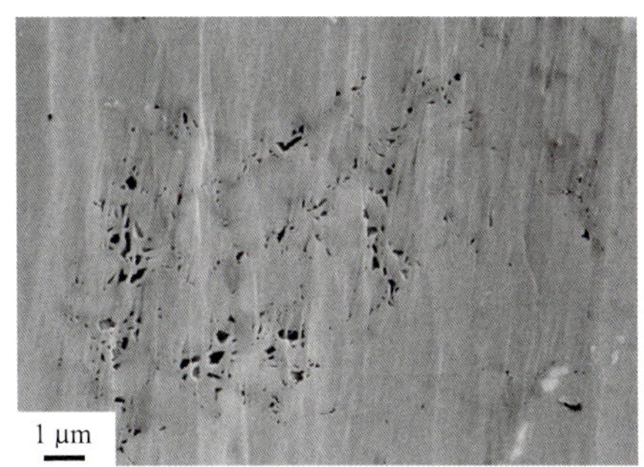

（b）有机质颗粒中的近圆形纳米孔

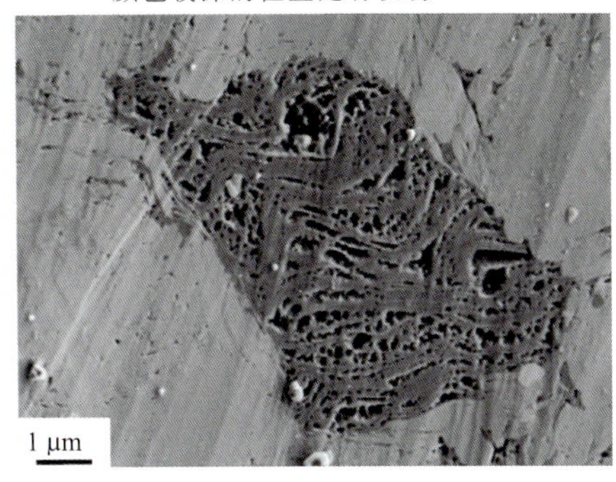

（c）卷曲褶皱排列的纳米孔

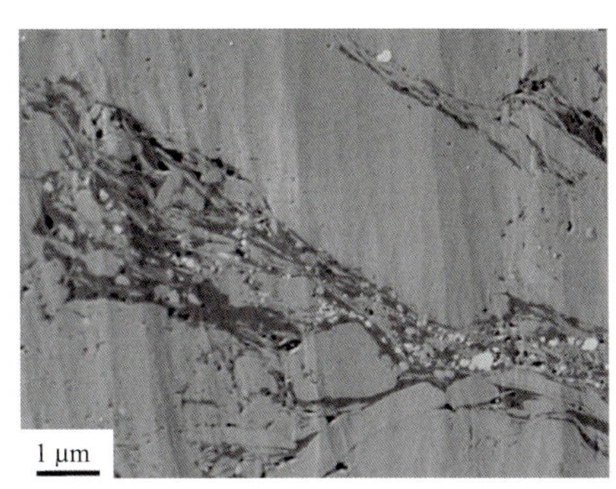

（d）与矿物交代的有机质颗粒中的纳米孔

图 1.14　Barnett 页岩中与有机质有关的纳米孔（Loucks et al.，2009）

除此之外，聚焦离子束系统、宽离子束系统（broad ion beam，BIB）与扫描电镜的结合在非常规页岩油气储层评价上也有越来越多的应用。在典型的 FIB-SEM 中，外加电场作用于镓（Ga）液态金属离子源，场发射镓离子，形成镓束。由于镓束流的原子质量较高，不仅可以应用产生电子和离子图像，强电流离子束还可对表面原子进行剥离，以完成微米级、纳米级表面形貌加工。Klaver 等（2012）利用宽离子束扫描电镜（broad ion beam-scanning electron microscope，BIB-SEM）技术表征了德国 Posidonia 不同成熟度页岩样品的孔隙结构，获得了关于孔隙形态、孔径分布、孔隙体积、有机质孔隙体积和孔隙连通性等信息；Curtis 等（2012a）利用 FIB-SEM 技术，对北美地区 9 套典型页岩储层进行了三维结构重建，直观地观察了孔隙的形态、大小和连通性，且估算了孔隙分布、孔隙体积和面孔率。Sun 等（2020a）也利用 FIB-SEM 技术对龙马溪组页岩进行三维成像研究，获得了三维立体成像及连通性参数、孔隙连通性演化等信息（图 1.15）。

HIM 及 FIB-HIM 为目前较先进的应用于非常规油气研究领域的能够有效识别页岩微纳米孔隙的技术方法。HIM 分辨率极高，能够达到 0.5 nm 左右，具有亚纳米级尺度的分辨能力，超过目前常用非常规油气储层微观结构探测的场发射扫描电镜的分辨率（王朋飞 等，2018）。图 1.16 展示了 HIM 下的页岩纳米级孔隙。氦离子束具有低能量和聚焦集中的特点，能在高放大倍数下稳定成像，使图像分辨率更高、更清晰，能获得比电子显微镜高 5 倍的景深。有机质会在氦离子束的轰击下显示深灰色，而孔隙则会显示黑色，根据页岩中不同基质在氦离子束轰击下的颜色衬度，可轻易识别出有机质及其内部发育的孔隙（王朋飞 等，2019）。

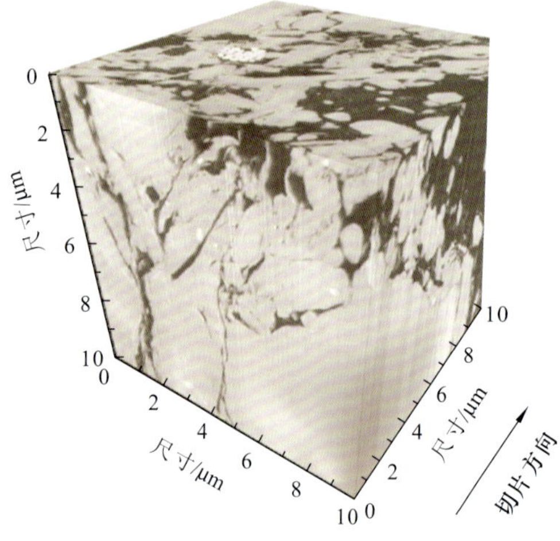

（a）由FIB-SEM照片重构的页岩三维模型

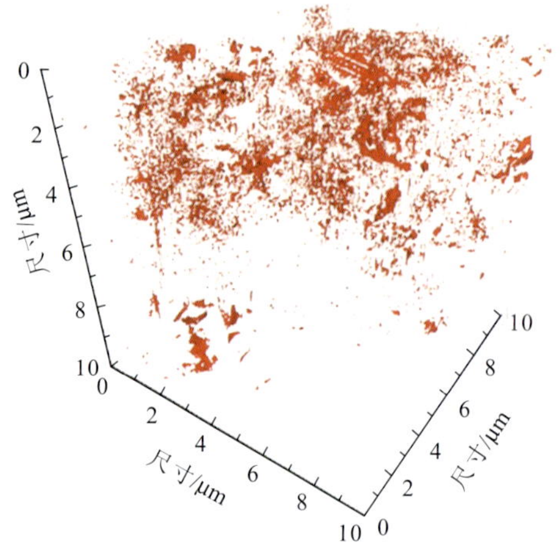

（b）从三维模型中提取的孔隙网络

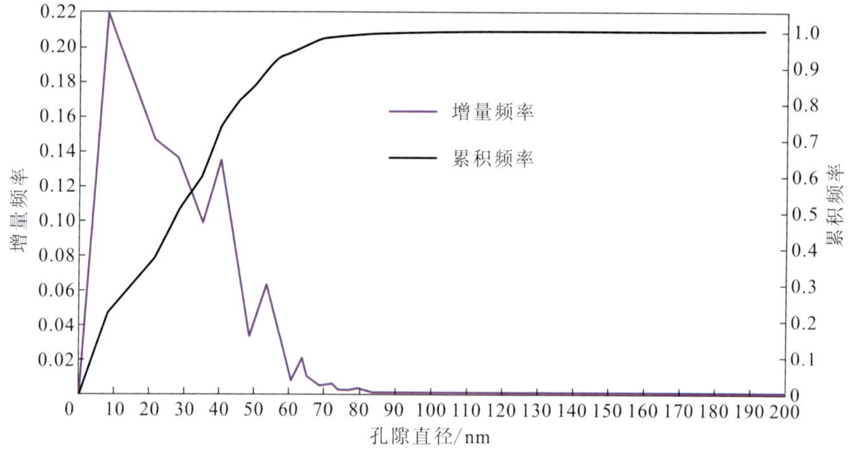

（c）孔径频率分布统计

图 1.15　使用 FIB-SEM 及 Avizo 软件重建的页岩三维孔隙网络（Sun et al.，2020a）

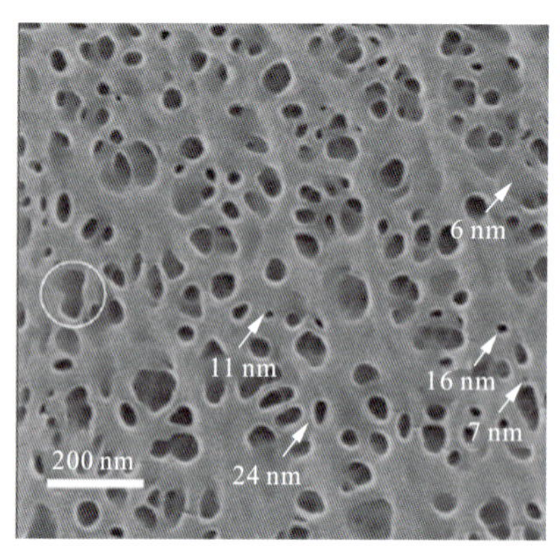

（a）中国南方海陆过渡相龙潭组页岩的HIM镜下成像

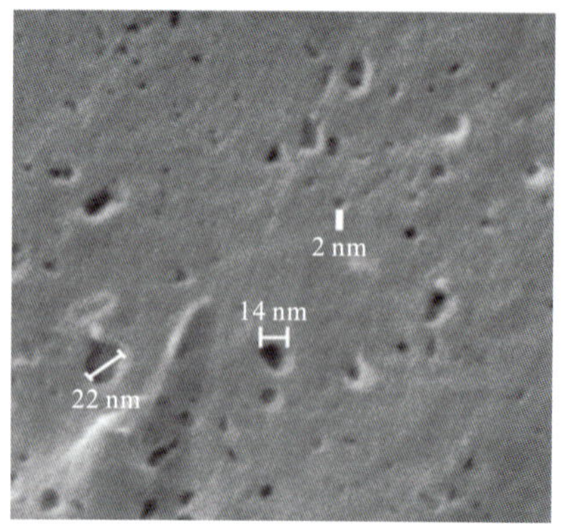

（b）英国北部Devonian页岩的HIM镜下成像

图 1.16　HIM 镜下的页岩纳米级孔隙

AFM 也是一种较新的研究表面表征的工具，可以生成原子分辨率的图像。自 20 世纪 80 年代发明以来，AFM 一直被应用于材料科学和医学研究，但在油藏工程中并没有得到应有的重视。然而，非常规页岩气藏的开发为 AFM 的应用开辟了新的研究领域，Javadpour（2009a，2009b）开始将 AFM 应用在页岩表面形貌表征中。图 1.17 显示了一个精细薄片样品的 AFM 图像与单偏光图像的比较。可以看出，AFM 可以捕捉更清晰和锐利的图像边界，而单偏光图像在更高的放大倍数下会更加模糊。图 1.18 显示了页岩孔隙的 AFM 镜下成像。AFM 在物相识别方面不如场发射扫描电镜更有优势，但是其对页岩样品不同孔隙部位的力学性质测定具有一定的应用前景。

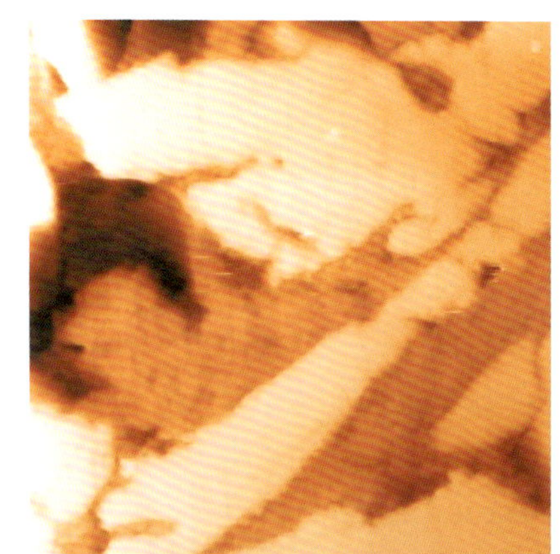

（a）薄片样品的AFM表面形貌图像

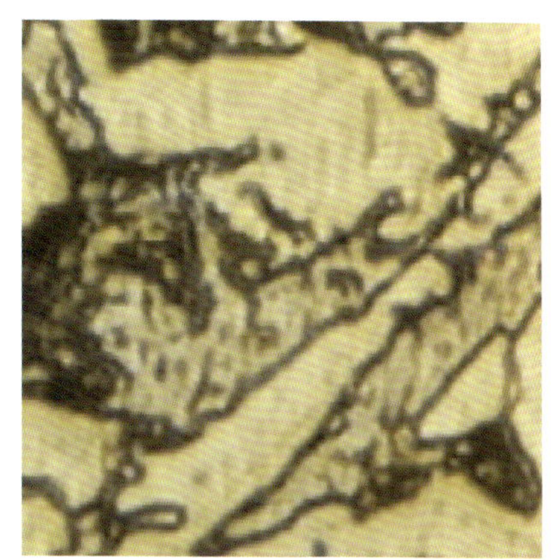

（b）同一区域对应的单偏光图像

图 1.17　AFM 图像与单偏光图像对比（Javadpour et al.，2012）

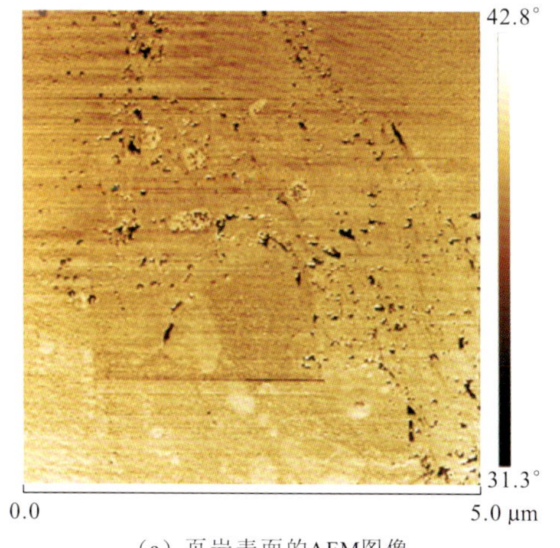

（a）页岩表面的AFM图像

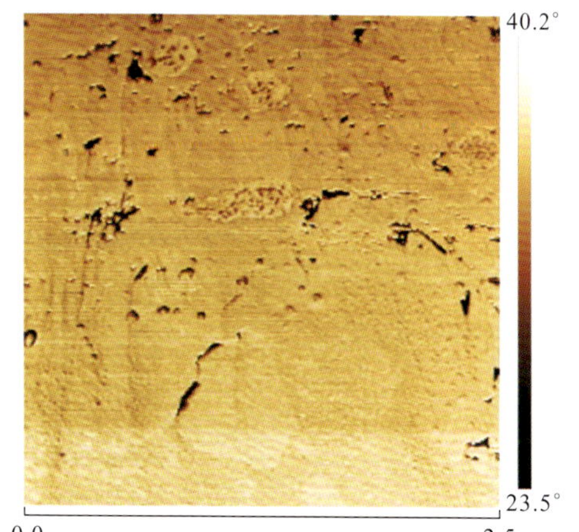

（b）AFM图像进一步放大

图 1.18　页岩氩离子抛光表面的 AFM 镜下成像

图像分析技术均存在一定程度的局限性，例如在获得高分辨率、高精度图像的同时，如何克服表征尺度太小及观察样品的代表性差等问题。当前定性观察与描述页岩纳米孔隙越来越无法满足油气勘探开发的要求，随着科学的发展与技术的进步，图像技术也势必向快速定量化、三维可视化及多尺度融合表征发展，以期获得更多孔隙结构的信息。

因此，如何克服图像成像技术分辨率提升困难和可信度偏低、观察区域小、代表性不强等局限，并结合油气工业界普遍关心的储层含油气性、可改造性等现实问题，建立快速、合理、高效的页岩储层图像学评价流程与体系，是油气工业界等亟待解决的难题。

1.3.2 流体注入技术

流体注入法包括低压气体吸附（氮气、二氧化碳和氩气）、高压压汞（mercury intrusion capillary porosimetry，MICP）、流体自发渗吸和核磁共振（nuclear magnetic resonance，NMR），被广泛应用到页岩复杂孔隙结构的表征（Song et al.，2019；Zheng et al.，2019；Davudov and Moghanloo，2018；Gao and Hu，2018；Zhou，2018；Zhang et al.，2017）。目前，高压压汞最高可提供 0.2 psi①到 60 000 psi（413 MPa）的压力用于表征从微米尺度（上限约 800 μm）到纳米尺度（下限约 3 nm）连通的孔喉分布。对于高压压汞实验，注入的汞分子仅可以进入开孔和盲孔而无法提供闭孔的信息（Sigal，2013）（图 1.19）。低压气体吸附实验可以通过测定不同相对压力下吸附质的吸附能力从而表征页岩纳米孔隙结构（Pinson et al.，2018；Nguyen et al.，2013）。另外，一些学者通过流体自发渗吸实验来定性评价页岩样品的孔隙连通性（Gao et al.，2019；Yang et al.，2017a；Gao and Hu，2016）。近几年，低场核磁共振和核磁共振冻融法（nuclear magnetic resonance cryoporometry，NMRc）被应用于表征页岩储层的岩石物理性质和流体流动特征（Zhou，2018；Li et al.，2017；Valori et al.，2017）。通过低场核磁共振测定的页岩孔隙结构信息取决于在页岩中注入的含氢流体的可进入性和饱和度。另外，页岩的水化膨胀或者页岩基质中的氢（有机质和黏土矿物中含氢）会导致测试结果的误差。

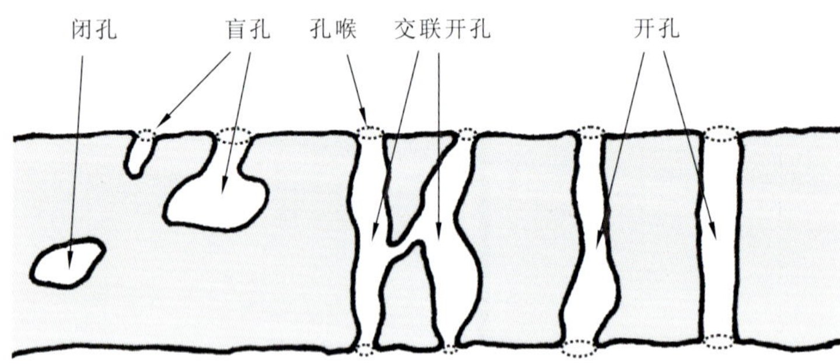

图 1.19　孔隙示意图（Giesche，2006）

1. 高压压汞法

高压压汞法是基于汞对一般固体不润湿的特性，施加外部压力使汞进入孔，压力越大，汞能进入的孔喉半径越小。在高压压汞法中一般假设孔隙是圆柱形的，Young-Laplace（也称为 Washburn）方程将压汞毛细管压力与孔隙半径进行关联，得到了一个非线性的

① 1 psi = 6.894 76×10^3 Pa

公式（Washburn，1921）：

$$P = -\frac{4\tau\cos\theta}{d} \tag{1.1}$$

式中：P 为毛细管压力；τ 为空气-汞的界面张力；θ 为汞-固体的接触角；d 为孔喉直径。

高压压汞法被广泛应用于页岩孔喉结构的表征。图 1.20（a）为上二叠统海陆过渡龙潭组页岩高压压汞测试的进退汞曲线。图 1.20（b）是根据进退汞曲线得到的不同孔喉直径段的孔体积分布。Sigal（2013）通过对 92 块 Barnett 页岩进行高压压汞测试发现，高压压汞测试得到的孔隙度均小于氦气测试得到的孔隙度，主要原因是高压压汞测试只能测得孔喉直径在 3 nm 以上的孔隙，而氦气测试能够测得理论上大于氦气分子直径（0.26 nm）以上的全部孔隙。

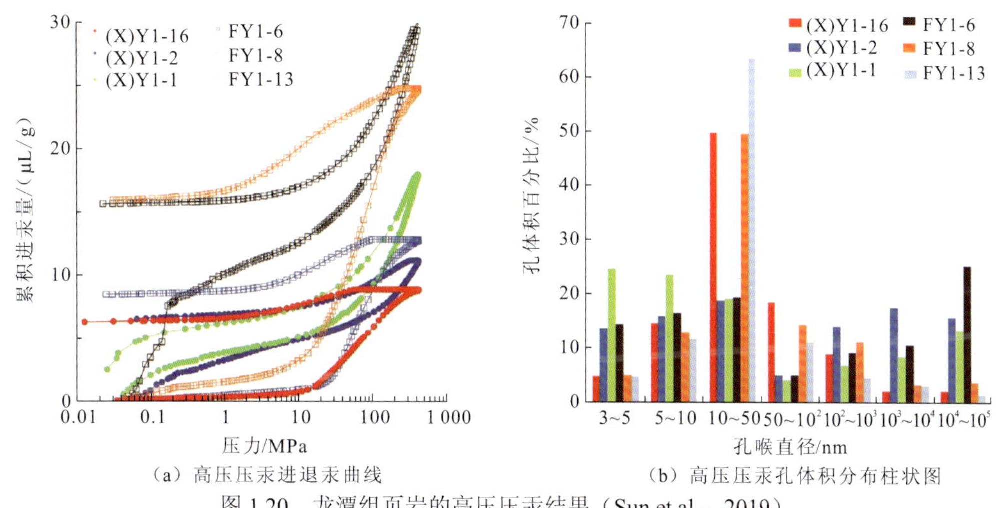

（a）高压压汞进退汞曲线　　（b）高压压汞孔体积分布柱状图

图 1.20　龙潭组页岩的高压压汞结果（Sun et al.，2019）

因高压压汞测试会对岩石产生压缩作用，因此为了得到更精确的测试结果，需要对数据进行校正。Wang 等（2016）认为汞与页岩的接触角会随孔径、几何形状和温度而变化，通过结合理论模型预测的液滴表面张力与曲率的关系，提出了一种对页岩等纳米孔材料的高压压汞测量的修正方法。Peng 等（2017）提出使用页岩颗粒进行高压压汞测试会产生两种系统误差：一致性和压缩效应。基于对表面涂抹了环氧树脂的页岩颗粒和未涂抹环氧树脂的页岩颗粒的进汞量和压力曲线对比进行了一致性修正，并通过计算高压压汞前后的压缩量进行了压缩修正。Yu 等（2019）通过应用分形理论确定了 MICP 测量的四个阶段，并结合氮气吸附数据对压汞数据进行了校正。

Sun 等（2020a）通过二次高压压汞法来评估页岩孔隙连通性。以龙马溪组页岩为例（图 1.21），通过两次压汞测试的比较可以分析残余汞的分布区间，残余汞主要分布在小于 10 nm 孔喉连通的孔隙体系内，说明该孔隙体系与其他孔隙体系连通性差。二次压汞可以有效地表征汞在页岩中可自由流动的孔道及滞留的孔隙体系，从而判断页岩的孔隙连通性。

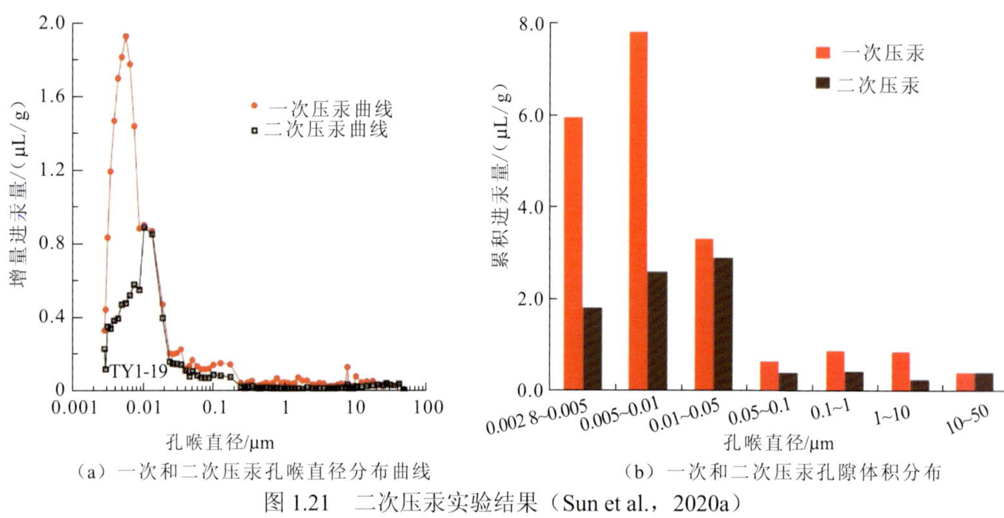

（a）一次和二次压汞孔喉直径分布曲线　（b）一次和二次压汞孔隙体积分布

图 1.21　二次压汞实验结果（Sun et al.，2020a）

2. 气体吸附法

气体吸附法是测量样品孔径分布的常用方法。测量样品在不同压力条件下（压力 P 与饱和压力 P_0）的吸附气量，绘制出其等温吸附和脱附曲线，通过不同理论模型可得出其孔体积和孔径分布曲线。在页岩孔径分布表征中，氮气吸附通常用来表征 2 nm 以上的中孔和宏孔，二氧化碳吸附则用来表征小于 2 nm 的微孔。图 1.22 为下寒武统牛蹄塘组页岩氮气等温吸附曲线和二氧化碳等温吸附曲线，其中图 1.22（a）、（b）为氮气等温吸附曲线和基于非局部密度泛函理论（non-local density function theory，NLDFT）模型获得的孔径分布，图 1.22（c）、（d）为二氧化碳等温吸附曲线和基于 NLDFT 模型获得的孔径分布。

目前可以用于气体吸附的模型有很多，主要的数学模型有 Barrett-Joyner-Halenda（BJH）模型、密度泛函理论（density function theory，DFT）模型、D-R 模型及 D-A 模型。在这些模型中，DFT 模型成为评价页岩孔隙的首要选择。Zhang 等（2017）通过从吸附质（CO_2/N_2/Ar）和结构模型两个方面研究了适合表征页岩孔隙结构的最佳组合，表 1.3 总结了不同组合的结果。

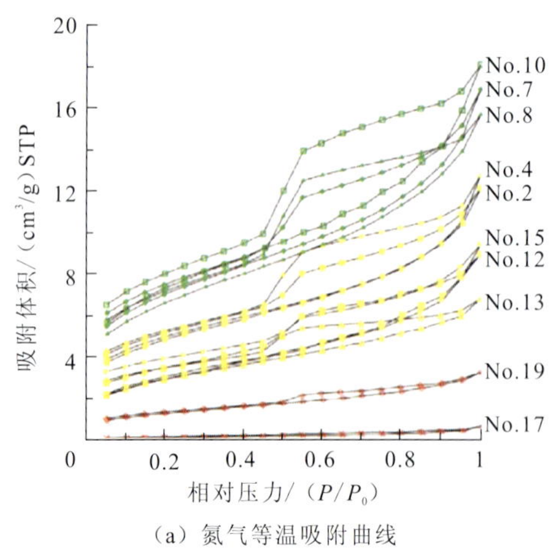

（a）氮气等温吸附曲线

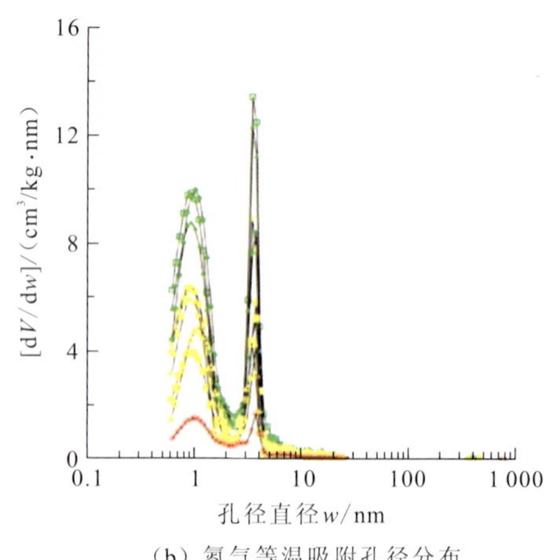

（b）氮气等温吸附孔径分布

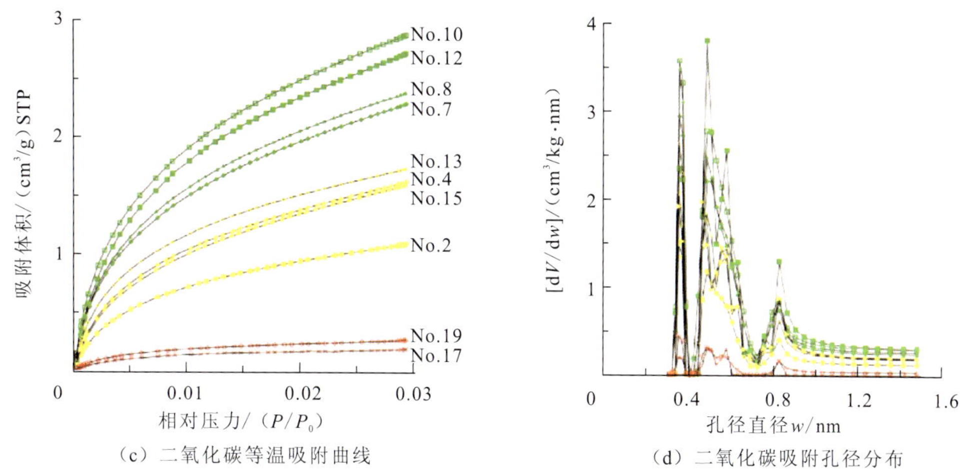

（c）二氧化碳等温吸附曲线　　（d）二氧化碳吸附孔径分布

图 1.22　下寒武统牛蹄塘组页岩气体吸附曲线与孔径分布（Sun et al.，2016）

V 为吸附体积即孔隙体积；STP 为标准状况，标准温度与标准压强（standard temperature and pressure）

表 1.3　不同吸附质和结构模型组合结果

结构模型	几何结构	基质	吸附质	可测孔径范围/nm
CO_2-DFT	狭缝	碳	二氧化碳（273.1 K）	0.37～1.07
N_2/Ar-DFT	狭缝	碳（石墨）	氮气（77.4 K）；氩气（87.3 K）	0.40～400
N_2/Ar-NLDFT	狭缝	碳	氮气（77.4 K）；氩气（87.3 K）	0.35～100
N_2/Ar-As=4，2D-NLDFT	有限狭缝	碳	氮气（77.4 K）；氩气（87.3 K）	0.35～25
N_2/Ar-As=6，2D-NLDFT	有限狭缝	碳	氮气（77.4 K）；氩气（87.3 K）	0.35～25
N_2/Ar-As＝12，2D-NLDFT	有限狭缝	碳	氮气（77.4 K）；氩气（87.3 K）	0.35～25
N_2/Ar-SWNT by DFT	圆柱	碳	氮气（77.4 K）；氩气（87.3 K）	0.35～100
N_2/Ar -MWNT by DFT	圆柱	碳	氮气（77.4 K）；氩气（87.3 K）	0.35～100
N_2/Ar-氧化表面	圆柱	氧化物	氮气（77.4 K）；氩气（87.3 K）	0.38～100
N_2-Tarazona NLDFT（Esf=30.0 K）	圆柱	氧化物	氮气（77.4 K）	0.38～37.80

注：As 为纵横比；2D-NLDFT 为二维非局部密度泛函理论；SWNT 为单壁纳米管；MWNT 为多壁纳米管；Esf 为表面势能

3. 核磁共振法

核磁共振在油藏表征方面的应用最早可以追溯到 1956 年的石油工业（Brown and Fatt，1956）。随着核磁共振仪器的发展，核磁共振成像（nuclear magnetic resonance imaging，NMRI）和核磁共振测井（nuclear magnetic resonance logging，NMRL）已被广泛应用于常规油气藏的孔隙度和孔径分布表征（Freedman，2006；Chen et al.，1992）。近年来许多研究人员利用核磁共振技术对页岩储层特征进行了研究。

核磁共振测量的质子振幅与孔隙中氢原子的摩尔分数成正比（Kleinberg，1999）。因此，可以通过使用已知体积流体的磁化强度作为标准来比较样品在 100%水饱和状态下的总磁化强度得到总孔隙度（Martinez and Davis，2000）。可动水可以通过离心试验排出，通过离心试验前后对样品进行核磁共振实验，可以测得束缚流体孔隙度[式（1.2）]和自由流体孔隙度[式（1.3）]（Zhang et al.，2018；Li et al.，2012）。蒋裕强等（2019）通过对页岩水饱和、离心和在不同烘干温度条件下进行核磁共振测试，根据不同阶段的核磁信号强度损失将孔隙类型分为有效孔隙、无效孔隙、总连通孔隙和潜在孔隙，如图 1.23 所示。

$$\phi_R = \phi_N \times \frac{\text{BVI}}{(\text{BVI+FFI})} \tag{1.2}$$

$$\phi_M = \phi_N \times \frac{\text{FFI}}{(\text{BVI+FFI})} \tag{1.3}$$

式中：ϕ_R、ϕ_N、ϕ_M 分别为总孔隙度、束缚流体孔隙度、自由流体孔隙度；BVI 为束缚流体体积；FFI 为自由流体体积。

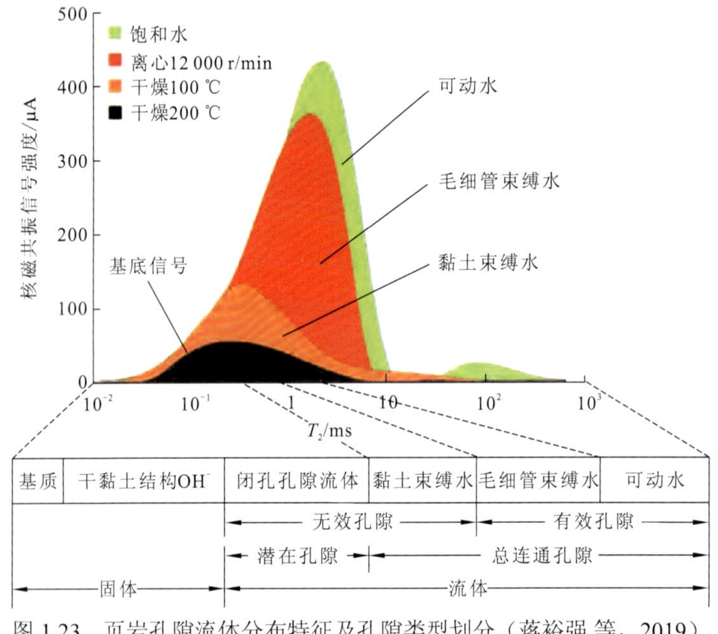

图 1.23 页岩孔隙流体分布特征及孔隙类型划分（蒋裕强 等，2019）

由于孔隙大小分布可以通过分析弛豫分布与弛豫时间的关系来确定（Coates et al.，1999），可以采用基于表面弛豫方程的核磁共振方法来分析页岩的孔隙大小分布（Li et al.，2017；Jin et al.，2017）。该分析基于页岩孔隙几何形状为圆柱形的假设。测量时使页岩岩心饱和，岩心的孔隙尺寸分布需要利用式（1.4）将核磁共振横向弛豫时间（T_2）谱转化得到。对于核磁共振孔径分布模型中球形孔隙的半径 r，存在 $A/V \approx 3/r$，因此代入式（1.4）中可以看到 T_2 与 r 呈正比关系，T_2 越小对应的孔隙半径也就越小。

$$\frac{1}{T_2} = \psi \frac{A_{\text{NMR}}}{V_{\text{NMR}}} + \frac{1}{T_{2\text{B}}} \tag{1.4}$$

式中：ψ 为弛豫率；$A_{\text{NMR}}/V_{\text{NMR}}$ 为孔隙的面积与体积之比；$T_{2\text{B}}$ 为流体弛豫率。

NMRc 是一种在孔径分布表征上精确度更高的方法。它利用了吉布斯-汤姆孙效应，即样品中不同孔径中液体的相变温度不同，小孔径的液体比大孔径的液体从冰变为水的温度低。相比于 NMR 测试，NMRc 在孔径分布表征的准确性和分辨率明显高于 NMR，从 NMR 与 NMRc 的对比（图 1.24），NMRc 的孔径分布在 1.6～500 nm，远小于 NMR 测量的尺度（Yin et al.，2017；Fleury et al.，2015）。

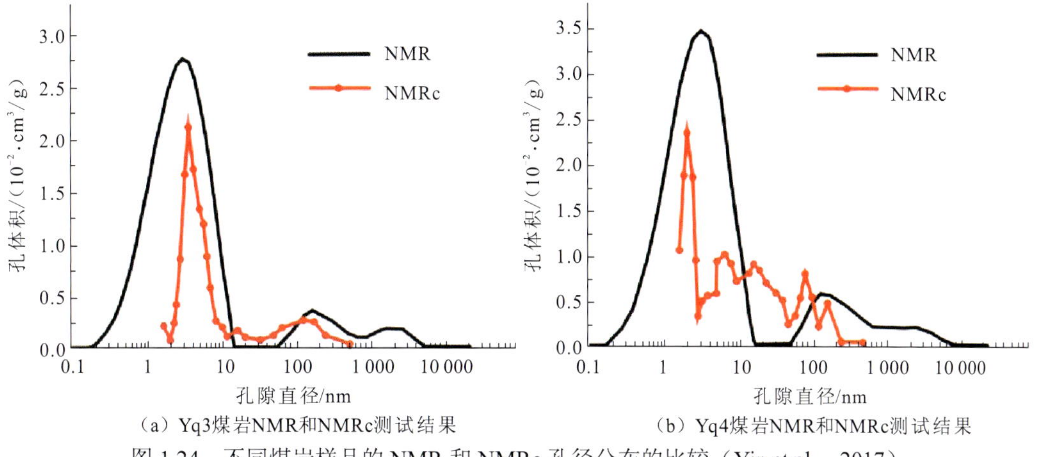

（a）Yq3煤岩NMR和NMRc测试结果　（b）Yq4煤岩NMR和NMRc测试结果

图 1.24　不同煤岩样品的 NMR 和 NMRc 孔径分布的比较（Yin et al.，2017）

4. 流体自发渗吸

流体自发渗吸是指岩石孔隙中的一种润湿性流体在毛细管力作用下自发地取代另一种非润湿性流体的过程。Ewing 和 Horton（2002）利用孔隙网络模型进行模拟并发现孔隙连通性与自吸斜率有一定的关系。Hu 等（2015）指出自吸斜率为 0.5 以上的岩石孔隙连通性普遍较好，孔隙连通性差的岩石自吸斜率一般小于 0.5。Yang 等（2017b）通过对五峰组和龙马溪组页岩样品流体自发渗吸实验表明，该地区的页岩对正癸烷的孔隙连通性好于去离子水的孔隙连通性。Sun 等（2020a）通过对平行于纹层和垂直于纹层进行自发渗吸研究发现，平行于纹层方向的自吸斜率为一条直线且具有较大的斜率，说明平行纹层方向的孔隙网络连通性较好。垂直于纹层方向的自吸斜率则分为两个阶段，第一阶段自吸斜率较低说明垂直纹层的孔隙网络连通性较差，第二阶段随着去离子水突破纹层自吸斜率与平行于纹层的自吸斜率相近。并且在平行于纹层方向，正癸烷的自吸斜率（0.34～0.88）与去离子水的自吸斜率（0.28～0.59）相近或更高，说明样品油润湿孔网连通性较好（图 1.25）。

Zheng 等（2018）提出了一种改进的伪势多相流晶格玻尔兹曼方法来模拟页岩再生三维孔隙结构中的自发渗吸行为。生成孔隙结构的三维模型如图 1.26 所示，模型中深蓝色为孔隙空间，黄色为疏水孔隙表面（有机孔隙表面）。研究发现自吸流体在早期阶段会快速地吸入较大的孔隙中，并在此过程中逐渐迁移到较小的孔隙中。由于孔隙大小和润湿性的不均匀性，在模拟中可以观察到非均匀的界面传播。

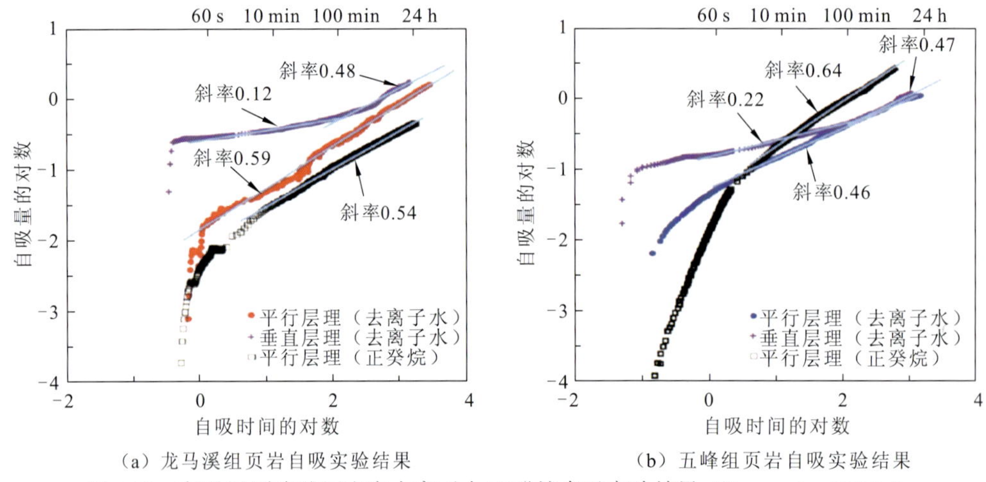

（a）龙马溪组页岩自吸实验结果　　（b）五峰组页岩自吸实验结果

图 1.25　在平行/垂直纹层方向去离子水/正癸烷自吸实验结果（Sun et al.，2020a）

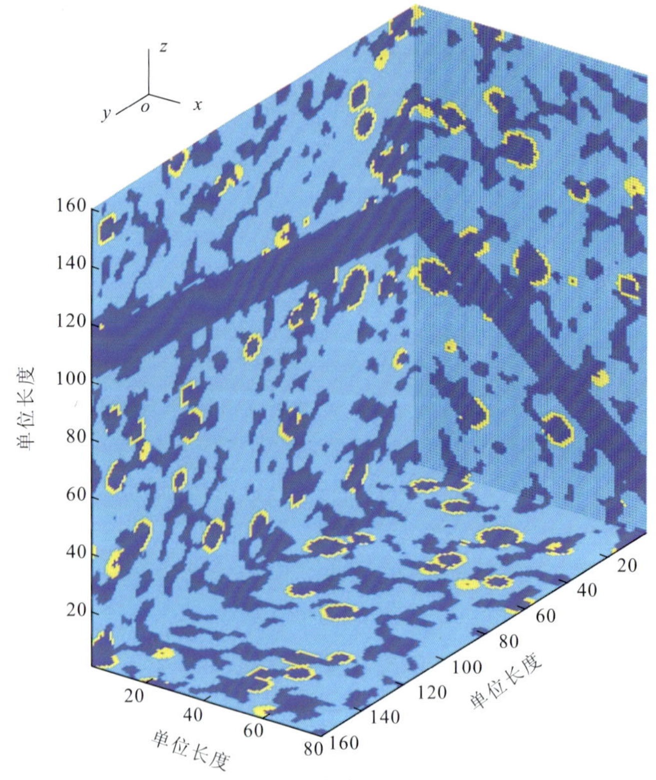

图 1.26　再生页岩多孔结构模型（Zheng et al.，2018）

1.3.3　射线探测技术

无损的计算机断层扫描（computer tomography，CT）和小角散射（small-angle scattering，SAS）技术被用于评价页岩储层的孔隙连通性。CT 是利用 X 射线通过页岩后强度的衰减来表征页岩中孔隙的三维空间分布和连通性。为了获得 CT 扫描更高的分辨率，页岩样品需要被制成直径小于 65 μm 的小圆柱体用于纳米 CT 实验。小角散射和超小角散射（ultra small angular scattering，USAS）技术用中子或 X 射线穿透页岩样品并通过测定在一定散射角范围内的散射线强度来表征页岩孔隙结构。散射技术的优势是可以提供闭孔（流体不可进入的孔隙）信息并且可以提供厘米尺度样品的平均孔隙结构。结合无损的小角散射和超小角散射技术可以提供的孔隙结构尺度从亚纳米到亚毫米（0.5 nm～20 μm）。因为中子比 X 射线具有更高的穿透能力，小角中子散射（small angular neutron scattering，SANS）相比小角 X 射线散射（small angle X-ray scattering，SAXS）更广泛地应用于页岩孔隙结构的表征。

1. CT 法

1967 年 Hounsfield 发明了第一台 CT 扫描设备（Dmytriw，2012），传统上 X 射线计算机体层摄影（X-ray computed tomography，XCT）主要用于医学领域。在 20 世纪 80 年代，Withjack（1988）将 XCT 技术引入地球科学这一领域。Buyukozturk 和 Hearing（1998）采用 CT 扫描得到混凝土试件中骨料、砂浆、孔洞的清晰 CT 图像。Raynaud 等（1989）利用医学和工业 CT 观察岩石内部结构，获得了石膏、花岗岩、砂岩、白云石等岩石样品的 CT 切片图像，从中可以清楚地观察到岩石内部的裂缝。

进入 21 世纪，高分辨率、无损的 XCT 技术越来越流行于岩石微观结构的表征。XCT 技术构建的数字岩心具有无损坏（非侵入）样品、成本较低、节省时间、扫描结果连续性好等优点，利用 XCT 技术对页岩样品进行三维 X 射线扫描，可以有效地表征大于 79 nm 的宏观孔隙和微观裂缝，可以避免在流体注入法测试过程中产生新的微裂缝（图 1.27）。对于如何提高 XCT 图像的分辨率和成像速度成为研究的热点。

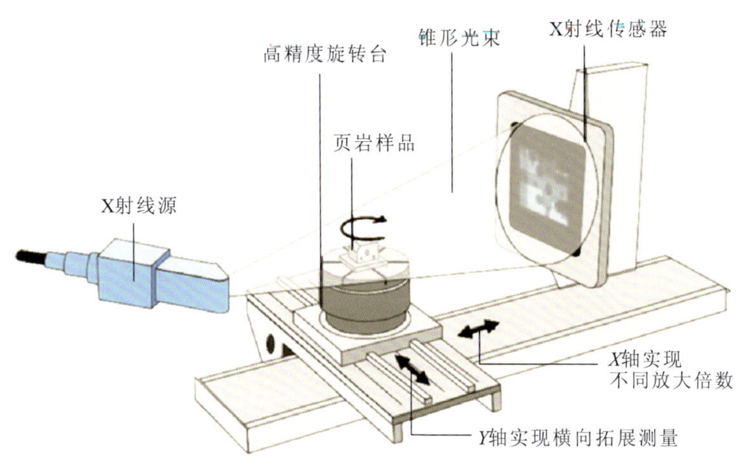

图 1.27　XCT 设备原理图

XCT 机器可以分为四类。最常见的是医用 XCT，为了尽量减少病人暴露在有害辐射中，X 射线能量较低，其激发电压低于 140 keV，其探测器的分辨率较低约为 250 μm，但是可以在 0.5 s 内获取一帧完整的辐照信号。普通的工业 CT 扫描仪常需要较高的分辨率，这意味着数据采集速度必须大大降低，单次三维扫描数据采集可能需要数小时，其次探测器像素一般为 2048×2048，如果需要获得 5 μm 分辨率的 CT 扫描图像，那么可以被获取的样品信息的尺度被限制为 2048×0.005 mm≈10 mm。最新的 Nano-XCT 技术将分辨率降低到 50 nm，这些仪器使用专业的 X 射线光学系统来对 X 射线进行聚焦，样品尺寸限制在 100 μm 直径范围内。最后，同步辐射光源可以用来进行 CT 测试，同步辐射所产生的 X 射线的优点是光束的高准直性与高单色度，1987 年埃克森石油公司第一次利用同步辐射 CT 获得了微米分辨率的数字岩心（Flannery and Roberge，1987）。

X 射线由短波、高能光子组成，通常通过聚焦电子束轰击密度较高的靶标而获得。电子束是通过高电压激发阴极灯丝而获得的。聚焦电子束轰击金属靶标，高速移动的电子撞击高密度金属靶标，从而产生“轫致辐射”，该辐射由 X 射线光谱组成，其最大光子能量等于激发电压，通常以千电子伏（keV）表示。与可见光不同，这些光子有足够的能量穿透固体物体。辐射强度随穿透深度的增加呈指数衰减，即 Beer-Lambert 定律：

$$I_{\mathrm{t}} = I_0 \mathrm{e}^{-\mu l} = I_0 \mathrm{e}^{-\left(\frac{\mu}{\rho_{\mathrm{s}}}\right)\rho_{\mathrm{s}} l} \tag{1.5}$$

式中：I_0 为入射光强度；I_{t} 为透射光强度；ρ_{s} 为样品的密度；l 为样品的厚度；μ 为线性吸收系数，这是一个随着 X 射线能量 E 和材料物质属性而改变的物理量。当电压低于 200 kV 时，线性衰减系数主要取决于康普顿散射和光电吸收，与物质的密度与原子序数密切相关。线性吸收系数与物质的密度 ρ_{s} 成正比，对于一定的物质来说，这就意味着 μ/ρ_{s} 是一个常数，它与物质被拿来测试的形态无关，μ/ρ_{s} 被称为质量吸收系数（μ_{m}）。

计算 X 射线穿透材料时总路径中的衰减值，代表了 X 射线与材料相互作用产生的一系列综合结果。于是可得在某一方向上 X 射线沿路径 L 的总衰减的投影值 P_{X} 为

$$P_{\mathrm{X}} = \ln\left(\frac{I_0}{I_{\mathrm{t}}}\right) = \int_L \mu \mathrm{d}l = \sum_{i=1}^{n} \mu \Delta t \tag{1.6}$$

式（1.6）被称为投影公式，与简单的二维 X 射线图像不同的是，XCT 的基本原理是将待测样品在 X 射线的辐照下进行旋转，当 X 射线穿过页岩样品后，依据岩心中不同组分（主要是颗粒和孔隙）对 X 射线的吸收能力不同，X 射线检波器所接收到的透射光强度也会有所不同。因此，不断变换样品与 X 射线源的相对位置便可以根据一系列的投影值 p 求出被积函数 μ（线性吸收系数），即得到衰减系数空间中的分布，这也就是 XCT 重构图像的原理。

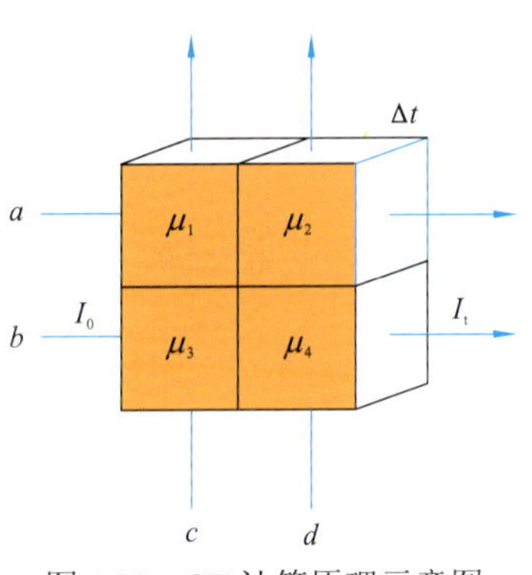

图 1.28　CT 计算原理示意图

将 CT 的计算原理简化描述为如图 1.28 所示，当材料在一个平面上被分割为 2×2 个小单元时，每个单元的边长为 Δt，在 CT 技术中被称为“体素”，对应于图像中的“像素”。通过 N^2 次独立测量投影值 p 就可以得到衰减系数相关的矩阵，并唯一地求出各个单元的衰减系数，这也近似对应到各个单元所对应的密度，其计算方法

如式（1.7）所示：

$$\begin{cases} \mu_1 + \mu_2 = \dfrac{1}{\Delta t}\ln\left(\dfrac{I_{\mathrm{t}}}{I_0}\right)_a = \dfrac{p_a}{\Delta t} \\ \mu_3 + \mu_4 = \dfrac{1}{\Delta t}\ln\left(\dfrac{I_{\mathrm{t}}}{I_0}\right)_b = \dfrac{p_b}{\Delta t} \\ \mu_1 + \mu_3 = \dfrac{1}{\Delta t}\ln\left(\dfrac{I_{\mathrm{t}}}{I_0}\right)_c = \dfrac{p_c}{\Delta t} \\ \mu_2 + \mu_4 = \dfrac{1}{\Delta t}\ln\left(\dfrac{I_{\mathrm{t}}}{I_0}\right)_d = \dfrac{p_d}{\Delta t} \end{cases} \tag{1.7}$$

在实际计算中涉及数据的噪声处理、信息提取等，但一般是通过计算机处理检测到的射线强度，利用一定的重建算法把检测到的射线强度转化为图像中的灰度值，再通过相关软件把灰度值与岩样各组分的空间位置一一对应，即可恢复岩石的三维形态。其中，XCT 成像最核心的就是重建算法，一般的重建算法可分为三种基本类型：代数重建法、反投影方法和褶积-反投影法。XCT 是目前建立数字岩心最直接和最准确的方法，所以它是最受欢迎的一种方法。但受到分辨率和样品尺寸相互制约的影响，该方法对非均质性较强且孔喉尺度较小的样品并不太实用。

通过 XCT 技术对页岩岩心进行三维重构将得到页岩基质与孔隙的空间分布，可对页岩岩心进行孔喉结构及孔隙空间拓扑结构的描述与表征（Coker et al.，1996；Spanne et al.，1994）。根据材料密度的差异，XCT 成像可以基于灰度识别页岩样品的成分。Gou 等（2019）通过对纳米 CT 切片图像分析表征了页岩中各矿物在三维空间中的赋存位置（图 1.29）。中等密度基质矿物（石英、碳酸盐矿物和黏土矿物）的灰度值一般差异较小，其体积约占 89.2%；高密度矿物的分布具有一定的随机性，高密度矿物呈草莓状或椭球状，直径从几百纳米到几十微米不等，其体积约占 1.87%；有机质整体为团块状、相互连接，个别呈孤立状或点状，其体积约占 6.22%；孔隙（含部分裂隙）主要呈聚集状和孤立状，其发育部位与有机质密切相关，体积约占 2.71%。

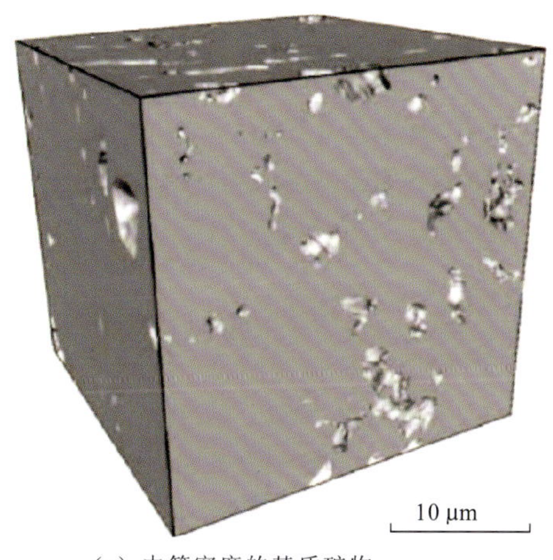

（a）中等密度的基质矿物

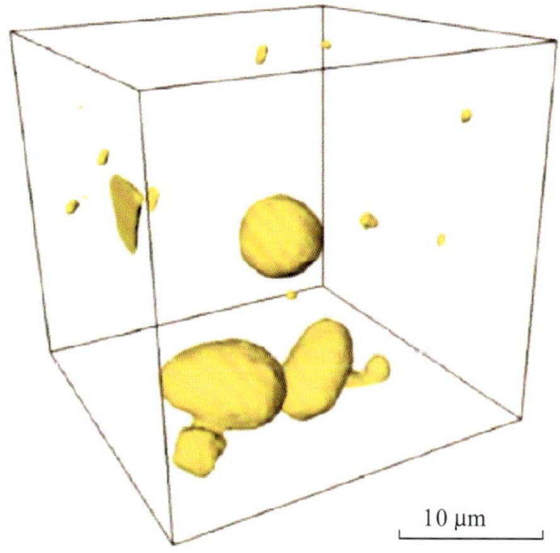

（b）高密度矿物

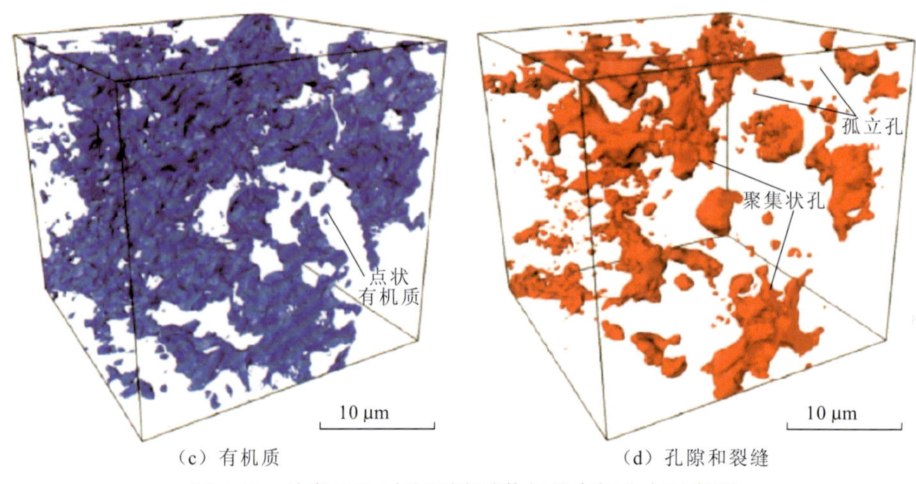

（c）有机质　　（d）孔隙和裂缝

图 1.29　纳米 XCT 表征页岩矿物组分空间分布示意图

CT 技术不仅可以获得矿物的空间分布，还可以通过“造影”技术实现对孔隙网络结构的三维重建。Zhao 等（2020）通过对注入了伍德合金的 Barnett 页岩进行微米 CT 测试，并对扫描的灰度图像进行三维重构，获得了 0.5 μm 分辨率的页岩孔隙结构分布特征。结果表明孔隙度为 6.94%，孔径分布范围为 1～26.6 μm（平均 2.22 μm）。通过对孔隙体积分数与孔径尺度的对应关系进行分析可知，在 1 μm 孔径处存在大量的孔隙空间。在三维空间中，孔的形状以球形或其他不规则形态为主，其中椭球形或墨水瓶形的孔最为常见[图 1.30（d）]。层状裂缝是伍德合金填充的主要空间，填充裂缝的体积占总孔隙体积的 94.2%。伍德合金多呈片状、层状，或主要分布在顺层裂隙附近，说明裂隙网

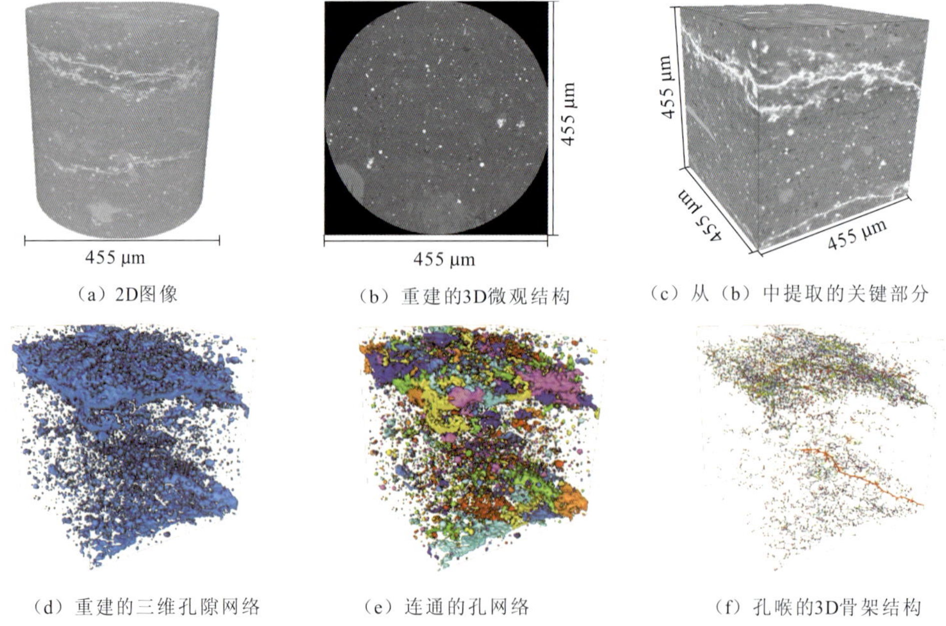

（a）2D图像　　（b）重建的3D微观结构　　（c）从（b）中提取的关键部分

（d）重建的三维孔隙网络　　（e）连通的孔网络　　（f）孔喉的3D骨架结构

图 1.30　Barnett 页岩样品的微米 CT 成像和 3D 重建

络具有良好的连通性[图 1.30（e）]。实验所用的页岩样品储集空间（孔隙和微裂隙）的非均质性较强，大部分孔隙发育位置与有机质分布有一定的对应关系，推测主要为有机孔；小部分与有机质无明显对应关系的孔隙，推测为无机孔。

Hazlett（1995）首次将 XCT 技术结合流体注入法，利用格子玻尔兹曼方法进行了多相渗流模拟，并预测了每相的相对渗透率，这为孔隙尺度渗流模拟开启了新的篇章。受医用 XCT 技术中造影剂的启发，二碘甲烷（CH_2I_2）用作“示踪剂”，以证明页岩样品吸收后的流体分布。Fogden 等（2014）首次将 CH_2I_2 用作页岩的 X 射线对比增强剂，他们的工作更多地集中在通过 CH_2I_2 的微米 CT 成像估算样品的宏观性质，如孔隙度和扩散系数（Fogden et al.，2015）。在之前的工作中，CH_2I_2 由于其非极性性质类似于油的主要成分，更多地用作油相示踪剂以说明流体的流动性和可润湿性。

Fogden 等（2014）为了绘制总连通孔隙度的空间分布，将岩心浸没在对 X 射线吸收极强的液态 CH_2I_2 中进行饱和，并在此状态下进行 X 射线扫描（图 1.31）。原始样品和流体示踪 CT 图像之间的差异是由示踪剂引起的，可用于评价页岩样品中的油相分布。获取到断层扫描图像之后，需要与原始状态的岩心断层图进行 3D 配准以使其各个方向对齐。CH_2I_2 具有非常高的 X 射线衰减效应，反映在被流体饱和的岩心裂缝处存在着极高的亮度。因为沿该方向穿过样品的 X 射线在很大程度上无法到达检测器，这可能会导致偶尔出现暗条纹伪影。另外，CH_2I_2 还会增强较细微裂缝的对比度分辨率，其中许多微裂缝在干燥状态下几乎看不见[图 1.32（a）、（b）]。CH_2I_2 衰减的另一种表现是，某些可溶解的矿物组分被 CH_2I_2 溶解之后，会将本来的暗色矿物显现出较高的亮度[图 1.32（c）]。

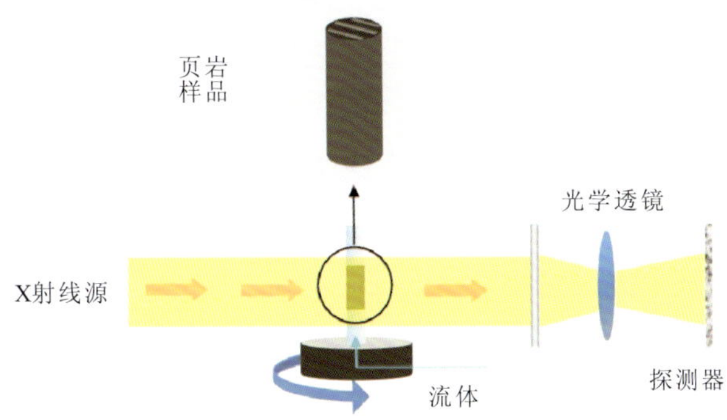

图 1.31　CT 技术结合流体自吸法表征页岩渗流机理

2. 小角散射法

对页岩的孔隙结构进行全面无损的表征一直是研究的重点。最早在页岩上进行的小角散射研究的是 Hall，他在 1983 年利用小角中子散射技术测定了页岩样品的孔径分布特征并且发现散射图样的取向性与页岩的层理有关。同时，将小角中子散射测定的孔径分布结果与小角 X 射线散射结果、高压压汞结果和氮气吸附结果进行了比对。结果显示小角中子散射与小角 X 射线散射的结果具有一致性，氮气吸附测定的孔径分布相比于高压压汞的结果与小角中子散射的结果更接近。

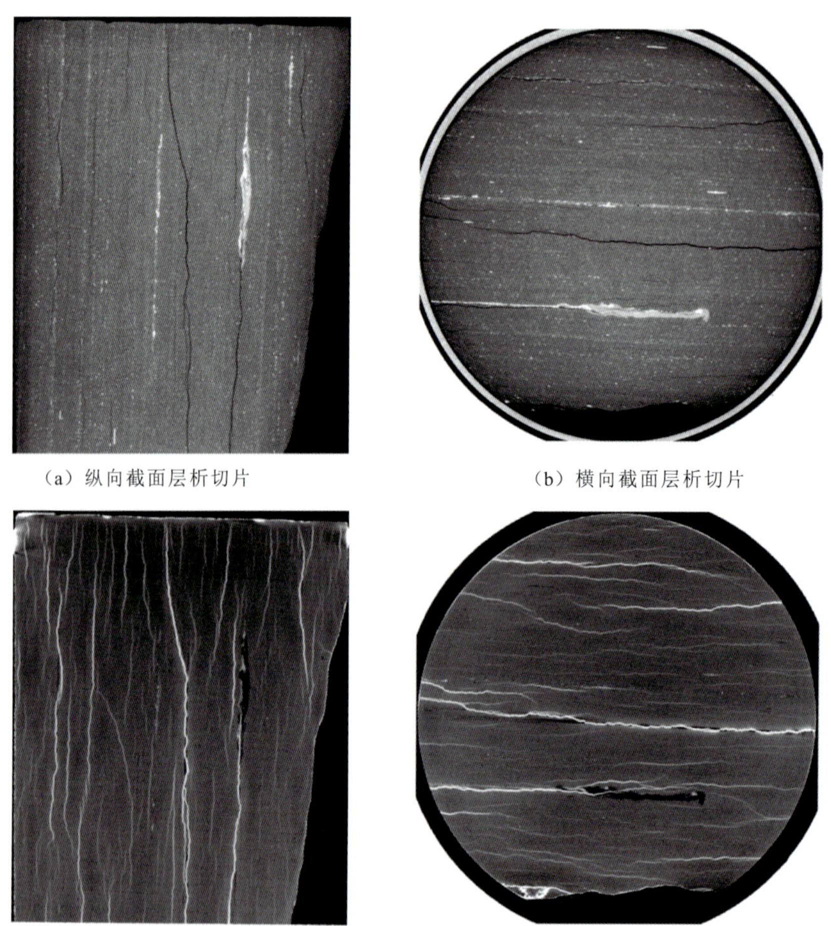

（a）纵向截面层析切片

（b）横向截面层析切片

（c）CH_2I_2饱和后的CT扫描图，体素大小为16 μm

图 1.32 清洁、干燥状态下 Barnett 页岩 25 mm 标准岩心

Radliński 等（1996）通过小角中子散射和小角 X 射线散射在 5～200 nm 尺度上研究了页岩显微结构在生油阶段的演化。通过对自然成熟度差异的页岩样品进行测试，结果显示油生成于岩石中分散的有机质，同时集中在颗粒大于 60 nm 的有机质的边缘。当达到一定的成熟度时，有机质颗粒裂解生成的烃类进入微裂缝，并形成了初次运移的亲油性通道。Radliński 等（2000）通过小角中子散射与页岩热模拟实验相结合，将含有 II 型干酪根的页岩从 310 ℃升温到 370 ℃，结果显示 340 ℃是油气生成的高峰，同时出现了小角中子散射强度的明显下降，说明在烃类初次运移阶段沥青侵入了孔隙空间。

图 1.33 是小角中子散射/超小角中子散射（USANS）的散射强度在三个选定孔隙半径 r（$q \approx 2.5/r$）上随深度变化的原理图。一种情况（图 1.33 上部）对应富有机质烃源岩，孔隙空间会被生成的烃类充注至饱和，紧接着进入排烃过程。另一种情况（图 1.33 下部）对应贫有机质烃源岩，只有一部分孔隙空间会被生成的烃类充注。假设有机质在烃源岩中均有分布，根据有机地球化学指标，富有机质岩石的 TOC 质量分数通常要大于 2%，贫有机质岩石的 TOC 质量分数小于 2%。

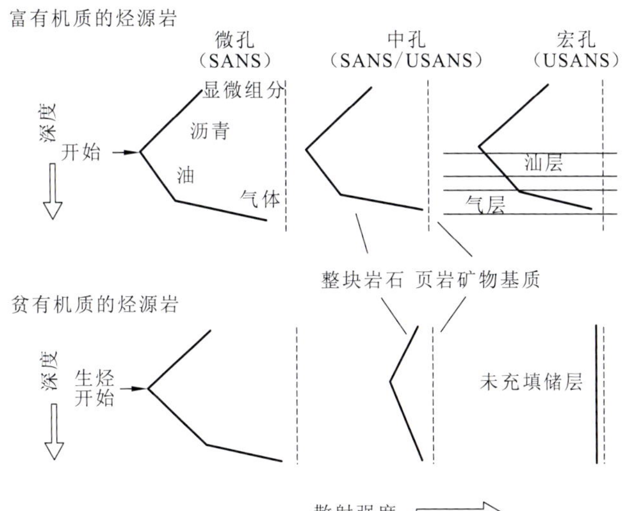

图 1.33　富有机质有效烃源岩和贫有机质烃源岩的散射强度随深度变化的示意图

（Radliński et al.，2006）

地下岩石的温度和压力随着深度的加深而升高。随着压力的升高，原生孔隙空间逐渐被压实。对于同一岩相的无机岩石基质来说，在特定散射造量 q 值的散射强度随着深度的增加会缓慢地降低（图 1.33 中虚线所示）。对于含有有机质的岩石，随着埋深的增加和成熟度的升高，有机质生成的烃类进入孔隙空间，最初是沥青，进而裂解成轻烃，最终是甲烷。由于孔隙空间、沥青、轻烃和甲烷具有不同的散射长度密度，散射强度随深度的变化可以通过图 1.33 的实线表示。烃源岩在沥青最大饱和度（最小散射强度）时进入生油窗，在小孔中都观察到散射强度变化。当最大的孔隙（页岩中通常是 20 μm）也被沥青饱和时进入排烃阶段（Radliński，1999）。只有富有机质烃源岩才能生成足够体积的烃类来饱和孔隙空间同时导致烃类排出烃源岩，成为油气富集的有效烃源岩。

图 1.34 中的生排烃模式被应用到澳大利亚西海岸 Browse 盆地上侏罗统—下白垩统 9 口探井 165 块烃源岩样品的评价中（Radliński，2006）。此研究证明通过小角中子散射和超小角中子散射数据分析得出的结果与传统的地球化学方法得出的结果相一致，说明中子散射法可以独立地应用于矫正和细化盆地尺度烃源岩的生排烃模型。

图 1.35 呈现了在 4 个特定孔径内孔隙数量密度随深度的变化，用于计算甲烷富集情况。图 1.35 举例说明了在 Brewster-1A 井中通过超小角中子散射结果来预测油气生成和图 1.34 中传统的地球化学成熟度指标和热史分析结果进行对比。

在“页岩油气革命”之前小角 X 射线/中子散射多应用于煤岩和黏土岩的研究。Bale 和 Schmidt（1984）通过小角 X 射线散射调查了煤岩纳米尺度孔隙度的分形特征。通过小角 X 射线/中子散射的结果可以测定煤岩中孔隙表面边界的分形维数。Allen（1991）通过小角中子散射定量表征了黏土岩的微观结构参数，同时通过水和重水的对比匹配法研究了水在孔隙结构中不同部位的可进入性。Malekani 等（1996）通过小角 X 射线散射、气体吸附和核磁共振对黏土岩分形维数进行了测定，结果显示小角 X 射线散射和气

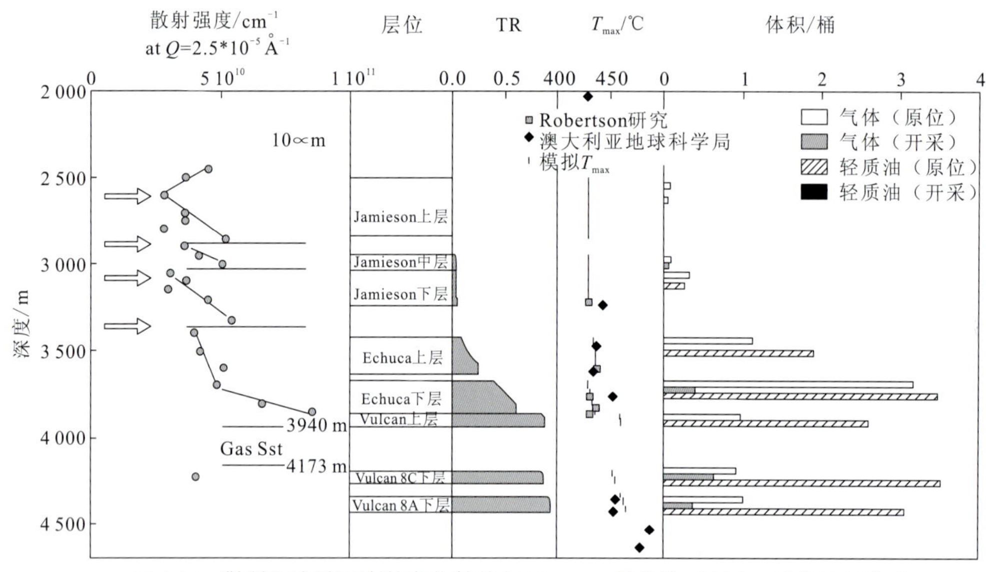

图 1.34　散射强度随深度的变化趋势与 Kerogen 转化比（TR）、原位油气生成和排烃率的比较（Radliński，2006）

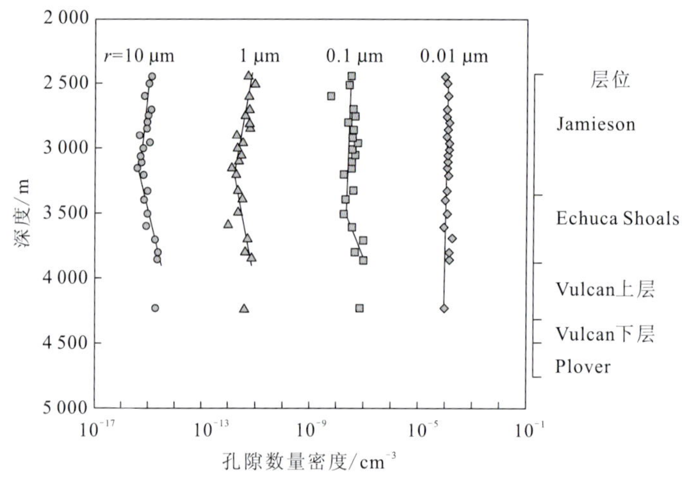

图 1.35　埋藏深度与孔隙数量密度的变化趋势图（Radliński，2006）

体吸附法探测了黏土表面的分形特征，但是核磁共振技术似乎反映了黏土岩中特定位置的质量分形。由于黏土岩的表面性质是在自然系统中反应得到的，小角 X 射线散射和气体吸附更适合测定黏土岩的分形特征。小角 X 射线散射相比气体吸附测定的孔径范围更宽，所以更适合黏土矿物分形维数的测定。Mitropoulos 等（1998）通过小角 X 射线散射结合四氯化碳在煤岩中的对比匹配法重建了等温吸附过程。结合小角 X 射线散射和对比匹配法可以提供煤岩的孔隙结构信息、吸附机理和吸附后固体基质的膨胀研究。Cohaut 等（2000）通过小角 X 射线散射对无烟煤微观结构的非均质性进行了研究，同时通过热处理到 2 800 ℃分析了无烟煤局部石墨化的机理，分析了在石墨化的不同阶段无烟煤孔隙度的变化规律。Hall 等（2000）通过对比匹配小角中子散射对一系列阿尔贡煤进行了煤与流体（水和重水混合）的接触实验，研究显示煤的孔隙度实际上取决于水的赋存情况，同时煤的孔隙度会随着煤阶的升高而下降。Senel 等（2001）通过小角 X 射线散射和气体（氮气和二氧化碳）吸附法对土耳其煤岩的孔隙结构进行了表征，同时测定了其闭孔的发育情况。Radliński 等（2004）应用小角 X 射线散射和小角中子散射测定了煤岩在 1 nm～20 μm 尺度的孔隙度、孔径分布和内部比表面积。Mares 等（2009）通过小角 X 射线散射和小角中子散射来调查煤岩对于甲烷和二氧化碳的储集性能，以及二氧化碳的吸附能力。Melnichenko 等（2009）通过小角中子散射和超小角中子散射来研究二氧化碳，注入煤岩后的相变及对孔隙结构的影响。Radliński（2006）应用小角 X 射线散射来研究澳大利亚煤岩中亚临界二氧化碳，吸附的动力学特征。Melnichenko 等（2012）应用小角中子散射技术来研究甲烷和二氧化碳在煤岩中的可进入性。

随着“页岩油气革命”的到来，Mastalerz 等（2012）和 Clarkson 等（2013）最先通过小角中子散射/超小角中子散射技术对页岩的纳米孔隙结构进行研究。Ruppert 等（2013）通过氘代甲烷和氘代水作为注入流体对比匹配小角中子散射/超小角中子散射实验表征 Barnett 页岩的纳米孔隙结构。Bahadur 等（2014）研究了加拿大艾伯塔白垩纪不同矿物组分页岩的孔隙度、分形维数及闭孔率。次年，Bahadur 等（2015）通过小角中子散射/超小角中子散射实验研究了 New Albany 页岩不同有机成熟度显微结构的变化。Gu 等（2016）综合利用小角中子散射/超小角中子散射技术研究了北美 Marcellus 页岩的有机孔隙度、总孔隙度、不同润湿性孔隙网络的特征。Sun 等（2018，2017）利用小角中子散射技术首次对我国南方不同地区的龙马溪组和牛蹄塘组富有机质页岩的孔隙结构进行研究，并与高压压汞法、氦气孔隙度法、低压气体吸附法等进行对比分析，计算页岩的闭孔率。Bahadur 等（2018）通过对比匹配小角中子散射实验研究了 Marcellus 页岩中水和甲苯的可进入性差异，从而表征页岩的润湿性及不同矿物组成对孔隙可进入性的影响。Zhang 等通过超小角中子散射/小角中子散射与高压压汞实验对中国潜江组盐间陆相页岩油储层和美国 Bakken 海相页岩油储层的孔隙结构进行了测定（Zhang and Zhang 2019；Zhang et al.，2019）。Sun 等（2020b）和 Xu（2020）对应用小角散射技术表征页岩孔隙结构进行了综述。随着中国散裂中子源的投入使用，相信未来小角散射势必在非常规页岩油气研究领域具有广泛的应用前景。

参 考 文 献

陈尚斌, 朱炎铭, 王红岩, 等, 2012. 川南龙马溪组页岩气储层纳米孔隙结构特征及其成藏意义[J]. 煤炭学报(3): 438-444.

崔景伟, 邹才能, 朱如凯, 等, 2012. 页岩孔隙研究新进展[J]. 地球科学进展, 27(12): 1319-1325.

董大忠, 程克明, 王玉满, 等, 2010. 中国上扬子区下古生界页岩气形成条件及特征[J]. 石油与天然气地质, 31(3): 288-299.

董大忠, 邹才能, 戴金星, 等, 2016. 中国页岩气发展战略对策建议[J]. 天然气地球科学, 27(3): 397-406.

范二平, 唐书恒, 姜文, 等, 2013. 简述黏土矿物对页岩气储层的影响作用[EB/OL]. (2013-06-08)

[2021-03-29]. http: //www. paper. edu. cn/releasepaper/content/201306-112.
傅家谟, 1986. 油气成因的某些新认识[J]. 矿物岩石地球化学通讯(3): 142-143.
郭洪金, 2020. 页岩气地质评价技术与实践[M]. 北京: 中国石化出版社.
郭芪恒, 金振奎, 耿一凯, 等, 2019. 四川盆地龙马溪组页岩中碳酸盐矿物特征及对储集性能的影响[J]. 天然气地球科学, 30(5): 616-625.
郭彤楼, 2016. 涪陵页岩气田发现的启示与思考[J]. 地学前缘, 23(1): 29-43.
黄第藩, 李晋超, 1982. 干酪根类型划分的 X 图解[J]. 地球化学(1): 21-30.
蒋裕强, 董大忠, 漆麟, 等, 2010. 页岩气储层的基本特征及其评价[J]. 天然气工业, 30(10): 7-12.
蒋裕强, 付永红, 谢军, 等, 2019. 海相页岩气储层评价发展趋势与综合评价体系[J]. 天然气工业, 39(10): 1-9.
金之钧, 胡宗全, 高波, 等, 2016. 川东南地区五峰组—龙马溪组页岩气富集与高产控制因素[J]. 地学前缘, 23(1): 1-10.
李丹, 欧成华, 马中高, 等, 2018. 黄铁矿与页岩的相互作用及其对页岩气富集与开发的意义[J]. 石油物探, 57(3): 332-343.
李凯强, 2018. 页岩中石英的成因及意义[D]. 兰州: 兰州大学.
柳少鹏, 周世新, 王保忠, 等, 2012. 烃源岩评价参数与油页岩品质指标内在关系探讨[J]. 天然气地球科学, 23(3): 561-569.
孙梦迪, 2014. 渝东南地区下寒武统牛蹄塘组页岩储层特征及甲烷吸附能力[D]. 北京: 中国地质大学(北京).
孙梦迪, 于炳松, 李娟, 等, 2014. 渝东南地区龙马溪组页岩储层特征与主控因素[J]. 特种油气藏, 21(4): 63-66.
谭鹏, 金衍, 韩玲, 等, 2018. 酸液预处理对深部裂缝性页岩储层压裂的影响机制[J]. 岩土工程学报, 40(2): 384-390.
王朋飞, 姜振学, 韩波, 等, 2018. 中国南方下寒武统牛蹄塘组页岩气高效勘探开发储层地质参数[J]. 石油学报, 39(2): 152-162.
王朋飞, 姜振学, 金璨, 等, 2019. 渝东南下志留统龙马溪组页岩有机质孔隙发育特征: 基于聚焦离子束氦离子显微镜(FIB-HIM)技术[J]. 现代地质, 33(4): 902-910.
吴艳艳, 岳小金, 张婷婷, 等, 2015. 渝东南地区黑色硅质页岩中微量元素地球化学特征[C]// 中国地质学会. 中国地质学会 2015 学术年会论文摘要汇编(中册). 北京: 中国地质学会.
武景淑, 于炳松, 李玉喜, 2012. 渝东南渝页 1 井页岩气吸附能力及其主控因素[J]. 西南石油大学学报(自然科学版), 34(4): 40-48.
杨锐, 2018. 鄂西渝东地区五峰组—龙马溪组页岩孔隙结构与连通孔隙流体示踪[D]. 武汉: 中国地质大学(武汉).
游利军, 王飞, 康毅力, 等, 2016. 页岩气藏水相损害评价与尺度性[J]. 天然气地球科学, 27(11): 2023-2029.
游利军, 杨鹏飞, 崔佳, 等, 2017. 页岩气层氧化改造的可行性[J]. 油气地质与采收率, 24(6): 79-85.
于炳松, 2013. 页岩气储层孔隙分类与表征[J]. 地学前缘, 20(4): 211-220.

张田, 张建培, 张绍亮, 等, 2013. 页岩气勘探现状与成藏机理[J]. 海洋地质前沿, 29(5): 28-35.

赵迪斐, 郭英海, 杨玉娟, 等, 2016. 渝东南下志留统龙马溪组页岩储集层成岩作用及其对孔隙发育的影响[J]. 古地理学报, 18(5): 843-856.

邹才能, 董大忠, 王社教, 等, 2010. 中国页岩气形成机理、地质特征及资源潜力[J]. 石油勘探与开发, 37(6): 641-653.

邹才能, 杨智, 张国生, 等, 2014. 常规-非常规油气“有序聚集”理论认识及实践意义[J]. 石油勘探与开发, 41(1): 14-25.

邹才能, 董大忠, 王玉满, 等, 2015. 中国页岩气特征、挑战及前景(一)[J]. 石油勘探与开发, 42(6): 689-701.

邹才能, 董大忠, 王玉满, 等, 2016. 中国页岩气特征、挑战及前景(二)[J]. 石油勘探与开发, 43(2): 166-178.

邹才能, 杨智, 何东博, 等, 2018. 常规-非常规天然气理论、技术及前景[J]. 石油勘探与开发, 45(4): 575-587.

祖小京, 妥进才, 张明峰, 等, 2007. 矿物在油气形成过程中的作用[J]. 沉积学报(2): 298-306.

ALLEN A J, 1991. Time-resolved phenomena in cements, clays and porous rocks[J]. Journal of applied crystallography, 24(5): 624-634.

ARTHUR M A, COLE D R, 2014. Unconventional hydrocarbon resources: Prospects and problems[J]. Elements, 10(4): 257-264.

BAHADUR J, MELNICHENKO Y B, MASTALERZ M, et al., 2014. Hierarchical pore morphology of cretaceous shale: A small-angle neutron scattering and ultrasmall-angle neutron scattering study[J]. Energy & fuels, 28(10): 6336-6344.

BAHADUR J, RADLIŃSKI A P, MELNICHENKO Y B, et al., 2015. Small-angle and ultrasmall-angle neutron scattering (SANS/USANS) study of New Albany Shale: A treatise on microporosity[J]. Energy & fuels, 29(2): 567-576.

BAHADUR J, RUPPERT L F, PIPICH V, et al., 2018. Porosity of the Marcellus Shale: A contrast matching small-angle neutron scattering study[J]. International journal of coal geology, 188: 156-164.

BALE H D, SCHMIDT P W, 1984. Small-angle X-ray-scattering investigation of submicroscopic porosity with fractal properties[J]. Physical review letters, 53(6): 596.

BARUCH E T, KENNEDY M J, LÖHR S C, et al., 2015. Feldspar dissolution-enhanced porosity in Paleoproterozoic shale reservoir facies from the Barney Creek Formation (McArthur Basin, Australia)[J]. AAPG bulletin, 99(9): 1745-1770.

BROWN R J S, FATT I, 1956. Measurements of fractional wettability of oil fields' rocks by the nuclear magnetic relaxation method[J]. Transactions of the American institute of mining & metallurgical engineers, 207(11): 262-264.

BUYUKOZTURK O, HEARING B, 1998. Failure behavior of precracked concrete beams retrofitted with FRP[J]. Journal of composites for construction, 2(3): 138-144.

CHEN S, KIM K H, QIN F, et al., 1992. Quantitative NMR imaging of multiphase flow in porous media[J].

Magnetic resonance imaging, 10(5): 815-826.

CLARKSON C R, SOLANO N, BUSTIN R M, et al., 2013. Pore structure characterization of north American shale gas reservoirs using USANS/SANS, gas adsorption, and mercury intrusion[J]. Fuel, 103: 606-616.

COATES G R, XIAO L, PRAMMER M G, 1999. NMR logging: Principles and applications[M]. Houston: Haliburton Energy Services: 1.

COHAUT N, BLANCHE C, DUMAS D, et al., 2000. A small angle X-ray scattering study on the porosity of anthracites[J]. Carbon, 38(9): 1391-1400.

COKER D A, TORQUATO S, DUNSMUIR J H, 1996. Morphology and physical properties of Fontainebleau sandstone via a tomographic analysis[J]. Journal of geophysical research: Solid earth, 101(B8): 17497-17506.

CURTIS M E, CARDOTT B J, SONDERGELD C H, et al., 2012a. Development of organic porosity in the Woodford Shale with increasing thermal maturity[J]. International journal of coal geology, 103: 26-31.

CURTIS M E, SONDERGELD C H, AMBROSE R J, et al., 2012b. Microstructural investigation of gas shales in two and three dimensions using nanometer-scale resolution imaging microstructure of gas shales[J]. AAPG bulletin, 96(4): 665-677.

DAVUDOV D, MOGHANLOO R G, 2018. Scale-dependent pore and hydraulic connectivity of shale matrix[J]. Energy & fuels, 32(1): 99-106.

DELLE P C, BOURDET J, JOSH M, et al., 2018. Organic matter network in post-mature Marcellus Shale: Effects on petrophysical properties[J]. AAPG bulletin, 102(11): 2305-2332.

DESBOIS G, URAI J L, KUKLA P A, 2009. Morphology of the pore space in claystones-evidence from BIB/FIB ion beam sectioning and cryo-SEM observations[J]. eEarth & discussions, 4(1): 1-19.

DIMITRIJEVIĆ M, ANTONIJEVIĆ M M, DIMITRIJEVIĆ V, 1999. Investigation of the kinetics of pyrite oxidation by hydrogen peroxide in hydrochloric acid solutions[J]. Minerals engineering, 12(2): 165-174.

DMYTRIW A A, 2012. Godfrey hounsfield: Intuitive genius of CT[J]. British journal of radiology, 85(1019): 1165-1165.

EIA, 2016. U. S. crude oil and natural gas proved reserves, year-end 2015[R/OL]. Washington: 2016. https: //www. connaissancedesenergies. org/sites/default/files/pdf-actualites/usreserves_0. pdf

EWING R P, HORTON R, 2002. Diffusion in sparsely connected pore spaces: Temporal and spatial scaling[J]. Water resources research, 38(12): 1-13.

FISHMAN N S, HACKLEY P C, LOWERS H A, et al., 2012. The nature of porosity in organic-rich mudstones of the Upper Jurassic Kimmeridge Clay Formation, North Sea, offshore United Kingdom[J]. International journal of coal geology, 103: 32-50.

FLANNERY B P, ROBERGE W G, 1987. Observational strategies for three-dimensional synchrotron microtomography[J]. Journal of applied physics, 62(12): 4668-4674.

FLEURY M, FABRE R, WEBBER J B W, 2015. Comparison of pore size distribution by NMR relaxation and NMR cryoporometry in shales[J] SCA, 25: 25-36.

FOGDEN A, MCKAY T, TURNER M, et al., 2014. Micro-CT analysis of pores and organics in unconventionals using novel contrast strategies[C]//Unconventional resources technology conference, Denver, Colorado, USA, August 2014. Oklahoma: Society of Petroleum Engineers: 1-14.

FOGDEN A, CHENG Q, MIDDLETON J, et al., 2015. Dynamic micro-CT imaging of diffusion in unconventionals[C]//Unconventional resources technology conference, San Antonio, Texas, USA, July 2015. Oklahoma: Society of Petroleum Engineers: 1-15.

FREEDMAN R, 2006. Advances in NMR logging[J]. Journal of petroleum technology, 58(1): 60-66.

GAO Z, HU Q, 2016. Initial water saturation and imbibitibn fluid affect spontaneous imbibition into Barnett shale samples[J]. Journal of natural gas science and engineering, 34: 541-551.

GAO Z, HU Q, 2018. Pore structure and spontaneous imbibition characteristics of marine and continental shales in China[J]. AAPG bulletin, 102(10): 1941-1961.

GAO Z, FAN Y, HU Q, et al., 2019. A review of shale wettability characterization using spontaneous imbibition experiments[J]. Marine and petroleum geology, 109: 330-338.

GIESCHE H, 2006. Mercury porosimetry: A general (Practical) overview[J]. Particle & particle systems characterization, 23(1): 9-19.

GUO T, 2015. The Fuling Shale Gas Field: A highly productive Silurian gas shale with high thermal maturity and complex evolution history, southeastern Sichuan Basin, China[J]. Interpretation, 3(2): 25-34.

GOU Q, XU S, HAO F, et al., 2019. Full-scale pores and micro-fractures characterization using FE-SEM, gas adsorption, nano-CT and micro-CT: A case study of the Silurian Longmaxi Formation shale in the Fuling area, Sichuan Basin, China[J]. Fuel, 253: 167-179.

GU X, MILDNER D F R, COLE D R, et al., 2016. Quantification of organic porosity and water accessibility in Marcellus Shale using neutron scattering[J]. Energy & fuels, 30(6): 4438-4449.

HALL P J, BROWN S D, CALO J M, 2000. The pore structure of the Argonne coals as interpreted from contrast matching small angle neutron scattering[J]. Fuel, 79(11): 1327-1332.

HAO F, ZOU H, LU Y, 2013. Mechanisms of shale gas storage: Implications for shale gas exploration in China[J]. AAPG bulletin, 97(8): 1325-1346.

HAZLETT D R, 1995. Soluble gas injection for waterflood profile modification[J]. Geological society London special publications, 84(1): 125-131.

HU Q, LIU X, GAO Z, et al., 2015. Pore structure and tracer migration behavior of typical American and Chinese shales[J]. Petroleum science, 12(4): 651-663.

HU Q, ZHANG Y, MENG X, et al., 2017. Characterization of micro-nano pore networks in shale oil reservoirs of Paleogene Shahejie Formation in Dongying Sag of Bohai Bay Basin, East China[J]. Petroleum exploration and development, 44(5): 720-730.

İNAN S, AL BADAIRY H, İNAN T, et al., 2018. Formation and occurrence of organic matter-hosted porosity in shales [J]. International journal of coal geology, 199: 39-51.

JARVIE D M, HILL R J, RUBLE T E, et al., 2007. Unconventional shale-gas systems: The Mississippian Barnett Shale of north-central Texas as one model for thermogenic shale-gas assessment[J]. AAPG bulletin, 91(4): 475-499.

JAVADPOUR F, 2009a. CO_2 injection in geological formations: Determining macroscale coefficients from pore scale processes[J]. Transport in porous media, 79(1): 87-105.

JAVADPOUR F, 2009b. Nanopores and apparent permeability of gas flow in mudrocks (shales and siltstone)[J]. Journal of Canadian petroleum technology, 48(8): 16-21.

JAVADPOUR F, MORAVVEJ F M, AMREIN M, 2012. Atomic-force microscopy: A new tool for gas-shale characterization[J]. Journal of Canadian petroleum technology, 51(4): 236-243.

JIN J, WANG Y, NGUYEN T A H, et al., 2017. The effect of gas-wetting nano-particle on the fluid flowing behavior in porous media[J]. Fuel, 196: 431-441.

KING H E, EBERLE A P R, WALTERS C C, et al., 2015. Pore architecture and connectivity in gas shale[J]. Energy & fuels, 29(3): 1375-1390.

KLAVER J, DESBOIS G, URAI J L, et al., 2012. BIB-SEM study of the pore space morphology in early mature Posidonia Shale from the Hils area, Germany[J]. International journal of coal geology, 103: 12-25.

KLEINBERG R L, 1999. Nuclear magnetic resonance[M]. Netherlands: Elsevier: 1.

KUILA U, MCCARTY D K, DERKOWSKI A, et al., 2014. Nano-scale texture and porosity of organic matter and clay minerals in organic-rich mudrocks[J]. Fuel, 135: 359-373.

LI S, TANG D, XU H, et al., 2012. Porosity and permeability models for coals using low-field nuclear magnetic resonance[J]. Energy & fuels, 26(8): 5005-5014.

LI L, ZHANG Y, SHENG J J, 2017. Effect of the injection pressure on enhancing oil recovery in shale cores during the CO_2 huff-n-puff process when it is above and below the minimum miscibility pressure[J]. Energy & fuels, 31(4): 3856-3867.

LI J, JIAO A, CHEN S, et al., 2018. Application of the small-angle X-ray scattering technique for structural analysis studies: A review[J]. Journal of molecular structure, 1165: 391-400.

LOUCKS R G, RUPPEL S C, 2007. Mississippian Barnett Shale: Lithofacies and depositional setting of a deep-water shale-gas succession in the Fort Worth Basin, Texas[J]. AAPG bulletin, 91(4): 579-601.

LOUCKS R G, REED R M, 2014. Scanning-electron-microscope petrographic evidence for distinguishing organic-matter pores associated with depositional organic matter versus migrated organic matter in mudrock[J]. GCAGS journal, 3: 51-60.

LOUCKS R G, REED R M, RUPPEL S C, et al., 2009. Morphology, genesis, and distribution of nanometer-scale pores in siliceous mudstones of the Mississippian Barnett Shale[J]. Journal of sedimentary research, 79(12): 848-861.

LOUCKS R G, REED R M, RUPPEL S C, et al., 2012. Spectrum of pore types and networks in mudrocks and a descriptive classification for matrix-related mudrock pores[J]. AAPG bulletin, 96(6): 1071-1098.

LOUCKS R G, RUPPEL S C, WANG X, et al., 2017. Pore types, pore-network analysis, and pore quantification of the lacustrine shale-hydrocarbon system in the Late Triassic Yanchang Formation in the southeastern Ordos Basin, China[J]. Interpretation, 5(2): 63-79.

MALEKANI K, RICE J A, LIN J, 1996. Comparison of techniques for determining the fractal dimensions of clay minerals[J]. Clays and clay minerals, 44(5): 677-685.

MARES T E, RADLIŃSKI A P, MOORE T A, et al., 2009. Assessing the potential for CO_2 adsorption in a subbituminous coal., Huntly Coalfield, New Zealand, using small angle scattering techniques[J]. International journal of coal geology, 77(1/2): 54-68.

MARTINEZ G, DAVIS L, 2000. Petrophysical measurements on shales using NMR[C]//Western Regional Meeting, Long Beach, California, June 2000. Society of Petroleum Engineers: 1-20.

MASTALERZ M, HE L, MELNICHENKO Y B, et al., 2012. Porosity of coal and shale: insights from gas adsorption and SANS/USANS techniques[J]. Energy & fuels, 26(8): 5109-5120.

MASTALERZ M, SCHIMMELMANN A, DROBNIAK A, et al., 2013. Porosity of Devonian and Mississippian New Albany Shale across a maturation gradient: Insights from organic petrology, gas adsorption, and mercury intrusion[J]. AAPG bulletin, 97(10): 1621-1643.

MELNICHENKO Y B, RADLIŃSKI A P, MASTALERZ M, et al., 2009. Characterization of the CO_2 fluid adsorption in coal as a function of pressure using neutron scattering techniques (SANS and USANS)[J]. International journal of coal geology, 77(1/2): 69-79.

MELNICHENKO Y B, HE L, SAKUROVS R, et al., 2012. Accessibility of pores in coal to methane and carbon dioxide[J]. Fuel, 91(1): 200-208.

MILLIKEN K L, REED R M, 2010. Multiple causes of diagenetic fabric anisotropy in weakly consolidated mud, Nankai accretionary prism, IODP Expedition 316[J]. Journal of structural geology, 32(12): 1887-1898.

MILLIKEN K L, RUDNICKI M, AWWILLER D N, et al., 2013. Organic matter-hosted pore system, Marcellus Formation (Devonian), Pennsylvania[J]. AAPG bulletin, 97(2): 177-200.

MILLIKEN K L, ERGENE S M, OZKAN A, 2016. Quartz types, authigenic and detrital, in the Upper Cretaceous Eagle Ford Formation, South Texas, USA[J]. Sedimentary geology, 339: 273-288.

MITROPOULOS A C, STEFANOPOULOS K, KANELLOPOULOS N, 1998. Coal studies by small angle X-ray scattering[J]. Microporous and mesoporous materials, 24(1/3): 29-39.

MONDOL N H, BJØRLYKKE K, JAHREN J, et al., 2007. Experimental mechanical compaction of clay mineral aggregates-changes in physical properties of mudstones during burial[J]. Marine and petroleum geology, 24(5): 289-311.

NGUYEN P T M, DO D D, NICHOLSON D, 2013. Pore connectivity and hysteresis in gas adsorption: A simple three-pore model[J]. Colloids and surfaces A: Physicochemical and engineering aspects, 437: 56-68.

O'BRIEN N R, ARAKAWA M, SUITO E, 1970. Freeze drying technique in the study of the fabric of moist clay sediment[J]. Microscopy, 19(3): 277.

PENG S, ZHANG T, LOUCKS R G, et al., 2017. Application of mercury injection capillary pressure to mudrocks: Conformance and compression corrections[J]. Marine and petroleum geology, 88: 30-40.

PINSON M B, ZHOU T, JENNINGS H M, et al., 2018. Inferring pore connectivity from sorption hysteresis in multiscale porous media[J]. Journal of colloid and interface science, 532: 118-127.

POMMER M, MILLIKEN K, 2015. Pore types and pore-size distributions across thermal maturity, Eagle Ford Formation, southern Texas[J]. AAPG bulletin, 99(9): 1713-1744.

RADLIŃSKI A P, 1999. Small-angle neutron scattering: A new technique to detect generated source rocks[J].

Australian Geological Survey Organisation research newsletter, 31: 1-2.

RADLIŃSKI A P, 2000. Small angle neutron scattering signature of oil generation in artificially and naturally matured hydrocarbon source rocks[J]. Organic geochemistry, 31: 1-14.

RADLIŃSKI A P, 2006. Small-angle neutron scattering and the microstructure of rocks[J]. Reviews in mineralogy and geochemistry, 63(1): 363-397.

RADLIŃSKI A P, BOREHAM C J, WIGNALL G D, et al., 1996. Microstructural evolution of source rocks during hydrocarbon generation: A small-angle-scattering study[J]. Physical review B, 53(21): 14152-14160.

RADLIŃSKI A P, BOREHAM C J, LINDNER P, et al., 2000. Small angle neutron scattering signature of oil generation in artificially and naturally matured hydrocarbon source rocks[J]. Organic geochemistry, 31(1): 1-14.

RADLIŃSKI A P, IOANNIDIS M A, HINDE A L, et al., 2004. Angstrom-to-millimeter characterization of sedimentary rock microstructure[J]. Journal of colloid and interface science, 274(2): 607-612.

RAISWELL R, BERNER R A, 1985. Pyrite formation in euxinic and semi-euxinic sediments[J]. American journal of science, 285(8): 710-724.

RAYNAUD S, FABRE D, MAZEROLLE F, et al., 1989. Analysis of the internal structure of rocks and characterization of mechanical deformation by a non-destructive method: X-ray tomodensitometry[J]. Tectonophysics, 159(1/2): 149-159.

REED R, LOUCKS R, 2007. Imaging nanoscale pores in the Mississippian Barnett Shale of the northern Fort Worth Basin[C]// AAPG annual convention, Long Beach, California, 2007. AAPG annual convention abstracts, 16: 115.

ROSS D J, BUSTIN R M, 2009. The importance of shale composition and pore structure upon gas storage potential of shale gas reservoirs[J]. Marine and petroleum geology, 26(6): 916-927.

RUPPERT L F, SAKUROVS R, BLACH T P, et al., 2013. A USANS/SANS study of the accessibility of pores in the barnett shale to methane and water[J]. Energy & fuels, 27(2): 772-779.

SENEL I G, GURUZ A G, YUCEL H, 2001. Characterization of pore structure of turkish coals[J]. Energy & fuels, 15(2): 331-338.

SHI M, YU B, XUE Z, et al., 2015. Pore characteristics of organic-rich shales with high thermal maturity: A case study of the Longmaxi gas shale reservoirs from Well Yuye-1 in southeastern Chongqing, China[J]. Journal of natural gas science and engineering, 26: 948-959.

SHI M, YU B, ZHANG J, et al., 2018. Microstructural characterization of pores in marine shales of the Lower Silurian Longmaxi Formation, southeastern Sichuan Basin, China[J]. Marine and petroleum geology, 94: 166-178.

SIGAL R, 2013. Mercury capillary pressure measurements on Barnett core[J]. SPE reservoir evaluation & engineering, 16(4): 432-442.

SONG L, CARR T R, 2020. The pore structural evolution of the Marcellus and Mahantango shales, Appalachian Basin[J]. Marine and petroleum geology, 114: 1-25.

SONG L, MARTIN K, CARR T R, et al., 2019. Porosity and storage capacity of Middle Devonian shale: A function of thermal maturity, total organic carbon, and clay content[J]. Fuel, 241: 1036-1044.

SPANNE P, THOVERT J F, JACQUIN C J, et al., 1994. Synchrotron computed microtomography of porous media: Topology and transports[J]. Physical review letters, 73(14): 2001.

SUN M, YU B, HU Q, et al., 2016. Nanoscale pore characteristics of the Lower Cambrian Niutitang Formation Shale: A case study from Well Yuke #1 in the Southeast of Chongqing, China[J]. International journal of coal geology, 154: 16-29.

SUN M, YU B, HU Q, et al., 2017. Pore connectivity and tracer migration of typical shales in south China[J]. Fuel, 203: 32-46.

SUN M, YU B, HU Q, et al., 2018. Pore structure characterization of organic-rich Niutitang shale from China: Small angle neutron scattering (SANS) study[J]. International journal of coal geology, 186: 115-125.

SUN M, ZHANG L, HU Q, et al., 2019. Pore connectivity and water accessibility in Upper Permian transitional shales, southern China[J]. Marine and petroleum geology, 107: 407-422.

SUN M, ZHANG L, HU Q, et al., 2020a. Multiscale connectivity characterization of marine shales in southern China by fluid intrusion, small-angle neutron scattering (SANS), and FIB-SEM[J]. Marine and petroleum geology, 112: 1-23.

SUN M, ZHAO J, PAN Z, et al., 2020b. Pore characterization of shales: A review of small angle scattering technique[J]. Journal of natural gas science and engineering, 78: 1-13.

TAYLOR R S, GLASER M A, KIM J, et al., 2010. Optimization of horizontal wellbore and fracture spacing using an interactive combination of reservoir and fracturing simulation[C]//Canadian unconventional resources and international petroleum conference, Calgary, Alberta, Canada, October 2010. Oklahoma: Society of Petroleum Engineers: 1-11.

VALORI A, VAN DEN BERG S, ALI F, et al., 2017. Permeability estimation from NMR time dependent methane saturation monitoring in shales[J]. Energy & fuels, 31(6): 5913-5925.

VELDE B, 1996. Compaction trends of clay-rich deep sea sediments[J]. Marine geology, 133(3/4): 193-201.

WANG S, JAVADPOUR F, FENG Q, 2016. Confinement correction to mercury intrusion capillary pressure of shale nanopores[J]. Scientific reports, 6(1): 1-12.

WASHBURN E W, 1921. Note on a method of determining the distribution of pore sizes in a porous material[J]. Proceedings of the National academy of Sciences of the United States of America, 7(4): 115.

WILKIN R T, BARNES H L, 1997. Formation processes of framboidal pyrite[J]. Geochimica et cosmochimica acta, 61(2): 323-339.

WILLIAMS L A, CRERAR D A, 1985. Silica diagenesis; II, General mechanisms[J]. Journal of sedimentary research, 55(3): 312-321.

WITHJACK E, 1988. Computed tomography for rock-property determination and fluid-flow visualization[J]. SPE formation evaluation, 3(4): 696-704.

XU H, 2020. Probing nanopore structure and confined fluid behavior in shale matrix: A review on small-angle neutron scattering studies[J]. International journal of coal geology, 217: 103325.

YANG R, HE S, YI J, et al., 2016. Nano-scale pore structure and fractal dimension of organic-rich

Wufeng-Longmaxi shale from Jiaoshiba area, Sichuan Basin: Investigations using FE-SEM, gas adsorption and helium pycnometry[J]. Marine and petroleum geology, 70: 27-45.

YANG R, GUO X, YI J, et al., 2017a. Spontaneous imbibition of three leading shale Formations in the Middle Yangtze Platform, south China[J]. Energy & fuels, 31(7): 6903-6916.

YANG R, HAO F, HE S, et al., 2017b. Experimental investigations on the geometry and connectivity of pore space in organic-rich Wufeng and Longmaxi shales[J]. Marine and petroleum geology, 84: 225-242.

YIN T, LIU D, CAI Y, et al., 2017. Size distribution and fractal characteristics of coal pores through nuclear magnetic resonance cryoporometry[J]. Energy & fuels, 31(8): 7746-7757.

YU Y, LUO X, WANG Z, et al., 2019. A new correction method for mercury injection capillary pressure (MICP) to characterize the pore structure of shale[J]. Journal of natural gas science and engineering, 68: 102896.

ZHANG C, ZHANG L, 2019. Permeability characteristics of broken coal and rock under cyclic loading and unloading[J]. Natural resources research, 28(3): 1055-1069.

ZHANG L, XIONG Y, LI Y, et al., 2017. DFT modeling of CO_2 and Ar low-pressure adsorption for accurate nanopore structure characterization in organic-rich shales[J]. Fuel, 204: 1-11.

ZHANG P, LU S, LI J, et al., 2018. Petrophysical characterization of oil-bearing shales by low-field nuclear magnetic resonance (NMR)[J]. Marine and petroleum geology, 89: 775-785.

ZHANG X, WU C, WANG Z, 2019. Experimental study of the effective stress coefficient for coal permeability with different water saturations[J]. Journal of petroleum science and engineering, 182: 106282.

ZHAO J, HU Q, LIU K, et al., 2020. Pore connectivity characterization of shale using integrated wood's metal impregnation, microscopy, tomography, tracer mapping and porosimetry[J]. Fuel, 259: 116248.

ZHENG J, JU Y, WANG M, et al., 2018. Pore-scale modeling of spontaneous imbibition behavior in a complex shale porous structure by pseudopotential lattice Boltzmann method[J] Journal of geophysical research: Solid earth, 123(11): 9586-9600.

ZHENG X, ZHANG B, SANEI H, et al., 2019. Pore structure characteristics and its effect on shale gas adsorption and desorption behavior[J]. Marine and petroleum geology, 100: 165-178.

ZHOU B, 2018. The applications of NMR relaxometry, NMR cryoporometry, and FFC NMR to nanoporous structures and dynamics in shale at low magnetic fields[J]. Energy & fuels, 32(9): 8897-8904.

ZHOU S, XUE H, NING Y, et al., 2018. Experimental study of supercritical methane adsorption in Longmaxi shale: Insights into the density of adsorbed methane[J]. Fuel, 211: 140-148.

第 2 章

小角散射技术的基本原理

本章将介绍 X 射线和中子与物质相互作用时发生的散射现象，以及小角散射的基本原理。当 X 射线或中子束透过物体时会与物质产生相互作用，一般来说其作用可大致分为吸收与散射（朱育平，2008）。以 X 射线为例，利用不同物质对 X 射线吸收效率不同的特性开发出了 CT 技术，而利用 X 射线散射的特性开发了小角散射技术。散射的行为也可分为弹性散射与非弹性散射。利用样品内部电子密度或原子核密度分布起伏所导致的散射现象进行小角散射实验，是研究页岩纳米尺度结构的主要手段之一。

2.1 小角散射原理

从原理上讲散射跟衍射本质是一样的，均隶属于散射。以 X 射线为例，若被照射样品具有周期性结构（结晶），则散射的 X 射线会发生干涉现象，该现象被称为 X 射线衍射。而 X 射线衍射需要在广角范围内测定，因此又被称为广角 X 射线散射（wide-angle X-ray scattering，WAXS）。衍射可以被视为有规律的散射，衍射现象是指无数个子波叠加时产生干涉的结果，导致衍射图样有规律可循，所以对于晶体而言，借助衍射发展出一门新的学科，即晶体学。

但是通常对于具有不同电子密度的非周期性结构的无定形样品，其内部结构并不具备有序性，散射波的干涉不足以产生统计意义上的衍射现象，在宏观层面的散射图像上无法表现出明显的规律性。该现象也被称为漫射 X 射线衍射（即散射的一般形式）。X 射线散射需要在小角度范围内测定（入射光与被观测的散射光的夹角小于 5°），因此又被称为小角 X 射线散射。衍射只是散射的一种特例，衍射是从有序中寻找有序，而散射是从无序中寻找有序。尽管 X 射线和中子束与物质相互作用的物理机制不同，但是它们却可以被统一的数学形式所描述（Han and Akcasu，2011）。

X 射线散射和中子散射在本质上所采用的是同一套散射理论，均是根据散射波相互作用所形成的散射图样来推导散射体的物质结构。两者区别之一在于所用束流不同，即束流的波长有较大差异。波长的差异导致不同光源所适用的散射体的尺寸也有所不同。区别之二是束流对散射体作用的方式不同。X 射线散射所依赖的是 X 射线与散射体的电子相互作用，而中子散射所依赖的是中子束流与散射体的原子核相互作用。不同的散射，观察的侧重点不同，X 射线不适用于研究轻元素，如氢；但中子可以很好地分辨轻元素与其同位素，如图 2.1 所示。相比于 X 射线散射，中子散射对于轻元素较为敏感的特性可以被用来分辨佛像中间的木质立柱。

（a）佛像原图

（b）X射线透视图

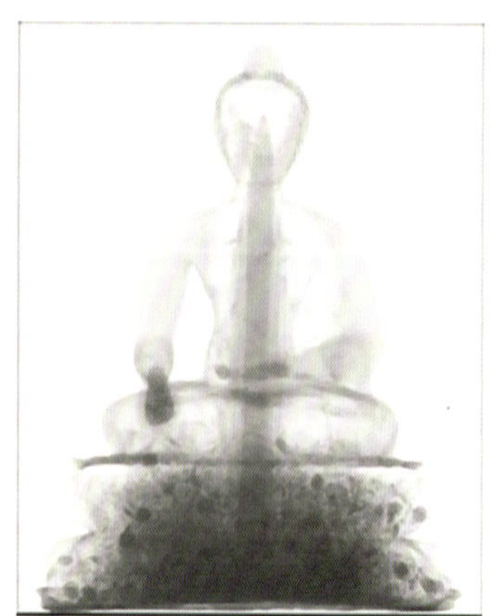
（c）中子射线透视图

图 2.1　不同类型射线对物质的穿透效应示意图

散射波的结构振幅依赖于体系中各散射点之间的相对位置，因此可以通过测定散射强度来研究散射体的结构。通过对小角散射图或散射曲线的计算和分析可推导出样品结构的形状、大小、分布及浓度等信息。这些结构可以是孔隙、颗粒、晶格缺陷等，适用的样品可以是气体、液体、固体。同时，由于 X 射线或中子束流具有穿透性，散射信号是样品表面和内部众多散射体的统计结果。相对于其他纳米尺度分析表征手段如扫描电镜、透射电镜、原子力显微镜而言，小角 X 射线散射和小角中子散射的结果具有统计性强、测试速度快、对样品无损、制样简单、适用范围广等优点（Schnablegger and Singh，2011）。

2.2　X 射线与中子的基本性质

2.2.1　X 射线

X 射线是电磁辐射，其波长占据了 10^{-2}～10^{2} Å 的光谱范围，但是适用于研究页岩孔隙结构的特定的电磁波的波长（λ）较窄，在 0.5～2.5 Å。对页岩结构进行研究的 X 射线大部分是来自铜靶的特征辐射。当铜被高能电子流轰击时，产生多个特征波长的荧光 X 射线，其中主要成分是波长为 1.5418 Å 的射线，称为 Kα 射线。也可以借助单色仪从同步加速器辐射源发射的广谱电磁波中选择相似波长的 X 射线（图 2.2）。射线以光的速度 c=2.998×10^8 m/s 传播，并且波长 λ 和频率 ν 通过式（2.1）彼此相关：

$$\lambda = \frac{c}{\nu} \tag{2.1}$$

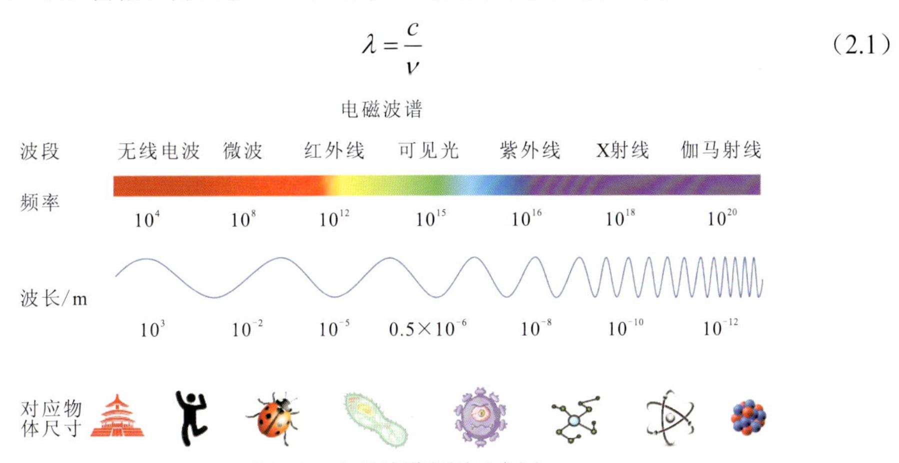

图 2.2　电磁波谱范围示意图

波长 λ 在 1 Å 附近的 X 射线与大多数的原子间距具有相同的尺度，因此 X 射线在探测原子结构即原子的排列时起着非常重要的作用。

X 射线像光一样，表现出波粒二象性。波的特征在于波长 λ 和频率 ν，而光子的特征在于其能量 E_{p} 和动量 p，它们与波长 λ 和频率 ν 的关系为

$$E_p = h\nu \tag{2.2}$$

$$p = \frac{h}{\lambda} \tag{2.3}$$

式中：h 为普朗克常数（6.626×10^{-34} J·s）。式（2.3）为德布罗意方程，光子不具有质量或电荷，波长越短光子的能量越高。对于铜靶和钼靶所激发的特征辐射，光子的能量分别为 8.04 keV 和 17.44 keV。

2.2.2 中子

中子是不带电荷的基本粒子，其质量 m 为 1.675×10^{-24} g，自旋为 1/2。它的动能 E_n 和动量 p 分别为

$$E_n = \frac{1}{2}mv^2 \tag{2.4}$$

$$p = mv \tag{2.5}$$

式中：v 为中子的速度。中子同样具有波粒二象性，具有波的特征，其波长 λ 由德布罗意关系得到：

$$\lambda = \frac{h}{p} = \frac{h}{mv} \tag{2.6}$$

分别定义中子的波矢 $\boldsymbol{k}$ 及约化普朗克常数 $\hbar$ 为

$$\boldsymbol{k} = \frac{2\pi}{\lambda} \tag{2.7}$$

$$\hbar = \frac{h}{2\pi} \tag{2.8}$$

式中：波矢的方向为速度 v 的方向。

由式（2.4）～式（2.8）可以得到中子的动能 E_n 和动量 p：

$$E_n = \frac{\hbar^2\boldsymbol{k}^2}{2m} \tag{2.9}$$

$$p = \hbar\boldsymbol{k} \tag{2.10}$$

一般来说大多数的中子散射实验的中子源都是核反应堆，但近年来散裂源逐渐引起人们的重视。无论是通过反应堆的核裂变反应还是通过高能质子轰击重金属所产生的中子都具有很高的速度，如果要用于中子散射，那么必须将它们进行减速，常用的方法是使中子与慢化剂反复碰撞。在经过足够次数的碰撞之后，这些中子在慢化剂的环境中在一定温度下将达到近似气体的平衡状态。在慢化剂中的中子的速度分布 $f(v)$接近平衡气体中麦克斯韦-玻尔兹曼分布，可以表示为

$$f(v) = 4\pi\left(\frac{m}{2\pi kT_k}\right)^{3/2} v^2 \exp\left(-\frac{1}{2}\frac{mv^2}{k_B T_k}\right) \tag{2.11}$$

式中：m 为中子质量；k_B 为玻尔兹曼常数（1.381×10^{-23} J/K）；T_k 为环境温度函数。$f(v)$

取最大值时所对应的速度值为

$$v=\left(\frac{2k_{\mathrm{B}}T_{\mathrm{k}}}{m}\right)^{1/2} \tag{2.12}$$

由少量（约 20 L）液态氘维持在 25 K 左右作为慢化剂所产生的中子称为冷中子。用温度在 330 K 左右的重水（D_2O）慢化所产生的中子称为温热源。温度为 2 000 K 的石墨作为热中子的来源。在表 2.1 中列出了三种典型温度下的中子参数。并且这些中子的波长都在 Å 级别，和 X 射线在同一个数量级，因此中子散射也是研究物质结构的重要工具。在小角散射的应用方面，中子与 X 射线表现出很多相似的特点，大多数的理论工具和实验技术都可以同时应用于中子散射或 X 射线散射。

表 2.1　各类中子的能量分布区间

能量范围	分类		能量范围
	核物理	中子散射	中子散射
小于 1keV	慢中子	超冷中子	小于 0.1 MeV
		极冷中子	0.1～0.5 MeV
		冷中子	0.5～5 MeV
		热中子	5～100 MeV
		超热中子	0.1～1 eV
		共振中子	1～100 eV
1 kev～0.5 MeV	中能中子		
0.5～10 MeV	快中子		
10～50 MeV	极快中子		
0.05～10 GeV	高能或超快中子		
大于 10 GeV	相对论性中子		

2.2.3　X 射线与中子的性质差异

X 射线与中子存在一些差异，这些差异可以使得两种方法作为一种互补性的存在以获取更多的页岩结构信息。X 射线和中子之间最重要的差异便是粒子的能量，X 射线波段的光子能量为 10 keV，而热中子的动能约为 10 MeV（1 MeV=10^4 keV=10^{10} eV）。在常温下，由振动、旋转和平移所产生的与原子运动相关的平均能量约为 20 meV。因此，当 X 射线被物质散射时，即使原子的运动与 X 射线光子之间存在能量交换，光子的能量也几乎不会受到影响。但是，当中子发生非弹性散射时，它们之间能量的变化可以达到被实验测量的级别。

中子与 X 射线的差异也可以从以下角度进行说明：各种形式的波的共同特征是具有周期性，其周期 $\tau = 1/\nu$，经计算可知 X 射线的周期约为 10^{-19} s，而热中子的周期约为 10^{-13} s。原子物质波的周期约为 10^{-13} s。因此 X 射线无法像中子一样对原子的位置变化进行观测。测量中子的非弹性散射是研究材料中原子运动的非常有效的方法。中子还具有另一个重要特性，那就是中子具有磁矩，因此它可以与某些原子中的非成对电子的磁矩相互作用。中子散射可以提供磁性材料（如铁磁体和反铁磁体）的磁性结构的重要信息。在本书中涉及的内容以中子和 X 射线与物质的弹性散射为主。

X 射线或中子与样品相互作用的类型有所差别，但都可以大致分为透射、散射与吸收这三种类型（图 2.3）。

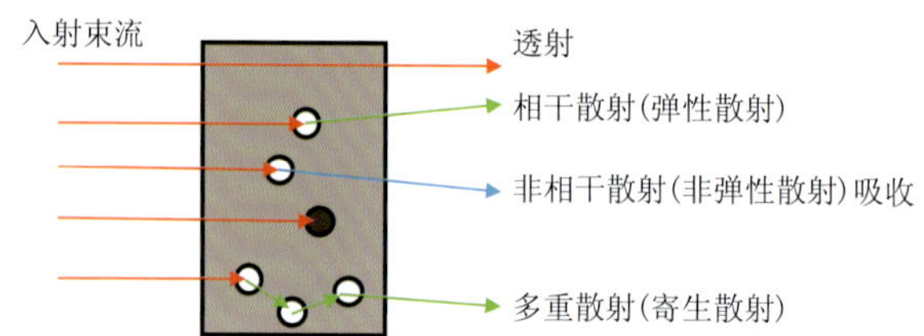

图 2.3　入射束流与物质相互作用的几种模式

当束流穿透样品时，一部分束流直接透过样品，另一部分则和样品发生相互作用。作用的形式分为散射与吸收。入射束流被散射，X 射线或中子将会改变传播方向。束流被样品吸收，则束流通过物体时会按照指数规律迅速衰减，其规律满足如下形式：

$$I_t = I_0 e^{-(\mu/\rho_s)\rho_s t} \tag{2.13}$$

式中：I_t 为束流穿透物体后的强度，又称为透射强度；I_0 为入射束流的强度；t 为物体的厚度；线吸收系数 μ 与物质的密度 ρ_s 之比为常数，称为质量吸收系数 μ/ρ_s。在小角散射实验数据的校正中经常需要用到样品的质量吸收系数。有关的数据处理方法将在第 5 章中介绍。

X 射线与中子被样品吸收时的不同之处在于：X 射线能量的吸收主要是通过与原子的外层电子相互作用释放出电子，被释放的电子的能量与被吸收的光子的能量相近，其差值转化为热能或荧光辐射。当一个中子被吸收后，就会被原子核捕获并形成一个激发态的复合核。在大多数情况下，它通过发射 γ 射线或 α 粒子衰变为基态。

2.3　通量、散射截面与强度

2.3.1　通量

在研究辐射现象时，通量被用于描述一束辐射的强度。辐射在被定义为波时，通量表示传输能量的效率。辐射在被定义为粒子流时，通量表示传送粒子的效率。本书将辐射定义为粒子流。在小角散射的研究中，入射通量 J_{in} 是指入射光单位面积单位时间内传输的粒子数（中子或 X 射线），单位为 $cm^{-2}\cdot s^{-1}$。散射通量 J_{sc} 指单位立体角单位时间内所传输的粒子数，单位为 $sr^{-1}\cdot s^{-1}$。入射通量与散射通量可以表示为（Zeng et al.，2017）

$$J_{in} = \frac{dN_{in}}{dA\,dt} \tag{2.14}$$

$$J_{sc} = R^2 \frac{dN_{sc}}{dS\,dt} = \frac{dN_{sc}}{d\Omega\,dt} \tag{2.15}$$

式中：N 为粒子数，下标 in 和 sc 分别为入射粒子束与散射粒子束的标记；A 为样品被辐照的面积，cm^2；t 为样品的曝光时间，s；Ω 为以入射光为中心散射光束的立体角，sr；R 为探测器区域到样品的距离，m；S 为半径 R 的散射球面上的检测区域，cm^2。

入射粒子束集中度非常高，在波的状态下可被视为平面波。散射粒子束由样品向空间内发射粒子，可被视为球面波。因此对于散射通量 J_{sc} 更合理的表示方法为单位立体角而不是单位面积内所传送的粒子数，这样通量便变成与样品到探测器距离 R 无关的量，通过对探测器单位面积单位时间内检测到的粒子数进行计算便可以获得散射通量 J_{sc} 的值。

当辐射被视为波时，通量 J 与波的振幅 E_e 的平方成正比：

$$J = |E_e|^2 = E_e E_e^* \tag{2.16}$$

2.3.2　散射截面

在稳定环境下，物质对于 X 射线（或中子）的散射能力是一定的。也就是说入射粒子被散射的概率是一定的。随着入射通量 J_{in} 的增加或减少，散射通量 J_{sc} 也将呈比例变化，J_{in} 与 J_{sc} 之比被称为微分散射截面（Roe，2000）：

$$\frac{d\sigma}{d\Omega} = \frac{J_{sc}}{J_{in}} \tag{2.17}$$

式中：σ 为束流对撞时的散射截面，在核物理中对于打靶还有另外一种定义散射截面的方式，与前者略有不同（图 2.4）。散射截面 σ 对应的是入射粒子总的散射概率，微分散射截面 $d\sigma/d\Omega$（单位为 $cm^2\cdot sterad^{-1}$）对应的是入射粒子被散射到某个单位立体角内的概率，两者之间的关系可用式（2.18）表示（Yuri，2015）：

$$\begin{aligned}\sigma &= \int_0^{2\pi}\int_0^{\pi}\left(\frac{d\sigma}{d\Omega}\right)\sin\theta\, d\theta\, d\varphi \\ &= \frac{\text{单位时间内被散射到全空间的粒子数}}{\text{单位时间内单位面积的入射离子数}}\end{aligned} \tag{2.18}$$

即使对入射通量归一化，相同的样品也会因为样品大小的不同表现出不同的微分散射截面。因此有必要对样品进行体积归一化，其中 V 是由光束辐照的样品体积：

$$\frac{d\Sigma}{d\Omega} = \frac{1}{V}\frac{d\sigma}{d\Omega} \tag{2.19}$$

式中：$d\Sigma/d\Omega$ 为单位体积的微分散射截面（单位为 $cm^{-1}\cdot sr^{-1}$）。立体角 sterad 常被简写为 sr，且这一无量纲单位在实际中通常会被忽略，故其单位可表示为 cm^{-1}。

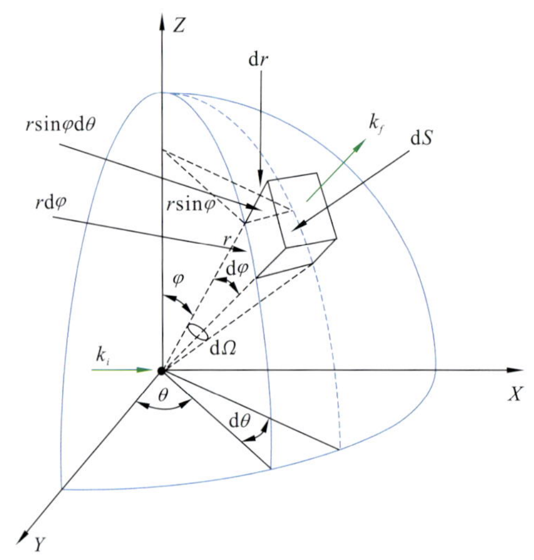

图 2.4 球坐标系中关于入射及散射束流的各类空间几何概念

2.3.3 强度

图 2.5 为小角散射线站的终端示意图，除了样品前后的空间，其余光路均处在真空中。以 X 射线小角散射为例，入射光束经过样品之前会被约束聚焦，通过上电离室时会被检测到其入射光的相对强度。根据在给定的实验条件下，入射通量 J_{in} 一般为已知

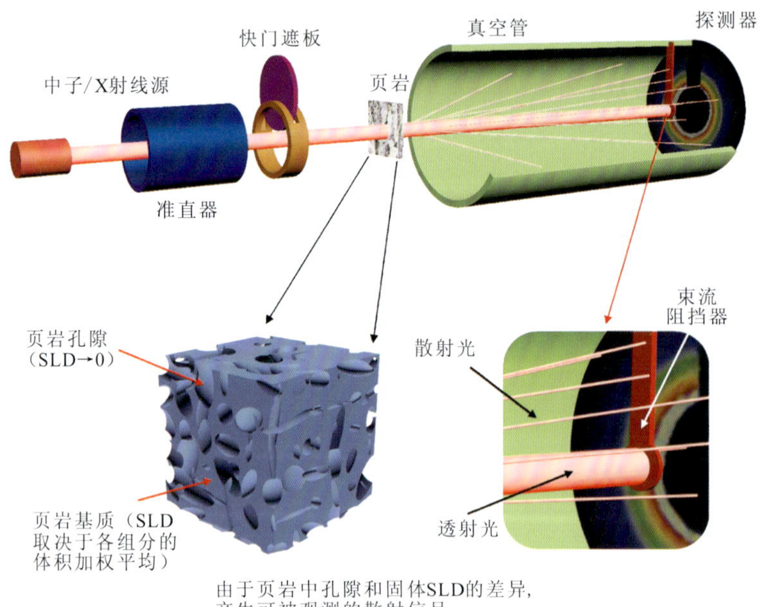

图 2.5 小角散射线站的终端示意图

SLD 为散射长度密度

参数（或者可以通过其他方法测量），在实际操作中入射通量常等同于入射强度，用符号 $I_0(q)$表示，单位为 $cm^{-2}\cdot s^{-1}$。随后入射光穿透样品，有一部分未被散射的光（透射光）会通过下游真空室；为保护散射光探测器，透射光会被束流阻挡器阻挡在散射光探测器前，并被安装在束流阻挡器上的光电二极管检测到其强度。透射光强度用 $I_t(q)$表示，单位为 $cm^{-2}\cdot s^{-1}$。

被散射的 X 射线在散射光探测器上形成环形的散射图样，探测器读取的粒子数被称为测量散射强度 $C(q)$，无量纲。因为被散射的粒子 $N_{sc}(q)$在从样品传播到探测器的过程中会存在衰减 T，还因为探测器的效率 η，以及宇宙射线及其他噪声如探测器的暗电流和光路中的样品池、空气等产生的散射所导致的散射强度的偏移 $C_{bg}(q)$，散射噪声可通过测试空样品池的散射强度得以解决。被散射的粒子与测量散射强度之间的关系为

$$C(q) = \eta T N_{sc}(q) + C_{bg}(q) \tag{2.20}$$

通过对原始散射强度的还原可以获得散射通量 J_{sc}。总而言之，小角散射的重点在于观测散射通量的值，在实际操作中散射通量常被等同于散射强度，用符号 $I(q)$表示，单位为 $sr^{-1}\cdot s^{-1}$。

单位体积的微分散射截面在有些文献中常被称为绝对散射强度，用符号 $I_{abs}(q)$表示，单位为 cm^{-1}。在本书中规定 $I_{abs}(q)=d\Sigma/d\Omega$，在后续的表示过程中单位体积的微分散射截面与绝对散射强度的意义是相同的。获取微分散射截面之后，对其进行解释便可以了解物质的详细结构信息。因为探测器的类型不同，所以入射光、透射光与散射光的强度只针对同一检测仪器有参考意义，三类强度无法直接进行比较。散射强度和透射强度分别与入射光强度成正比，而绝对散射强度仅与样品本身的散射能力有关。

联立式（2.14）、式（2.15）、式（2.17）、式（2.19）与式（2.20）可得绝对散射强度、入射强度及测量散射强度的关系（Xie et al.，2018）：

$$C(q) = \eta T J_{in} \Delta\Omega t A l \frac{d\Sigma}{d\Omega} + C_{bg}(q) \tag{2.21}$$

式中：$C(q)$为散射空间内单位立体角 $d\Omega$ 对应的探测器单位像素面积上单位时间内读取到的粒子数，它与散射强度相关，但受线路的配置、探测器的检测能力影响；J_{in} 为入射通量；$\Delta\Omega$ 为单位立体角，sr^{-1}；t 为测试时间，s；V 为被辐照的样品体积，cm^3，它等于样品被辐照的面积 A 与厚度 l 的积。

对式（2.21）进行转换可得

$$I_{abs}(q) = \frac{d\Sigma}{d\Omega} = \mathrm{GF} \times I_n(q) \tag{2.22}$$

式中：

$$\mathrm{GF} = \frac{1}{\eta J_{in} \Delta\Omega A l} \tag{2.23}$$

$$I_n(q) = \frac{C(q) - C_{bg}(q)}{Tt} \tag{2.24}$$

式中：GF 为一般强度影响因子，$cm^{-1}\cdot s\cdot sr^{-1}$，这个系数与实验条件密切相关且求取过程极为困难，但对于同一批次的实验 GF 为一个常量；$I_n(q)$为归一化散射强度，s^{-1}。绝对散射强度 $I_{abs}(q)$可以通过式（2.22）直接求得，但是直接求取绝对散射强度的难点在于现有技术手段难以用同一探测器实现对入射光强度 J_{in} 与散射光 $C(q)$的测量，以及各环节的影响参数。可以通过两种方法直接或间接地获得入射光强度，实现对绝对散射强度的校正。第一种是直接法（即衰减法），需用不同厚度的吸收箔使入射光强度降低到散射光探测器的量程内，通过线性外推得到入射光强度，进而得到绝对散射强度。但是该方法较为复杂且 GF 的求取仍存在困难（陈冉和门永锋，2016）。

第二种为标样法，使用已知绝对散射强度的标准样品（如玻璃碳、水、聚乙烯等），与待测试样品在相同的光路下（仪器配置和操作步骤均无差别）分别进行相对散射强度的测量，从而反推出入射光强度和线站的其他参数。第二种方法不需要知道探测器的配置、光束的详细参数等内容，是一个简单且快速的手段。其中水标样经长时间 X 射线辐照散射之后化学性质和散射强度稳定且易于获取，是一种理想的作为测试绝对散射强度的标样（Orthaber et al.，2000）。

标样的测量散射强度与绝对散射强度同样遵循式（2.25）：

$$C_{st}(q)=\eta T_{st}J_{in}\Delta\Omega t_{st}Al_{st}\left(\frac{d\Sigma}{d\Omega}\right)_{st}+C_{bg}(q)_{st} \tag{2.25}$$

式中：st 为标样测试中的一些参数或强度的标记，其余的参数因为是在相同光路下进行的测试，所以页岩样品与水标样的部分参数均相同。将式（2.21）与式（2.25）进行联立，可以消去重复出现的参数如 GF 和 J_{in}，页岩样品的绝对散射强度可用式（2.26）计算：

$$I_{abs}(q)=\frac{d\Sigma}{d\Omega}=CF\times I_n(q) \tag{2.26}$$

式中：

$$CF=\frac{\left(\frac{d\Sigma}{d\Omega}\right)_{st}}{\left[C_{st}(q)-BG_{st}\right]/t_{st}T_{st}} \tag{2.27}$$

$$I_n(q)=\frac{C(q)-BG}{tT} \tag{2.28}$$

式中：CF 为校正因子，等于水标样的绝对散射强度与水标样的相对散射强度的比值；$I_n(q)$为相对散射强度，与真实的散射强度的关系为 $I(q)=I_n(q)GF$；BG 为散射背底强度。在实际工作中常用相对散射强度来代替真实的散射强度进行计算，在达到同样效果的前提下省去了计算仪器参数的工作。综合可知相对散射强度也受光路配置的影响，因此对样品进行绝对散射强度校正的关键是计算出该光路配置下的校正因子 CF。样品的绝对散射强度的求取方法是将相对散射强度 $I_n(q)$乘以校正因子。

在小角散射数据分析中有必要区分测量散射强度 $C(q)$、相对散射强度 $I_n(q)$、绝对散射强度 $I_{abs}(q)$。各类散射强度的应用场景见表 2.2。

表 2.2　小角散射实验中各类散射强度的应用场景

应用场景	$C(q)$	$I_n(q)$或 $I(q)$	$I_{abs}(q)$或 $d\Sigma/d\Omega$
观察散射取向	是	是	是
判断相变峰	是	是	是
计算回转半径	否	是	是
推导自相关函数	否	是	是
限制模型中的形状因子和结构因子拟合	否	是	是
分子量测量	否	否	是
计算 Porod 不变量	否	否	是
多相系统中散射长度密度的计算	否	否	是
计算散射体的体积分数与比表面积	否	否	是
获取相关模型的拟合参数	否	否	是
减去非相干部分以获得相干分量	否	否	是

2.4　X 射线散射与中子散射

2.4.1　单个电子对 X 射线的散射

X 射线穿过样品时主要与样品的外层电子发生作用，当一定频率的外来电磁波投射到电子上时，电磁波的振荡电场作用到电子上，使电子以相同的频率做强迫振动，振动着的电子向外辐射出电磁波，把原来入射波的部分能量辐射出去，这种现象称为电磁波的散射（郭硕鸿，2012）。X 射线与物质相互作用时既表现出波的性质又表现出粒子性，在 X 射线与电子相互作用的过程中 X 射线主要表现出波的性质，取坐标系如图 2.6 所示。设入射波沿 X 轴方向传播，其电场强度 E_0 与 Z 轴的夹角为 γ 。设探测器上的点 P 在 XZ 平面上，R 与 X 轴的夹角为 2θ，与 E_0 的夹角为 α。其中：

$$\cos\alpha = \sin 2\theta \cos\gamma \tag{2.29}$$

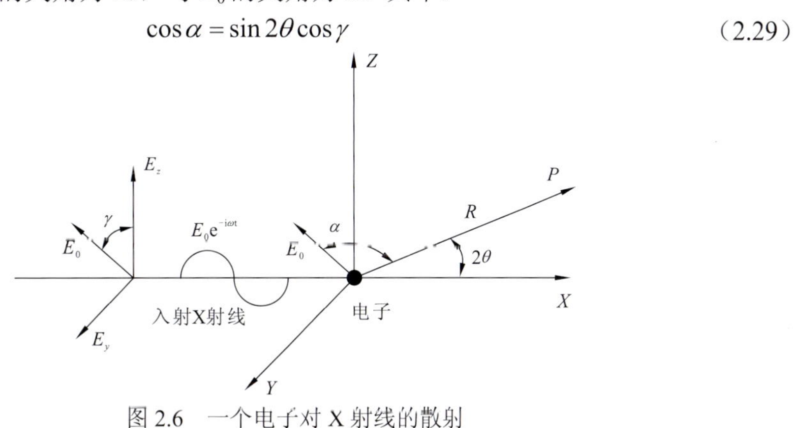

图 2.6　一个电子对 X 射线的散射

质量为 m、电荷为 e、半径为 r_e 的自由电子在外来电磁波作用下，它的运动速度 v 远小于光速 c。在这一情形下，电子运动的振幅 $A_e=vT$ 远远小于入射波的波长 $\lambda=cT$，其中 T 为周期。由于电子运动范围线度远小于入射波长，可以用一固定点上的电场强度来代表作用于电子上的电场强度。又因为 $v\ll c$，而电磁波磁场作用力与电场作用力之比 $v/c<1$，可忽略入射波的磁场对电子的作用力。设入射波的电场强度为 $E_0e^{-i\omega t}$，与 Z 轴的夹角为 α，则电子在电磁波的电场作用力下被迫振动而产生位移。由电动力学表明，当电荷做加速运动时要辐射能量。由电子辐射的距电子距离为 R 处的散射波电场强度是

$$E_e=\frac{e^2E_0}{4\pi\varepsilon_0 mc^2R}\sin\alpha \tag{2.30}$$

式中：e 为电荷。

电磁场中的能流密度矢量 $\boldsymbol{S}$ 又被称为坡印亭矢量。它相当于入射功率。空间某处的电场强度为 E，磁场强度为 $\boldsymbol{H}$，则该处电磁场的能流密度为 $\boldsymbol{S}=\boldsymbol{E}\times\boldsymbol{H}$。电子振动产生的平均散射能流为

$$\overline{S}_e=\frac{\varepsilon_0 cE_0^2}{2}\frac{r_e^2}{R^2}\sin\alpha \tag{2.31}$$

入射波强度定义为平均入射能流：

$$I_0=\overline{S}_0=\frac{\varepsilon_0 c}{2}E_0^2 \tag{2.32}$$

结合式（2.31）、式（2.32），平均散射能流可写为

$$\overline{S}_e=\frac{r_e^2}{R^2}\sin^2\alpha I_0 \tag{2.33}$$

散射波一般为球面波，对 $\overline{S}_e$ 进行曲面积分得散射波总平均功率：

$$P=\int\overline{S}_eR^2\mathrm{d}W=\frac{8p}{3}r_e^2I_0 \tag{2.34}$$

式（2.34）称为汤姆孙散射公式，由于 I_0 是每秒垂直入射到单位截面上的能量，由式（2.34）可知，被散射的能量相当于入射到面积为 $\frac{8\pi}{3}r_e^2$ 截面上的能量，该面积称为单个自由电子对电磁波的总散射截面 σ（单位为 barn，1 barn=10^{-24} cm^2），用汤姆孙散射截面表示：

$$\sigma=\frac{\text{散射功率}}{\text{单位面积入射功率}}=\frac{P}{I_0}=\frac{8\pi}{3}r_e^2 \tag{2.35}$$

以上是入射光为偏振光在发生散射后的情况，但在实际的实验中入射光通常没有经过偏振化，因此需要把式（2.33）对 φ 求平均，对电场强度平行于 YOZ 平面的各方向入射波求平均：

$$\overline{\sin^2\alpha}=\frac{1}{2\pi}\int_0^{2\pi}(1-\sin^2 2\theta\cos^2\varphi)\mathrm{d}\varphi=\frac{1}{2}(1+\cos^2 2\theta) \tag{2.36}$$

非偏振入射波的平均散射能流为

$$I_e=\overline{S}_e=\frac{r_e^2}{R^2}\frac{1}{2}(1+\cos^2 2\theta)I_0 \tag{2.37}$$

式（2.37）是关于电子散射 X 射线强度的公式，可以看出经一个电子散射的 X 射线强度沿不同的方向具有不同的分布，散射强度与散射线及入射线之间的夹角 2θ 有依赖关系，并且与探测器到散射源之间的距离成反比。$r_e = \frac{e^2}{mc^2} = 2.818\times 10^{-13}$ cm 为经典电子半径，又被称为汤姆孙电子半径。原子核因质量太大，所得 I_e 极小，实际上可以忽略不计。因此，在一个原子中可以看作仅仅有电子会对 X 射线造成散射。

探测器上的单位面积 ds 的散射功率为

$$\mathrm{d}P = \frac{r_e^2}{R^2}\frac{1}{2}(1+\cos^2 2\theta)I_0\mathrm{d}s \tag{2.38}$$

其中单位立体角与单位面积的关系为 $\mathrm{d}s=R^2\mathrm{d}\Omega$，因此式（2.38）可改写为

$$\mathrm{d}P = \frac{r_e^2}{2}(1+\cos^2 2\theta)I_0\mathrm{d}\Omega \tag{2.39}$$

单位面积的散射功率与单位面积入射功率之比为

$$\mathrm{d}\sigma = \frac{\text{单位面积散射功率}}{\text{单位面积入射功率}} = \frac{\mathrm{d}P}{I_0} = \frac{r_e^2}{2}(1+\cos^2 2\theta)\mathrm{d}\Omega \tag{2.40}$$

$\mathrm{d}\sigma/\mathrm{d}\Omega$ 被称为微分散射截面，代表散射体电子对于入射光的散射能力，用式（2.41）表示：

$$\frac{\mathrm{d}\sigma}{\mathrm{d}\Omega} = \frac{r_e^2}{2}(1+\cos^2 2\theta) \tag{2.41}$$

对于非偏振 X 射线，电子的散射长度 b_e 是

$$b_e = r_e\left(\frac{1+\cos^2 2\theta}{2}\right)^{1/2} \tag{2.42}$$

$(1+\cos^2 2\theta)/2$ 被称为偏振因子。在小角散射中，涉及的角范围小于 5°，$\cos^2 2\theta\approx 1$，故偏振因子约等于 1：

$$\frac{\mathrm{d}\sigma}{\mathrm{d}\Omega} = r_e^2 \tag{2.43}$$

对于散射截面的详细定义可以参照式（2.17），一个电子的散射截面是可以通过理论进行计算的。对于密度恒定的单质来说，其单位体积的散射截面也是可以通过理论计算出来的，是一个定值，仅受单质的等温压缩系数影响。

2.4.2　两个电子对 X 射线的散射

如图 2.7 所示，当散射体比入射 X 射线波长大得多时，在构成此散射体的各个电子产生的散射波之间将出现光程差 δ（或相位差 φ）。当光程差是波长的整数倍时，发生相长干涉，散射波互相加强。反之，发生相消干涉，散射波互相减弱。

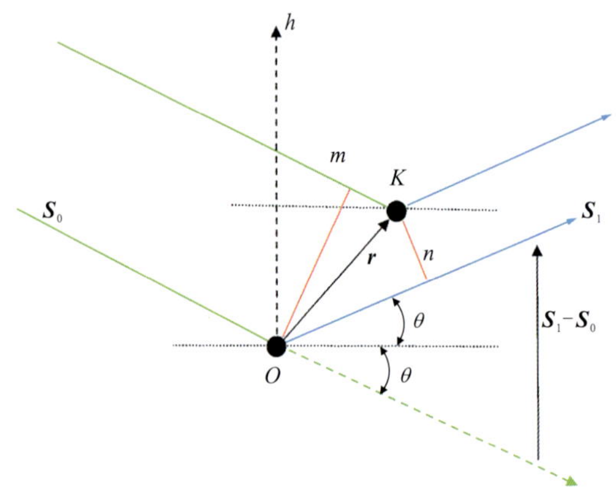

图 2.7　两个电子的散射

设沿方向的单位矢量分别用 $\boldsymbol{S}_0$ 和 $\boldsymbol{S}_1$ 表示，两者的夹角为 2θ。若以一个电子为原点，电子 K 与原点 O 相距的位置矢量为 $\boldsymbol{r}$，如图 2.7 所示。以 O 点的散射波为基准，散射点 K 的散射波与 O 点的光程差为

$$\delta = On - Km = \boldsymbol{r}\cdot\boldsymbol{S}_1 - \boldsymbol{r}\cdot\boldsymbol{S}_0 = \boldsymbol{r}\cdot(\boldsymbol{S}_1-\boldsymbol{S}_0) = \boldsymbol{r}\cdot\boldsymbol{S} \tag{2.44}$$

式中：

$$\boldsymbol{S} = \boldsymbol{S}_1 - \boldsymbol{S}_0 \tag{2.45}$$

其模：

$$|\boldsymbol{S}| = S = 2\sin\theta \tag{2.46}$$

因此光程差可写为

$$\delta = \boldsymbol{r}\cdot S = \boldsymbol{r}\cdot 2\sin\theta \tag{2.47}$$

相位差为

$$\begin{aligned}\varphi &= \frac{2\pi}{\lambda_0}n\delta = \frac{2\pi\delta}{\lambda}\\ &= \frac{2\pi}{\lambda}(\boldsymbol{r}\cdot S) = k(\boldsymbol{r}\cdot S)\\ &= \boldsymbol{r}\left(\frac{4\pi\sin\theta}{\lambda}\right) = \boldsymbol{r}\cdot q\end{aligned} \tag{2.48}$$

式中：λ_0、λ 分别为真空和介质中的电磁波波长；n 为折射率；$k=2\pi/\lambda$；$\boldsymbol{q}$ 为散射矢量，其模

$$|\boldsymbol{q}| = q = \frac{4\pi\sin\theta}{\lambda} \tag{2.49}$$

此处便得到了小角散射中一个非常重要的概念——散射矢量 $\boldsymbol{q}$。由图 2.7 给出的几何解释是 $\boldsymbol{q}$ 垂直于 $\boldsymbol{S}_0$ 和 $\boldsymbol{S}_1$ 的夹角，即平行于 $\boldsymbol{S}$。在许多文献的实际计算中仅使用散射矢量的模 q，也用 h 或 Q 表示，其值与 q 等同，仅仅是表示的符号不同而已。

设 K 点散射波的振幅为 E_K，则

$$E_K = E_{\mathrm{e}} f_K \mathrm{e}^{-\mathrm{i}(\omega t+\varphi)} \tag{2.50}$$

式中：f_K 为 K 点的散射因子，即电子数；E_e 为一个电子的汤姆孙散射振幅。式（2.50）表明：当散射体比入射 X 射线波长大得多时，在构成此散射体的各个电子产生的散射波之间将出现光程差 δ（或相位差 φ）。当光程差是波长的整数倍时，发生相长干涉，散射波互相加强。反之，发生相消干涉，散射波互相减弱。

2.4.3　单个原子核对中子的散射

中子与物质相互作用的主要方式是直接与原子核发生核反应。中子核反应可分为两大类：散射和吸收。当自由中子与原子核发生散射时，自由中子的速度和方向发生改变，而原子核的质子数与中子数在反应前后不变。吸收是指中子在与原子核发生碰撞后被吸收，并放出各种射线或其他粒子，而核力的作用范围很小，约为几费米（1 fm=10^{-15} m）。就中子散射而言，散射体非常稀疏，因为散射中心（原子核）的大小通常比原子核之间的距离小 10 万倍，所以在中子散射中原子核可以被视为点粒子。与 X 射线散射不同的是，中子散射是通过中子与原子核相互作用的。

当有一束平行的中子束，其波矢方向为 $\boldsymbol{k}_{\mathrm{i}}$（图 2.8），其散射后的波矢方向为 $\boldsymbol{k}_{\mathrm{f}}$，中子与样品发生散射的过程遵守能量或动量守恒：

$$\hbar\boldsymbol{q} = \hbar(\boldsymbol{k}_{\mathrm{i}} - \boldsymbol{k}_{\mathrm{f}}) \tag{2.51}$$

$$\Delta E = E_{\mathrm{i}} - E_{\mathrm{f}} = \hbar\omega = \frac{\hbar^2}{2m}(\boldsymbol{k}_{\mathrm{i}}^2 - \boldsymbol{k}_{\mathrm{f}}^2) \tag{2.52}$$

式中：$\hbar$ 为约化普朗克常数；$\boldsymbol{q}$ 为散射矢量，也代表动量的转移；ω 为角频率。式（2.51）和式（2.52）分别描述了中子散射过程中的动量守恒或能量守恒的过程。当 $\hbar\omega$ 为零时，代表碰撞过程中没有能量的转移，也就是散射过程为弹性散射。对于这一过程的定量描述需要引入微分散射截面的概念。波矢为 $\boldsymbol{k}_{\mathrm{i}}$，强度为 $\Phi(\boldsymbol{k}_{\mathrm{i}})$的入射中子束在被样品散射后的出射中子强度 $I(q)=\Phi(\boldsymbol{k}_{\mathrm{f}})=\Phi(\boldsymbol{k}_{\mathrm{i}})\sigma$，$\sigma$ 为样品的散射截面。如图 2.4 所示，出射中子束 $\boldsymbol{k}_{\mathrm{f}}$ 的强度 $I(q)$代表单位时间内，方向为(θ, φ)、空间立体角为 dΩ、能量为 E 到 E+dE 范围内的中子数。测量结果用微分散射截面表示为

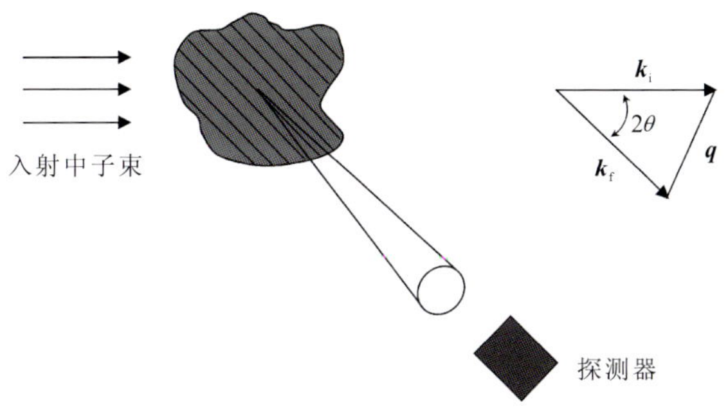

图 2.8　中子散射过程示意图

$$\frac{\mathrm{d}^2\sigma}{\mathrm{d}\Omega\mathrm{d}E}=\left.\frac{\mathrm{d}^2\sigma}{\mathrm{d}\Omega\mathrm{d}E}\right|_{\mathrm{coh}}+\left.\frac{\mathrm{d}^2\sigma}{\mathrm{d}\Omega\mathrm{d}E}\right|_{\mathrm{inc}}=\frac{I(q)}{\Phi\mathrm{d}\Omega\mathrm{d}E} \tag{2.53}$$

散射截面包括相干散射（弹性散射）和非相干散射（非弹性散射）的贡献。相干散射来自晶格对中子的布拉格散射和声子非弹性激发。非相干散射是由中子与核自旋相互作用产生的，由于具有各向同性，一般作为背景从信号中除去。发生弹性散射时中子将一部分动能转给靶核，而中子与靶核的总动能保持不变。中子发生非弹性散射时，入射中子的一部分动能转变成靶核的内能，使靶核处于激发态，然后通过放出中子并发射 y 射线而返回基态。非弹性散射前后系统的动量守恒，但是动能不守恒。非弹性散射有阈能的特点，即只有入射的中子能量高于某一阈值时才可能发生非弹性散射（Furrer and Mesot，2017）。

类似于 X 射线被散射的特点，被散射中子与入射中子也遵循一定的比例关系。中子被原子核散射的效率用散射长度 b 来表示，而中子的微分散射截面可以表示为

$$\frac{\mathrm{d}\sigma}{\mathrm{d}\Omega}=b_{\mathrm{n}}^2 \tag{2.54}$$

这与式（2.43）极为相似，因此电子的散射长度 b_{e} 取决于它的经典电子半径与偏振因子的乘积，原子核的散射长度取决于它的自旋状态。原子核对中子的散射是球对称的，散射长度 b_{n} 不随散射角的变化而变化。

对于一个特定的原子核，散射长度取决于原子核-中子系统的自旋状态。原子核-中子相互作用的强度取决于核结构的细节，与原子序数没有明显的线性关系。中子自旋为 1/2。如果原子核具有非零自旋 i，则原子核-中子系统的自旋为 $i\pm1/2$，并且相关的散射长度分别为 b^+或 b^-。如果原子核的自旋为零，则原子核-中子系统将具有自旋 1/2 的单一自旋状态，并且散射长度只有一个值。因此，散射长度 b 的大小在原子序数或质量相邻的元素之间，甚至在同一元素的同位素之间均可能出现较大的变化。某些元素如 ^{1}H、^{7}Li、^{48}Ti、^{62}Ni 的散射长度可以为负值。如果材料对于中子的吸收不可忽略，则散射长度的计算会变得更为复杂，大多数有机材料对于中子的吸收较弱（王靖珲，2019）。

当散射体为不含其他同位素的单质时，同时原子核的自旋为零，那么所有的原子核都有一个相同的散射长度 b_{n}。但是如果散射体是多种同位素共同组成的单质，则 b_{n} 的值会随原子核的不同而随机变化。即使当散射体由单一同位素组成时，如果原子核自旋不为零，原子核也可以采用两种不同散射长度 b^+或 b^-。这是因为自旋为 1/2 的中子与自旋为 i 的原子核相互作用时，原子核-中子系统产生的总自旋为 i+1/2 或 i−1/2。自旋 i+1/2 态的简并度为

$$2(i+1/2)+1=2i+2 \tag{2.55}$$

自旋 i−1/2 态的简并度为

$$2(i-1/2)+1=2i \tag{2.56}$$

给出总共 4i+2 个状态。当中子束未极化时，每个自旋态具有相同的先验概率 f^+，从而使核自旋随机取向。因此，实现 b^+散射长度的概率为

$$f^+=\frac{2i+2}{4i+2}=\frac{i+1}{2i+1} \tag{2.57}$$

对于 b^-散射长度，概率为

$$f^- = \frac{2i+2}{4i+2} = \frac{i+1}{2i+1} \tag{2.58}$$

因为原子核或中子的不同自旋状态，原子核的散射长度与电子的散射长度求取方式完全不同。中子散射时散射长度的随机变化，要么是由于同位素的存在，要么是由于原子核非零自旋的存在。因此散射长度不仅是一个反映散射体自身结构的参数，而且包含了与结构无关的随机性成分。下面我们将详细探究这种随机性成分造成的结果，散射振幅 $A(q)$作为 q 的函数可以写成：

$$A(q) = A_0 \sum_{j=1}^{N} b_j \mathrm{e}^{-\mathrm{i}\boldsymbol{q}r_j} \tag{2.59}$$

$$\frac{\mathrm{d}\sigma}{\mathrm{d}\Omega} \sum_{j,k} \langle b_j b_k \rangle \mathrm{e}^{-\mathrm{i}\boldsymbol{q}(r_j - r_k)} \tag{2.60}$$

中子与样品的相互作用可以用微扰处理。利用费米黄金定则有

$$\left.\frac{\mathrm{d}^2\sigma}{\mathrm{d}\Omega \mathrm{d}E_\mathrm{f}}\right|_{\lambda_\mathrm{i}\to\lambda_\mathrm{f}} = \frac{\boldsymbol{k}_\mathrm{f}}{\boldsymbol{k}_\mathrm{i}} \left(\frac{m_n}{2\pi\hbar^2}\right)^2 |\langle \boldsymbol{k}_\mathrm{f}\sigma_\mathrm{f}\lambda_\mathrm{f} | V | \boldsymbol{k}_\mathrm{i}\sigma_\mathrm{i}\lambda_\mathrm{i}\rangle|^2 \, \delta(\hbar\omega + E_\mathrm{i} - E_\mathrm{f}) \tag{2.61}$$

式中：λ_i、λ_f 分别为系统初末态的标记；m_n 为中子的质量；$\boldsymbol{k}_\mathrm{i}\sigma_\mathrm{i}$、$\boldsymbol{k}_\mathrm{f}\sigma_\mathrm{f}$ 分别为中子的初末态；$|V|$为中子与样品作用势的算符。式（2.61）对应的所有初末态在考虑时应计入初态 λ_i 与中子自旋初态 σ_i 的概率分布进行加权。如果用平面波的形式描述散射过程，即

$$\langle \boldsymbol{k}_\mathrm{f}\lambda_\mathrm{f} | V | k_\mathrm{i}\lambda_\mathrm{i}\rangle = V(\boldsymbol{q}) \left\langle \lambda_\mathrm{f} \left| \sum_\mathrm{i} \mathrm{e}^{\mathrm{i}\boldsymbol{q}\cdot r} \right| \lambda_\mathrm{i} \right\rangle \tag{2.62}$$

如果用波函数描述中子的平面波：

$$\Psi_\mathrm{i} = \exp(\mathrm{i}\boldsymbol{k}_\mathrm{i} r) \tag{2.63}$$

入射的中子束流发生散射以后，将以球面波的形式向外传播：

$$\Psi_\mathrm{s} = -\frac{b}{r}\exp(\mathrm{i}\boldsymbol{k}_\mathrm{s} r) \tag{2.64}$$

式中：r 为原子核与观测点之间的距离。具有长度尺寸的量 b 被定义为原子核的散射长度。散射长度的值与入射中子的波长无关，它描述了通过原子核对中子散射的效率。原子核的散射截面定义为

$$\sigma = \frac{\text{单位时间散射中子数}}{\text{入射中子通量}} = 4\pi b^2 \tag{2.65}$$

中子自旋是 1/2。如果原子核有非零的自旋 i，原子核-中子系统的自旋为 $i+i/2$ 或 $i-i/2$，相关的散射长度分别为 b^+或 b^-。如果原子核的自旋为零，原子核-中子系统的自旋状态为 1/2，散射长度只有一个值。通常这个值是指原子与基质紧密结合的情况，这与聚合物和其他凝聚态物质的研究有关。

原子核的中子散射长度基本上是无规律分布的。这与散射试验技术的 X 射线散射不一样。因为 X 射线散射利用的是材料中所有电子的响应，所以电子越多，X 射线散射信号越大。因此 X 射线散射不适用于比较轻的元素，此时可以使用这里介绍的中子散射。

2.5 X射线和中子散射在页岩应用上的差异

小角X射线散射在过去的几十年里被广泛地应用于研究物质的亚微观结构和形态特征，在地学领域常被用来研究复杂多孔岩石的微观结构，如煤的孔隙度、孔隙分布、比表面积及烃源岩在成熟过程中微结构的演化情况。小角X射线散射还被用于研究煤和页岩的气体解-吸附能力，孔隙水在多孔岩层中的吸附与润湿特性及水岩反应对页岩孔隙结构演化的影响等。

利用同步辐射光源下的X射线源，大大缩短了曝光时间，提高了实验效率、灵敏度及分辨率，使得弱散射体系的测量和原位动态测试成为可能。不同于小角中子散射的散射强度依赖于各原子核的特征中子散射长度，小角X射线散射是由体系中的电子受入射光束电场的作用产生振荡，进而向四周辐射出不同波长的X射线，其中与入射光束波长相同的散射X射线被称为汤姆孙散射，又叫相干散射或弹性散射。电子密度的不均匀分布使得散射光的光程差是互不相同的，因此波之间存在相位差，产生散射波的干涉现象。

散射波的干涉现象使得强度与结构振幅满足：散射波的结构振幅依赖于体系中各散射点之间的相对位置，因此可以表现为

$$I(q)=I_{\mathrm{e}}\left|F(q)\right|^2 \tag{2.66}$$

式中：$I(q)$为物质受激发产生的X射线的强度，又被称为相对散射强度；q为散射矢量的模；I_{e}为在一定的入射光强度下单个电子所产生的汤姆孙散射强度；$F(q)$为散射波的结构振幅：

$$F(q)=\int_r \rho(r)\mathrm{e}^{-\mathrm{i}q\boldsymbol{r}}\mathrm{d}\boldsymbol{r} \tag{2.67}$$

将式（2.67）进行傅里叶变换得

$$\rho(r)=\int_r F(q)\mathrm{e}^{\mathrm{i}q\boldsymbol{r}}\mathrm{d}q \tag{2.68}$$

散射波的结构振幅是由散射体的结构在倒易空间中的投影进行一维化得到的，$\rho(r)$是电子密度分布函数，反映了散射体在实空间中的结构，$\boldsymbol{r}$为位矢。散射体的结构在探测器上的投影是二维散射图谱，将二维散射图谱进行一维化，做二维散射强度分布的散射剖面，得到散射矢量与散射强度的映射关系。实空间与倒易空间的纽带便是傅里叶变换，从散射强度出发通过傅里叶变换可以计算出样品的电子密度分布函数，从而推导出试样的孔隙结构信息。

小角中子散射和小角X射线散射具有相似的原理，通过分析穿透页岩样品时束流在孔隙-固体界面上产生的散射图样来获取样品的结构信息。表2.3总结了两种方法之间的主要差异。由于X射线，特别是同步辐射X射线的通量比中子高，页岩样品的小角X射线散射计数时间大大缩短。因此，小角X射线散射可用于研究气体吸附过程的动力学

表 2.3　小角 X 射线散射与小角中子散射的差异

参数或特性	中子	X 射线
散射的发生	原子核	电子
入射光源	反应堆/散裂中子源	同步辐射/（铜靶或钼靶）激发
小角散射：典型散射矢量/ $Å^{-1}$	0.001～0.5	0.001～0.5
超小角散射：典型散射矢量/ $Å^{-1}$	2.0×10^{-5}	0.000 1～0.5
典型的样品厚度	<1 mm	<0.2 mm
每个样本的典型记数时间	数分钟至数小时	数秒到数分钟
同位素取代效应	有意义的	可以忽略
绝对强度校准	直接束通量法	标样法

（Melnichenko et al.，2012）。而热中子和冷中子的低能量有助于研究对温度敏感的样品的结构信息，而不会产生局部加热导致样品损坏的现象。此外中子束的横截面相比于 X 射线的横截面更大（约 1 cm^2），可以对整个被调查的样品体积进行取样，收集到的数据可以被认为是整个样品的综合信息。

中子具有高穿透能力，可以在金属容器内对样品进行高压高温研究。由于某些金属的散射长度可以为正值或负值，它们可以混合生产散射长度为零的合金。例如，锆的散射长度为 7.16×10^{-12} cm，钛的散射长度为 -3.44×10^{-12} cm，其合金可以用于制造散射长度密度为零的高压容器，在小角中子散射测试时不会产生散射噪声。但目前还没有相似的材料可以被用于小角 X 射线散射实验。小角中子散射试验用的页岩样品通常抛光成厚度小于 1 mm 的薄片，或大约 0.5 mm 的颗粒碎样（Zhang et al.，2019；Sun et al.，2018）。对于小角 X 射线散射试验，由于 X 射线的穿透力比中子弱，为获得足够透射率的样品有效厚度须小于 0.2 mm（Lee et al.，2014）。

中子和 X 射线之间的另一个关键区别是它们对同位素替换的敏感性。例如，对于中子散射，H_2O 和 D_2O 的 SLD 有显著差异（图 2.9）（Bahadur et al.，2018；Anovitz and Cole，2015；Ruppert et al.，2013）。因此可以采用对比匹配法来研究页岩样品中各种流体的可进入性，常用的流体有水（H_2O）、氘代水（D_2O）、甲苯（C_7H_8）、氘代甲苯（C_7D_8）、氘代甲烷（CD_4）和超临界 CO_2（Sun et al.，2019；Bahadur et al.，2018；Clarkson et al.，2013；Mastalerz et al.，2012）。因为元素和其同位素的 SLD 具有较大差异，可将具有不同 SLD 的同位素流体调配到与页岩样品基质的 SLD 相似，当混合流体进入页岩孔隙时，则剩余的散射强度来自流体无法进入的孔隙。如果所有的孔隙都可以进入，散射强度就会趋近于零。此外，在计算孔隙度和比表面积时，还需要对页岩样品的强度数据进行绝对强度校正（Anovitz and Cole，2015）。但与中子相比，X 射线入射强度的测量难度较大，目前通过 X 射线散射计算页岩样品的绝对强度只能通过使用纯水、玻璃碳等标准样品间接获得（Xie et al.，2018；Zeng et al.，2017）。

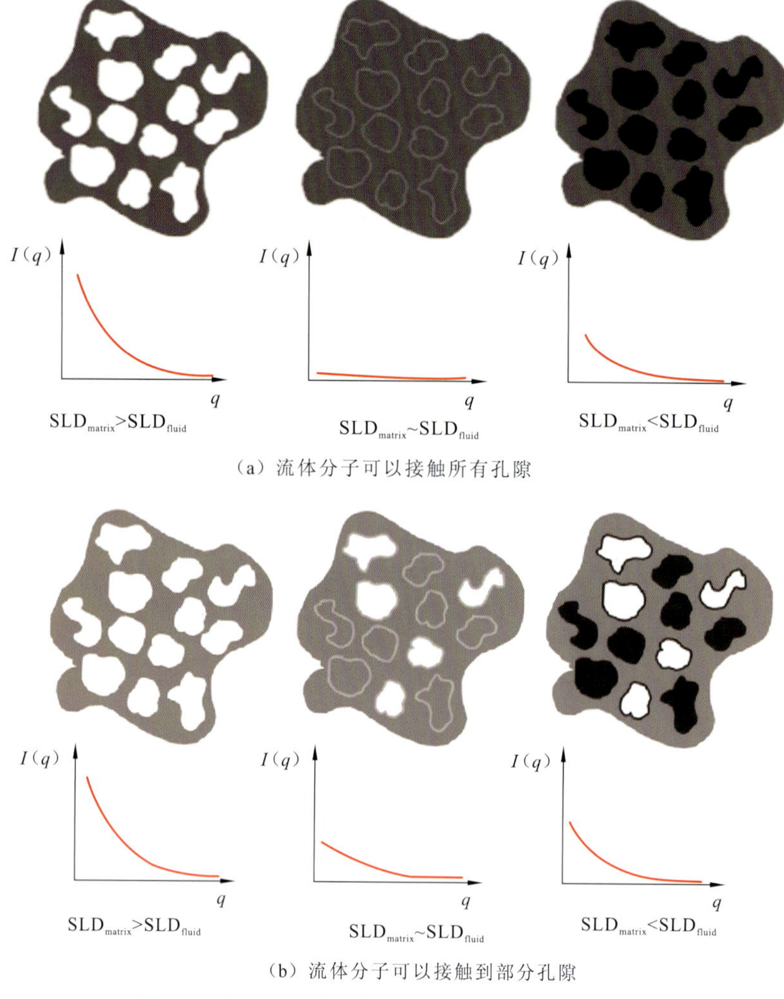

（a）流体分子可以接触所有孔隙

（b）流体分子可以接触到部分孔隙

图 2.9　流体饱和多孔体系对比匹配实验的定性介绍

在（b）下，零平均对比度条件下的残余散射可以用来量化可达孔隙的体积分数

参考文献

陈冉, 门永锋, 2016. 小角 X 射线散射技术的绝对散射强度校正[J]. 应用化学, 2016, 33(7): 774-779.

郭硕鸿, 2012. 电动力学 [M]. 3 版. 北京：高等教育出版社: 1.

王靖珲, 2019.非常规超导体的中子散射研究[D]. 南京：南京大学.

朱育平, 2008. 小角 X 射线散射：理论、测试、计算及应用[M]. 北京：化学工业出版社: 1.

FURRER A, MESOT J, 2017. 中子散射在凝聚态物理中的应用[M]. 刘本琼, 孙光爱, 龚建, 等, 译. 北京：国防工业出版社: 1.

ANOVITZ L M, COLE D R, 2015. Characterization and analysis of porosity and pore structures[J]. Reviews in mineralogy and geochemistry, 80(1): 61-164.

BAHADUR J, RUPPERT L F, PIPICH V, et al., 2018. Porosity of the Marcellus shale: A contrast matching small-angle neutron scattering study[J]. International journal of coal geology, 188: 156-164.

CLARKSON C R, SOLANO N, BUSTIN R M, et al., 2013. Pore structure characterization of north American shale gas reservoirs using USANS/SANS, gas adsorption, and mercury intrusion[J]. Fuel, 103: 606-616.

HAN C C, AKCASU A Z, 2011. Scattering and dynamics of polymers[M]. Singapore: John Wiley & Sons (Asia) Pte Ltd: 1.

LEE S, FISCHER T B, STOKES M R, et al., 2014. Dehydration effect on the pore size, porosity, and fractal parameters of shale rocks: Ultrasmall-angle X-ray scattering study[J]. Energy & fuels, 28(11): 6772-6779.

MASTALERZ M, HE L, MELNICHENKO Y B, et al., 2012. Porosity of coal and shale: Insights from gas adsorption and SANS/USANS techniques[J]. Energy & fuels, 26(8): 5109-5120.

MELNICHENKO Y B, HE L, SAKUROVS R, et al., 2012. Accessibility of pores in coal to methane and carbon dioxide[J]. Fuel, 91(1): 200-208.

ORTHABER D, BERGMANN A, GLATTER O, 2000. SAXS experiments on absolute scale with Kratky systems using water as a secondary standard[J]. Journal of applied crystallography, 33(2): 218-225.

ROE R, 2000. Methods of X-ray and neutron scattering in polymer science[M]. Oxford: Oxford University Press: 1.

RUPPERT L F, SAKUROVS R, BLACH T P, et al., 2013. A USANS/SANS study of the accessibility of pores in the Barnett shale to methane and water[J]. Energy & fuels, 27(2): 772-779.

SCHNABLEGGER H, SINGH Y, 2011. The SAXS guide: Getting acquainted with the principles[M]. Austria: Anton paar: 1.

SUN M, YU B, HU Q, et al., 2018. Pore structure characterization of organic-rich Niutitang shale from China: Small angle neutron scattering (SANS) study[J]. International journal of coal geology, 186: 115-125.

SUN M, ZHANG L, HU Q, et al., 2019. Pore connectivity and water accessibility in Upper Permian transitional shales, southern China[J]. Marine and petroleum geology, 107: 407-422.

XIE F, LI Z, LI Z, et al., 2018.Absolute intensity calibration and application at BSRF SAXS station[J]. Nuclear instruments and methods in physics research section a: Accelerators, spectrometers, detectors and associated equipment, 900: 64-68.

YURI B M, 2015. Small-angle scattering from confined and interfacial fluids: Applications to energy storage and environmental science[M]. Berlin: Springer: 1.

ZENG J, BIAN F, WANG J, et al., 2017. Performance on absolute scattering intensity calibration and protein molecular weight determination at BL16B1, a dedicated SAXS beamline at SSRF[J]. Journal of synchrotron radiation, 24(2): 509-520.

ZHANG G L, RANJITH P G, WU B S, et al., 2019. Synchrotron X-ray tomographic characterization of microstructural evolution in coal due to supercritical CO_2 injection at in-situ conditions[J]. Fuel: the science and technology of fuel and energy, 255: 8.

第 3 章
中国的小角散射线站

中子源是能够产生中子的装置，也是进行中子核反应、小角中子散射等中子物理实验的必要设备。要通过中子研究物质的结构，必须有一个适当的中子源。中子的主要来源是稳态反应堆和散裂中子源。在稳态反应堆中，中子是通过反应堆堆芯的裂变过程不断产生的。在散裂中子源中，高能质子或电子的碰撞会产生脉冲中子束，这种碰撞会使铀或钨等重金属固体靶中的重原子碎裂，从而激发出中子。除铀和钨外，美国橡树岭国家实验室首次在散裂中子源（spallation neutron source，SNS）中设计并使用了液态靶（液态汞）。在小角 X 射线散射中使用的 X 射线的主要来源是辐射光源，如同步辐射光源。在同步加速器中，一束电子或正电子被加速到接近光速的速度，使其在高真空的封闭轨道上回旋，并在存储环中发射出高通量电磁辐射。在本章中，将分别介绍基于中子源和同步辐射光源的国内外小角散射线站建设现状，并列出其关键参数。此外，本章还会介绍国内小角散射线站的用户申请方式，以方便读者申请使用。

3.1 稳态中子源上的小角中子散射线站

核反应堆作为一种连续稳态的中子源，是在裂变链式反应的物理基础上运行的。以铀、钚等裂变物质为燃料，以中子为媒介，维持可控制的链式反应并不断产生大量中子。当慢中子被 ^{235}U 吸收时，被激发的原子核衰变为一系列裂变产物。一个 ^{235}U 原子核的裂变平均产生 2.5 个中子。这些中子具有约 2 MeV 的高能量，不适合在 ^{235}U 中维持裂变过程。高速、高能量的中子被慢化器减慢，慢化器通常是轻水（H_2O）或重水（D_2O）。国外典型的稳态中子源有美国橡树岭国家实验室的 HFIR、法国劳厄-朗之万研究所（Institute Laue-Langevin，ILL）的 HFR 及德国的 FRM-II 反应堆。表 3.1 给出了国内外目前运行中的稳态中子源及其关键参数。

最常见的研究反应堆类型是池式反应堆，这是我国一种常用于活化分析的小型堆。堆芯放在一个大水池中，其内垂直插入许多燃料棒，水不仅作为慢化剂，同时作为冷却剂、反射层及屏蔽层。最大热功率不超过 100 kW，粒子通量密度达 10^{13} n/cm^2·s 量级。这种堆的活性区比较小，通量梯度较大，使用这种堆辐照样品时，中子通量不均匀性产生的影响需要考虑。还有一种反应堆类型是重水反应堆。该堆用重水作为慢化剂进行冷却，以石墨为反射层，屏蔽层内填有矿砂并灌有 2 m 厚的重混凝土，该堆用镉棒控制堆的运行，并设有安全棒、自动棒及补偿棒。堆的功率为 7 000 kW，最大可达 10 000 kW。活化区粒子通量密度大致在 $3\times10^{13}\sim9\times10^{13}$ n/cm^2·s。我国第一台实验性重水反应堆于 1958 年在北京建成，秦山核电站三期 1 号、2 号机组也采用了重水反应堆。

目前，我国基于反应堆稳态中子源建立的小角中子散射线站有两处，一处是位于中国工程物理研究院的中国绵阳研究堆（China Mianyang research reactor，CMRR），另一处是位于中国原子能科学研究院内的中国先进研究堆（China advanced research reactor，CARR）。

3.1.1 中国绵阳研究堆

中国绵阳研究堆隶属于中国工程物理研究院，功率为 20 MW，用于中子散射实验的热中子通量密度为 2.4×10^{14} n/cm^2·s，冷中子通量密度为 10^9 n/cm^2·s。中国绵阳研究堆位于四川省绵阳市的核物理与化学研究所 NP 厂区，2012 年通过国家验收，并于 2013 年 9 月冷源正式投入使用。

经 2013 年以来一系列带中子束热调试，基于中国绵阳研究堆及其冷中子源配套建设了 6 台中子散射谱仪、2 台中子成像装置、1 台中子深度分析装置等无损检测装置，于 2014 年 10 月全部完成建设，它是我国首个建成并投入运行使用的中子大科学研究平台，总体性能指标达到国际先进水平。

表 3.1 国内外稳态中子源及其关键参数

参数	国家											
	美国	美国	中国	中国	法国	法国	德国	德国	俄罗斯	澳大利亚	韩国	日本
中子源	HFIR	NBSR	CMRR	CARR	HFR	ORPHEE	BENSC	FRM-II	IBR-2	OPAL	HANARO	JRR-3M
所属组织机构	橡树岭国家实验室	美国国家标准研究所	中国工程物理研究院	中国原子能科学研究院	劳厄-朗之万研究所	莱昂·布罗洛因实验室	赫姆霍尔兹-柏林中央中心	高能物理研究所	联合核研究所	澳大利亚核科学与技术研究所	韩国原子能研究所	日本原子能机构研究所
功率/MW	85	20	20	60	53	14	10	20	2（平均功率） 1500（脉冲峰值功率）	20	24	20
通量密度/（n/cm^2 s）	1.5×10^{15}	3×10^{14}	2.4×10^{14}	1.0×10^{15}	1.5×10^{15}	3×10^{14}	2×10^{14}	8×10^{14}	8×10^{12} （时间平均）	3×10^{14}	2×10^{14}	3×10^{14}
冷/热中子源数目	1/0	1/0	1/1	1/0	2/1	1/1	1/0	1/1	1/0	1/0	1（计划）/0	1/0
SANS/ USANS仪器数量	3/1	3/1	1/0	1/0	4/1	3/0	1/1	2/1	1/0	1/1	2/1	2/1
完成时间/年	1965	1970	2014	2012	1972	1980	1973	2004	1982	2006	1997	1990

中子散射谱仪布局如图 3.1 所示，首期建设的 6 台中子散射谱仪和 2 台中子成像装置，已经全部投入使用，分别为高分辨粉末衍射谱仪、中子应力分析谱仪、小角/超小角中子散射谱仪（图 3.2）、飞行时间模式极化中子反射谱仪、中子标准测试束线、冷/热中子三轴谱仪和冷/热中子照相仪，表 3.2 列出了绵阳研究堆小角中子散射谱仪的一些基本参数，实测其综合性能指标均达国际主流行列，部分属国际先进。同时高/低温、高压、力学拉伸和磁场等原位环境加载设备也已初步具备。二期建设的热中子三轴谱仪、超小角中子散射谱仪和中子标准测试束线等已得到国家立项支持，已于 2015 年开始实施。中国绵阳研究堆小角中子散射谱仪机时可通过中国工程物理研究院中子物理学重点实验室网站①进行申请。

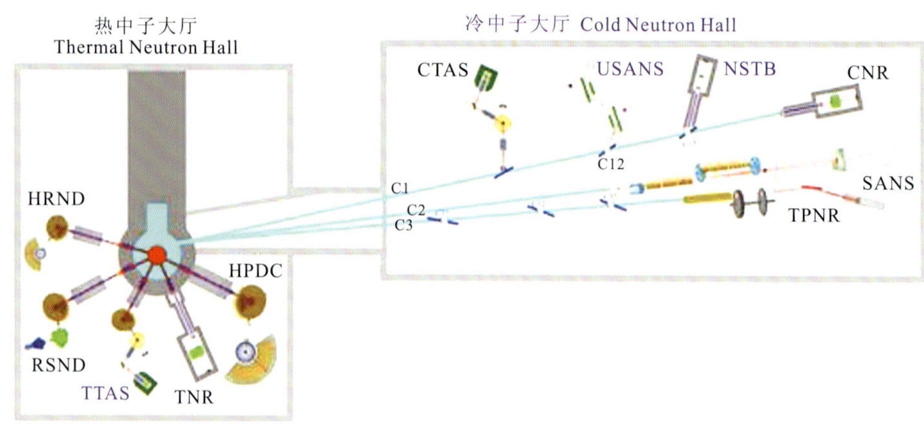

HRND—High Resolution Neutron Diffractometer
高分辨粉末衍射谱仪

RSND—Residual Stress Neutron Diffractometer
中子应力分析谱仪

TNR—Thermal Neutron Radiography
热中子照相仪

HPDC—High Pressure Neutron Diffraction
粉末衍射谱仪

CTAS—Cold-neutron Triple Axis Spectrometer
冷中子三轴谱仪

CNR—Cold Neutron Radiography
冷中子照相仪

SANS—Small Angle Neutron Spectrometer
小角中子散射谱仪

TPNR—Time-of-flight & Polarized Neutron Reflectometer
飞行时间模式极化中子反射谱仪

TTAS—Thermal-neutron Triple Axis Spectrometer
热中子三轴谱仪

USANS—Ultra Small Angle Neutron Spectrometer
超小角中子散射谱仪

NSTB—Neutron Standard Test Beam-line
中子标准测试束线

图 3.1　CMRR 中子散射谱仪布局②

图 3.2　中国绵阳研究堆小角中子散射谱仪实物图（中国工程物理研究院中子物理学重点实验室，2015）

① http://npl.caep.ac.cn/.（2013-9-20）[2021-9-14].

② http://www.ihep.cas.cn/xh/cnss/zzsszz/201405/t20140512_4117968.html.（2013-9-20）[2021-9-14].

表 3.2　中国绵阳研究堆小角中子散射谱仪参数（中国工程物理研究院中子物理学重点实验室，2015）

参数	范围
波长分辨率	8%～12%
散射矢量 q 范围	0.01～5.0 nm^{-1}
样品位置注量率	（0.53 nm 20 MW）$2.0\times10^5 cm^{-2}s^{-1}$
二维位敏探测器	PSD
有效面积	64 cm×64 cm
空间分辨率	0.5 cm×0.5 cm

3.1.2　中国先进研究堆

中国先进研究堆位于中国原子能科学研究院院内，工程建筑面积约 18 000 m^2，占地面积约 2.3 hm^2（$hm^2=10^4 m^2$），是由反应堆及其相关辅助系统和实验设施组成的大型核科学工程，从堆型选择到该工程的设计、建造、营运及反应堆主工艺设计和调试，全部由中国原子能科学研究院承担。反应堆主要设备是由中国先进研究堆工程部组织国内相关厂家共同技术攻关完成的。中国先进研究堆于 2012 年 3 月 13 日完成满功率稳定运行 72 h，2012 年 8 月 21 日至 25 日，中国先进研究堆中子散射科学平台“一期”七台谱仪成功完成带束热调试。2017 年 10 月，冷中子源完成安装调试，成功出束。堆内高温高压回路已完成设计工作，计划 2020 年开放运行。

中国先进研究堆的核功率为 60 MW，采用 U3Si2-Al 弥散体板状元件、轻水冷却、重水慢化，是目前国际上普遍采用的反中子阱型池式束流研究堆，在同类中子束流研究堆中其主要技术指标位居于世界前列和亚洲第一。堆内设有 9 个水平试验孔道，其中 7 根用于中子散射科学谱仪建设：一根连接冷源，由导管系统将冷中子传输到宽 30 m、长 60 m 的导管大厅，用于冷中子科学谱仪建设；余下的 6 根为 4 个双束、2 个单束，用于热中子谱仪建设。中国先进研究堆科学平台布局与规划如图 3.3 所示。

小角中子谱仪所研究材料结构的空间尺寸远大于原子间距，通常在 1～1 000 nm，在空间尺度上是常规衍射谱仪很好的一种补充手段。在入射波长固定的情况下，较大的测量尺度对应的是较小的测量角度。而为了尽可能提高可测试的最大空间尺度信息，往往要尽可能地拓展可探测的最小衍射角度，其中增加样品到探测器的距离便是方法之一。中国先进研究堆的小角中子谱仪组成与常规衍射谱仪一样，也是由中子单色系统、准直系统、样品定位、调整系统、中子探测系统和数据获取系统等几部分组成的，构型如图 3.4（a）所示。

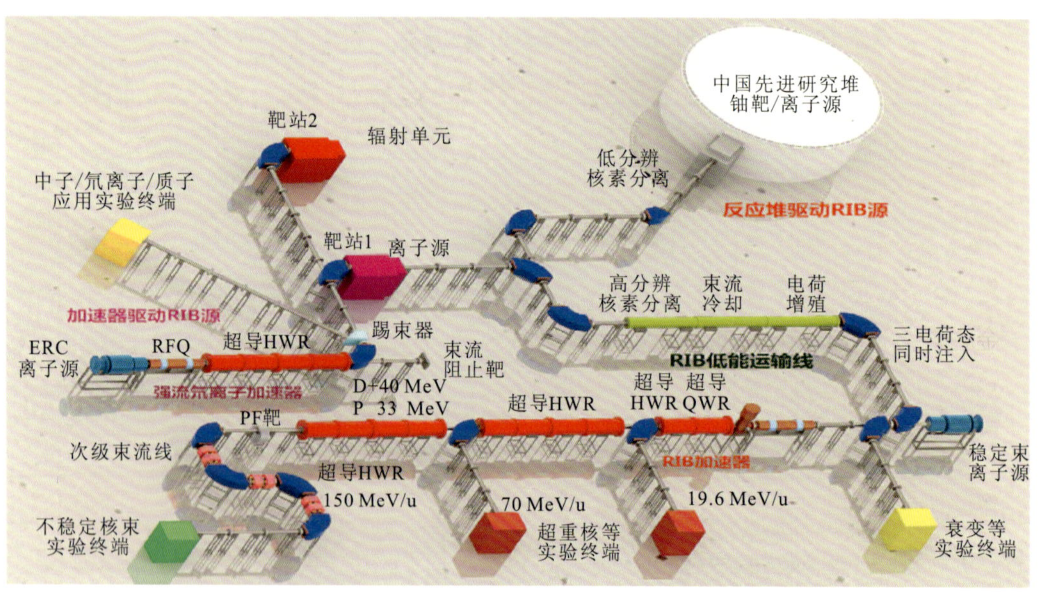

图 3.3 中国先进研究堆科学平台示意图（中国原子能科学研究院年报编辑部，2018）

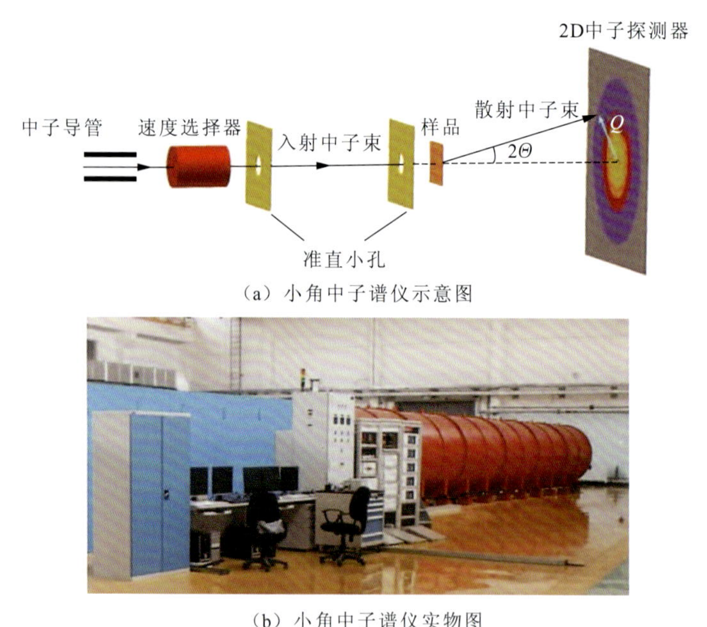

（a）小角中子谱仪示意图

（b）小角中子谱仪实物图

图 3.4 小角中子谱仪示意及实物图

中国科学院化学研究所和中国原子能科学研究院合作建造的小角中子谱仪长为30 m[图 3.4（b）]，可根据需要，利用机械速度选择器选择 4～20 Å 的某一波长的中子作为入射中子（$\Delta/\lambda=10\%\sim22\%$），准直系统在单孔、四孔和聚焦透镜间自由切换。探测器采用的是 645 mm×645 mm 二维位置灵敏 ^{3}He 探测器(位置分辨率为 5 mm×5 mm)，该探测器位于一个真空屏蔽桶内，被放置在一个可前后自由移动的轨道车上，根据测量需要，自动调整位置，最终可实现的散射矢量测量范围为 0.000 8～5 Å^{-1}。中国先进研究堆中子科学平台 2017 年底通过现场竣工验收，已转入运行服役状态。

3.2 散裂中子源上的小角中子散射线站

散裂中子源是使用由离子源产生并由直线加速器加速的高能质子束或电子束轰击重金属固体靶获得中子。当光束击中铀或钨等重金属固体靶时，中子就会从目标原子核上脱落，这一过程被称为散裂反应。这个过程的效率很高，每个质子产生大约 30 个中子，而每产生一个中子释放的热量仅为反应堆的约四分之一（～45 MeV）。通过这种方式获得中子源的装置称作散裂中子源。从反应堆稳态中子源发展到高通量脉冲散裂中子源，中子探针的功能变得更加强大。

目前，全世界拥有散裂中子源的国家只有 5 个，英国、美国、日本、中国和瑞士。2018 年建成，位于我国广东东莞大朗镇的中国散裂中子源（China spallation neutron source，CSNS），是唯一坐落于发展中国家的散裂中子源，也是世界第三大散裂中子源装置，仅次于美国和日本，是英国散裂中子源功率的 4 倍。表 3.3 列出了目前世界上运行中和规划建设中的散裂中子源及其关键参数。

中国散裂中子源的主要原理是通过离子源产生负氢离子，利用一系列直线加速器将负氢离子加速到 80 MeV，之后将负氢离子经剥离作用变成质子后注入一台快循环同步加速器中，将质子束流加速到 1.6 GeV 的能量，引出后经束流传输线打向钨靶，在靶上发生散裂反应产生中子，通过慢化器、中子导管等引向中子谱仪，供用户开展实验研究。2017 年 8 月底，中国散裂中子源首次打靶成功获得中子束流后，进入试运行阶段。2017 年 11 月 1 日，中国散裂中子源开始加速器、靶站、谱仪首次联合调试，三台谱仪均成功地获得在线中子信号。

中国散裂中子源一期工程主要包括 1 台负氢离子直线加速器、1 台快循环质子同步加速器、2 条束流输运线、1 个靶站、3 台谱仪（小角散射仪、多功能反射仪和通用粉末衍射仪）及相应的配套设施。其中，小角中子散射谱仪是中国散裂中子源首期建设的三台谱仪之一，也是目前我国唯一一台基于散裂中子源的小角中子散射线站。图 3.5 展示了中国散裂中子源的谱仪规划布局；图 3.6 展示了中国散裂中子源的园区建设效果；图 3.7 展示了中国散裂中子源小角中子散射谱仪的构成；图 3.8 为中国散裂中子源小角中子散射谱仪的中子探测器。此外，表 3.4 列出了中国散裂中子源小角中子散射谱仪的关键参数。

表 3.3　国内外运行和规划建设中的散裂中子源及其关键参数（Yuri，2015）

参数	国家						
	美国	美国	英国	瑞士	日本	欧洲	中国
中子源	SNS	LANSCE	ISIS	SINQ	J-PARC	ESS	CSNS
所属组织机构	橡树岭国家实室	洛斯阿拉莫斯国家实验室	阿普尔顿实验室	保罗谢勒研究所	日本原子能机构	泛欧洲项目	中科院高能物理研究所
质子能量/MeV	1 000	800	800	570	3 000	1 330	1 600
束流流强/μA	1 400	70	200	1 500	333	7 500	70
质子束功率	1.4 MW（nominal）	56 kW	160 kW	1 MW	1 MW	5 MW	100 kW（未来会升级至 500 kW）
脉冲重复频率/Hz	60	20	50/10（2 targets）	Continuous	25	16（长脉冲）	25
靶材	液态汞	钨	钨	液态 PbBi	液态汞	液态汞	钨
慢化剂	L-H_2/H_2O	L-H_2/H_2O	L-H_2/L-CH_4/H_2O	L-D_2/D_2O	L-H_2	L-H_2	H_2OL-CH_4/L-H_2
SANS/ USANS 仪器器数量	1/1（TOF USANS 在建）	2/0	4/0	2/1	2/1	TBD	1/1
完成时间或计划完成时间/年	2006	1983	1985（TS1） 2008（TS2）	1996	2008	2025	2014

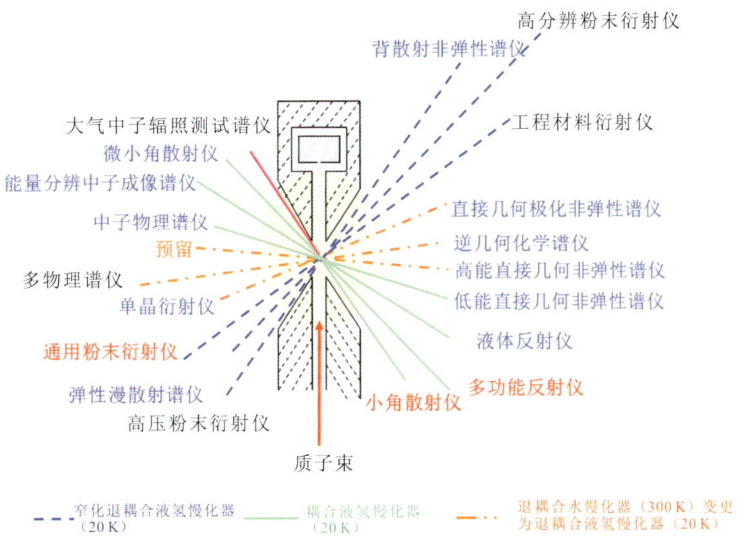

图 3.5　中国散裂中子源的谱仪规划布局

图 3.6　中国散裂中子源的园区建设效果图

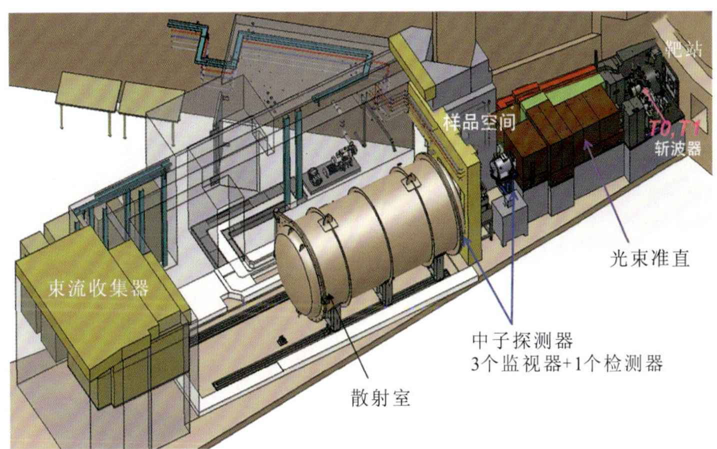

图 3.7　中国散裂中子源小角中子散射谱仪的构成图（Ke et al.，2018）

图 3.8　中国散裂中子源小角中子散射谱仪的中子探测器

表 3.4　中国散裂中子源小角中子散射谱仪的关键参数

参数	范围
入射中子波长	0.5～12 Å
谱仪总长度	16 m
样品到探测器（S-D）距离	可变，2～4 m
q 值	0.005～0.70 $Å^{-1}$（S-D 距离为 4 m 时）
q 分辨率	在 q_{min} 时 ～35%
中子通量密度（样品位置）	5×10^6 $n/cm^2 \cdot s$（100 kW 下测试数据）
探测器空间分辨率	1 cm×0.8 cm （3He LPSD）
探测器有效探测面积	100 cm×100 cm

中国散裂中子源小角中子散射谱仪可通过中国散裂中子源用户服务系统①进行申请。

3.3　同步辐射光源上的小角 X 射线散射线站

同步辐射光源是指产生同步辐射的物理装置，它是由一台直线加速器、一台电子同步加速器（又称增强器）和电子储存环三大部件组成的。在直线加速器产生并加速后注入增强器继续加速到设定能量后，再注入电子储存环中做曲线运动，从而在运行的切线方向射出同步辐射光。至今，同步辐射光源的建设经历了三代，并向第四代发展。第一代同步辐射光源的电子存储环是为高能物理实验设计的，只是“寄生”地利用从偏转磁铁引出的同步辐射光，所以也被称为“兼用光源”。第二代同步辐射光源的电子存储环是专门为使用同步辐射光而设计的，同步辐射光主要来源于偏转磁体。第三代同步辐射源的电子存储环优化了电子束发射率，使电子束发射率比第二代小得多，所以同步辐射光

① https://user. csns.ihep.ac.cn/.（2020-1-1）[2021-9-14].

的亮度大大提高，可以从振荡器等插件中得到高亮度、部分相干的准单色光。第三代同步辐射光源根据光子能量覆盖面积和电子储能环中电子束能量的不同，可进一步细分为高能源、中能源和低能源。第三代同步辐射光源以其优良的光质和不可替代的功能，成为众多学科基础研究和高新技术发展应用研究的最佳光源。

20 世纪 70 年代以前，小角 X 射线散射发展比较缓慢，不仅是因为小角相机的装配操作麻烦，还受 X 射线强度的限制。20 世纪 80 年代以后，一方面高强度的同步辐射光源和电荷耦合器件（charge-coupled device，CCD）、成像板等先进探测器逐步应用于小角 X 射线散射；另一方面对于物质结构的解释也在不断发展，如分形科学的诞生，再加上高性能计算机的应用，促进了小角散射的发展，从简单的不同样品之间散射强度及其分布的对比，到散射体形状、尺寸、比表面的测定，再到分形结构及非线性生长机制的探讨等，应用范围不断扩大。20 世纪 90 年代以后，因同步辐射光源具有强度高、准直性好、频带宽等特点，以同步辐射为 X 射线源的小角散射平台成为小角 X 射线散射实验的主要基地。我国在小角 X 射线散射方面的研究起步较晚，自 20 世纪 90 年代以后我国也相继在北京、上海等地建立了同步辐射装置的小角 X 射线散射实验站。目前国内外设有的小角 X 射线散射束线和实验室详见表 3.5。

表 3.5　国内外设有的小角 X 射线散射束线和实验室

名称	国家	电子能量/GeV	周长/m	电子束流/mA
阿贡国家实验室先进光源 APS	美国	7	1 060	100
美国斯坦福同步辐射光源 SPEAR3		3	240	500
劳伦斯伯克利国家实验室先进光源 ALS		1.9	197	400
北京同步辐射装置 BSRF	中国	2.2	240	100
上海同步辐射装置 SSRF		3.5	396	300
台湾同步辐射研究中心 SRRC		1.5	518	100
ANKA	德国	2.5	240	110
赫姆霍兹光伏能源中心 BESSY-II		1.9	240	270
Super Photon ring-8 光源 SPRING-8	日本	8	1 436	100
Nano-Hana		2	102	300
欧洲同步辐射光源 ESRF	法国	6	844	200
太阳光源 SOLEIL		2.85	354	500
澳大利亚同步加速器 ANSTO	澳大利亚	3	280	200
黎明光源 ALBA	西班牙	3	269	250
光源有限公司光源 CLS	加拿大	2.9	171	500
浦项光源 PLS	韩国	2.5	281	180
瑞士光源 SLS	瑞士	2.4	240	400
Elettra 光源	意大利	2.4	260	320

3.3.1 北京同步辐射装置

北京正负电子对撞机（Beijing electron-positron collider，BEPC）起初是为高能物理研究而设计的，在 1984 年的一期工程期间决定一机两用，同时开展同步辐射的应用，这是第一代的同步辐射装置，称为北京同步辐射装置（Beijing synchrotron radiation facility，BSRF）。北京同步辐射装置共有 5 个插入件、14 条光束线和实验站（图 3.9），建有 3 个实验大厅（图 3.10）。北京同步辐射装置有两种运行模式：兼用光模式和专用光模式。兼用光模式用于高能物理对撞实验，同时也提供同步辐射光；专用光模式主要用于同步辐射研究。从 2009 年至 2011 年，先后共有 9 条光束线站成功完成了兼用模式的调试并正式对用户开放使用。兼用模式的成功运行，为北京同步辐射装置争取了更多的机时，这对于一些国家的急需研究项目而言非常重要。下文介绍用于小角散射实验的 1W2A 小角散射实验站和 4B9A 衍射/小角实验站。

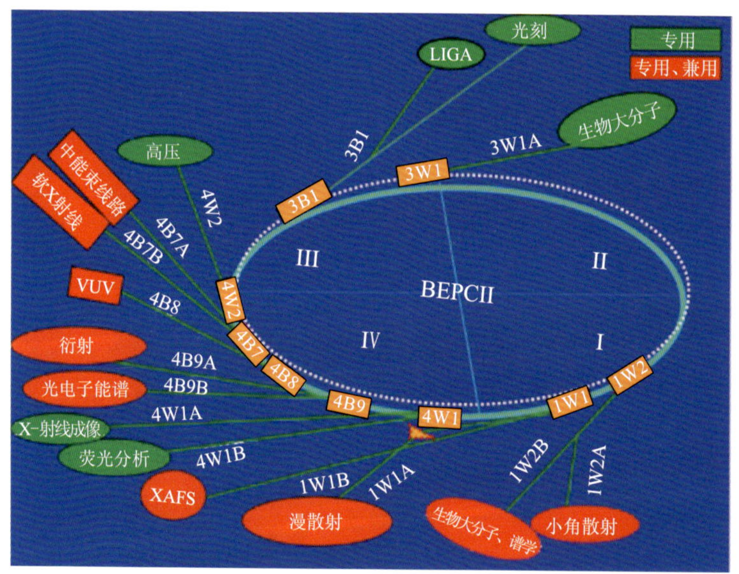

图 3.9　北京同步辐射装置布局①

1W2A 小角散射实验站可开展常规小角、广角、掠入射小角等实验模式，可应用于纳米材料、介孔材料、生物大分子、高聚物等领域。1W2A 小角散射实验站及 4B9A 衍射/小角实验站用于 SAXS 测试。1W2A 小角散射实验站在专用光运行期间，北京正负电子对撞机储存环能量为 2.5 GeV，束流约 180 mA，由多极永磁扭摆器 1W2 光源引出，样品处光强可达到 1 011 cps②，比常规 X 光机的强度高 10^3～10^4 倍，主要参数见表 3.6。

---

① http://www.ihep.cas.cn/dkxzz/bsrf/guanyuwomen/bsrfjianjie/201107/t20110706_3301836.html.（2021-1-1）[2021-9-14].

② 1 cps = 1 mPa·s

图 3.10　北京同步辐射装置实验大厅①

表 3.6　1W2A 小角散射实验站主要参数

参数	范围
插入件	扭摆器
小角散射分辨率	200 nm
角分辨率	0.5 mrad
入射 X 射线波长	1.54 Å
能量分辨率	～ 10^{-3}
光通量	≥1×10^{11}/（photons/s）
样品至探测器距离	0.5～5.0 m 可调
光斑尺寸	10×5 mm^2
探测器上光斑尺寸	1.4×0.2 mm^2
光束发散度	≤0.6 mrad
实验方法	SAXS、WAXS、SAXS/WAXS、GISAXS、T-SAXS

资料来源：http：//www.ihep.cas.cn/dkxzz/bsrf/facility/shiyanzhan/xiaojiao/.（2010-9-26）[2021-9-14].

4B9A 衍射/小角实验站是北京同步辐射装置历史最悠久的实验站之一。虽然小角散射站 1W2A 承担了大部分小角 X 射线散射实验，但该站仍保留了旧有的 1.5 m 小角相机和 mar345 成像板系统，及 mar165 型 CCD 探测器。其主要参数见表 3.7。

① http://www.ihep.cas.cn/dkxzz/bsrf/.（2021-1-1）[2021-9-14].

表 3.7　4B9A 衍射/小角实验站主要参数

参数	范围
能量范围	4～15 keV
能量分辨率	3×10^{-4}
光通量	1×10^{10}（photons/s）@ 8 keV
光斑尺寸	$2\times1\ mm^2$
角分辨率	0.9″
SAXS 可测粒度	5～100 nm

资料来源：http：//www.ihep.cas.cn/dkxzz/bsrf/facility/shiyanzhan/yanshe/.（2021-1-1）[2021-9-14].

目前北京同步辐射装置可接受申请，用户可在中国科学院重大科技基础设施共享服务平台（http：//lssf.cas.cn/）中提交实验申请获得机时。

3.3.2　上海同步辐射装置

上海同步辐射装置（Shanghai synchrotron radiation facility，SSRF）是第三代中能同步辐射光源，于 2009 年 5 月 6 日开始对国内用户正式开放运行。上海同步辐射装置鸟瞰图如图 3.11 所示。上海同步辐射装置包括 1 台 150 MeV 电子直线加速器、1 台全能量增强器、1 台 3.5 GeV 电子储存环和首批建造的 7 条光束线和实验站。图 3.12 为上海同步辐射装置布局。上海同步辐射装置可同时产生从红外线、可见光、紫外线到软 X 射线、硬 X 射线的同步辐射光，具有波长范围宽、强度高、亮度高、准直度高，以及高偏振性、准相干性、计算精确、高稳定性等一系列比其他人工光源更为优良的特点，在科学界和工业界具有广泛的应用价值。下文将介绍用于小角散射的 BL16B1 小角散射实验站。

图 3.11　上海同步辐射装置鸟瞰图①

① http://ssrf.sari.ac.cn/cbp/hc/.（2007-4-7）[2021-9-14].

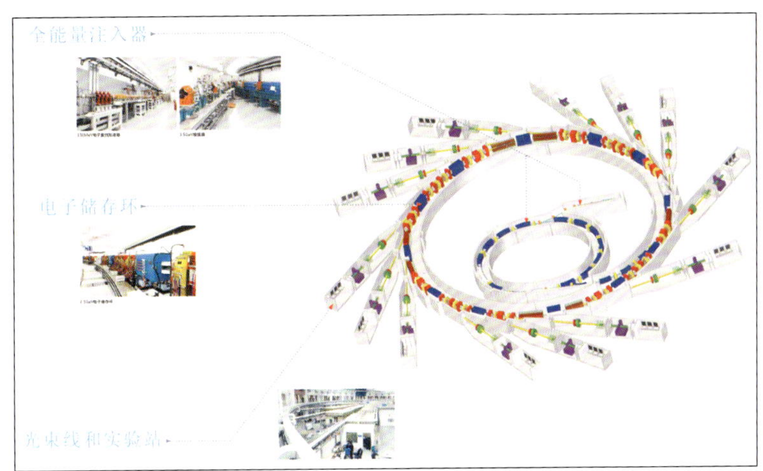

图 3.12　上海同步辐射装置布局（上海光源国家科学中心，2016）

BL16B1 小角散射实验站如图 3.13 所示。其光束线从储存环弯转磁铁引出。单色器为弧矢压弯的水冷双晶单色器，垂直方向的聚焦使用压弯柱面镜。单色器位于距光源点 21 m 处，聚焦镜放置在 25 m 处，焦点在 41 m 处。

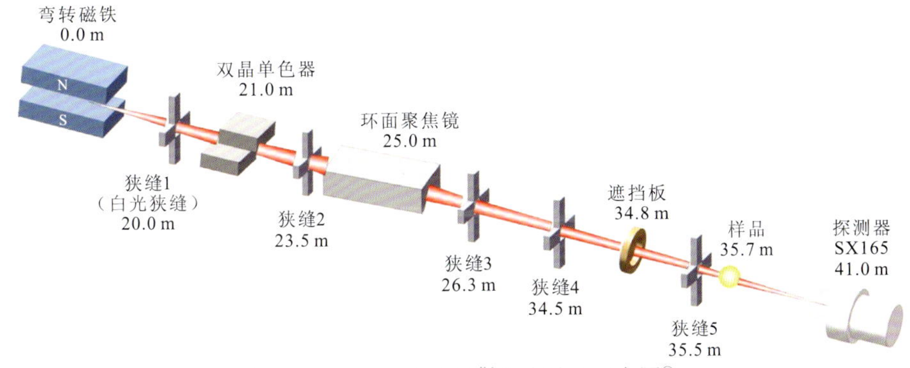

图 3.13　BL16B1 小角散射实验站示意图①

BL16B1 小角散射实验站具体参数见表 3.8。

表 3.8　BL16B1 小角散射实验站主要参数（上海光源国家科学中心，2016）

参数	范围
光源类型	弯转磁铁
能量范围	5～20 keV
能量分辨	5.3×10^{-4} @ 10keV
样品处光通量	3.9×10^{11} photons/s @ 10 keV @ 200 mA
样品处光斑尺寸	0.39×0.48 mm @ 10 keV（HxV）
最小散射角	0,47 mrad
可测粒度	1～240 nm

① http://ssrf.sari.ac.cn/zzjs/bl16b1/.（2007-4-7）[2021-9-14].

用户可在中国科学院重大科技基础设施共享服务平台（http：//lssf.cas.cn/）机时申请系统中按照操作提示填报申请信息，进行实验机时申请。

参考文献

上海光源国家科学中心, 2016. 上海光源[R/OL]. 上海: 上海光源国家科学中心, 2016. 10. http: //ssrf. sari. ac. cn/cbp/hc/201712/ W020171213528069805948. pdf

中国原子能科学研究院年报编辑部, 2018. 中国原子能科学研究院年报: 中文版[R/OL]. 北京: 中国原子能科学研究院, 2018. https: //www. cnki. com. cn/Article/CJFDTotal-ZYKB201800063. htm

中物院中子物理学重点实验室, 2015. 中物院中子物理学重点实验室年报[R/OL]. 绵阳: 中物院中子物理学重点实验室, 2015. https: //npl. caep. cn/uploadfiles/201609/01/2016090116050068987647. pdf

KE Y, HE C, ZHENG H, et al. , 2018. The time-of-flight small-angle neutron spectrometer at China Spallation Neutron Source[J]. Neutron news, 29(2): 14-17.

YURI B M, 2015. Small-angle scattering from confined and interfacial fluids: Applications to energy storage and environmental science[M]. Switzerland: Springer: 1.

第 4 章 页岩小角散射实验

在页岩小角散射实验开展前，样品的制备与测试环境的选取是至关重要的。样品的准备工作会影响实验数据的可靠性与测试结果的可重复性。此外页岩的微观孔隙结构是影响页岩油气富集的重要因素，且在热演化过程中页岩的孔隙结构变化机理复杂，因此模拟样品在不同温度和压力下的孔隙结构具有重要意义。最后小角散射实验对于光源的要求较高，实验一般需要在大科学装置平台进行申请，机时较为紧张，因此需要尽早确定实验方案并针对样品特性设计相应的实验流程。本章将详细介绍实验前页岩样品的预处理、目前国内外可供选择的实验样品环境及具体的实验流程以供读者参考。

4.1 样品制备

小角中子散射和小角 X 射线散射在样品制备上的要求是类似的，测试的样品一般没有特别的限制，固体、液体、凝胶样品都可以进行测试。在样品选择方面需要考虑样品的类型、尺寸、厚度，以便获得高质量的实验测量数据。

4.1.1 常规实验样品制备

页岩进行小角散射实验时，无须进行特别的处理，仅需要确定样品的厚度。而样品的厚度是否合适是实验测量能否成功的关键因素之一，最为合适的方法是通过计算理想样品厚度以取得最大的散射强度。样品太薄会导致散射粒子过少，信号微弱。样品太厚会导致多重散射，信号被衰减或被严重干扰。在实验时通常选用式（4.1）来计算样品的最佳厚度：

$$T = I_t / I_0 = \exp\left(-\sum Tl\right) \tag{4.1}$$

式中：T 为透射率；l 为样品厚度；I_0 为入射中子束强度；I_t 为透射中子束强度；$\sum T$ 为样品单位体积的纵截面。

在同样的测试条件下，样品的散射强度随着样品厚度的增大而增强，但随着样品厚度增大，对初束的吸收也随之增大，从而导致散射强度的降低，如图 4.1 所示。即样品的散射强度与 $\exp\left(-\sum Td\right)$ 呈比例关系，并在厚度 $d = 1/\sum T$ 时样品的散射强度达到最大值。对于小角 X 射线散射而言，一般要求试样的尺寸大于初束的截面积即可。

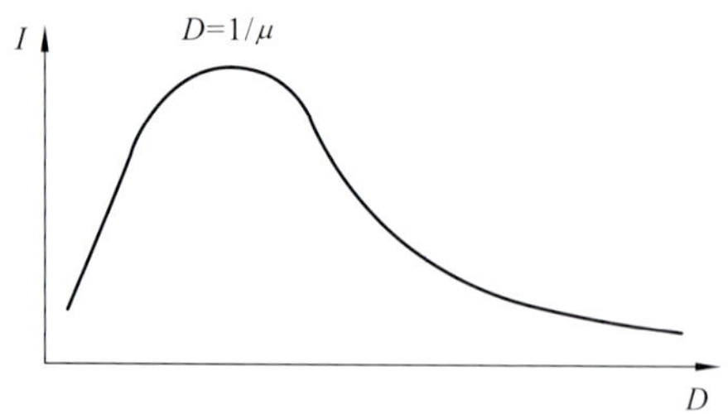

图 4.1　样品的散射强度随样品厚度变化曲线

对不同形状的样品在制备上也有不同的要求。整体薄片状样品一般要求厚度合适均匀，尺寸在 1 cm^2 左右（图 4.2），样品表面光滑平整，以减少由于样品表面微起伏引起的多余小角散射信号。小角中子散射测试的页岩一般被打磨成厚度小于 1 mm 的光滑平整薄片，在小角 X 射线散射实验中，因 X 射线的穿透能力比中子弱，为了保证足够的穿透率，故样品厚度一般小于 0.2 mm。对于颗粒状样品，则需要颗粒大小均匀，小角中子散射的页岩样品粒径在 0.5 mm 左右，小角 X 射线散射的页岩样品粒径在 0.1 mm 左右。在测试时需要装入专用的石英玻璃容器或者样品舱中并尽量压实（图 4.3）或者将样品在测试用的胶带上均匀平铺一层（图 4.4）。

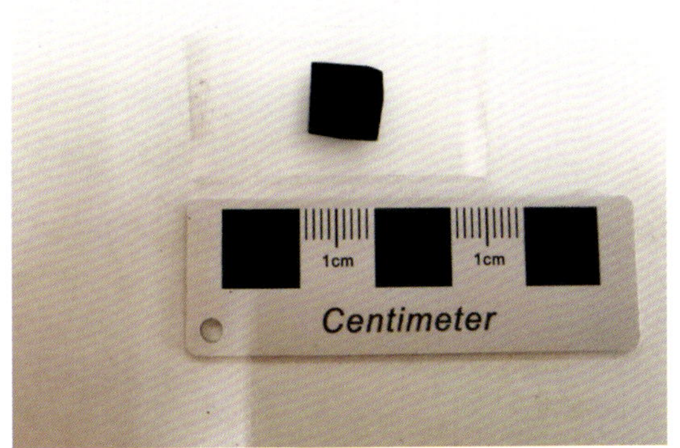

图 4.2　用于小角 X 射线散射测试的页岩 1 cm×1 cm 薄片

图 4.3　用于小角中子散射测试的页岩颗粒（177～500 μm）

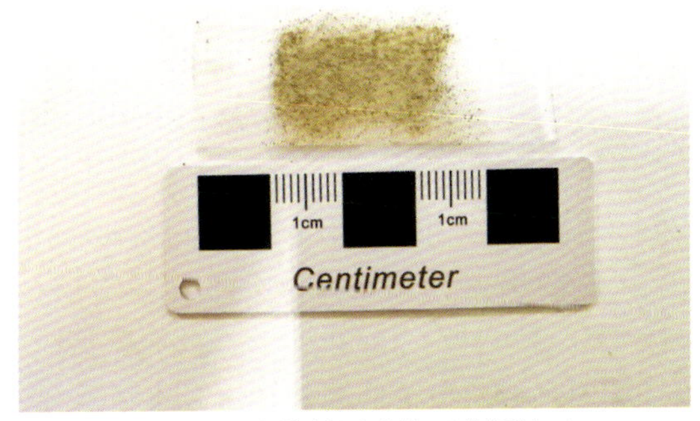

图 4.4　用于小角 X 射线散射测试的石英颗粒（75～177 μm）

4.1.2 对比匹配小角中子散射实验样品制备

对比匹配小角中子散射实验样品制备主要为对比匹配混合溶液制备和固体样品制备两部分。实验首先需要制备粒径在 0.5 mm 左右、颗粒大小均匀的颗粒粉末状样品，并根据不同的实验内容配置不同 SLD 的混合流体（液体或气体）。例如，研究水在页岩中的可进入性需要配制与页岩基质平均 SLD 相匹配的混合溶液。溶液和样品制备完成后需要将混合溶液和页岩颗粒装入标准石英容器中（图 4.5），并使页岩颗粒在混合溶液中充分浸润，浸润时间需要根据实验目的选择。此外，还需制备一份只装有配制混合液体的标准石英容器作为背景。

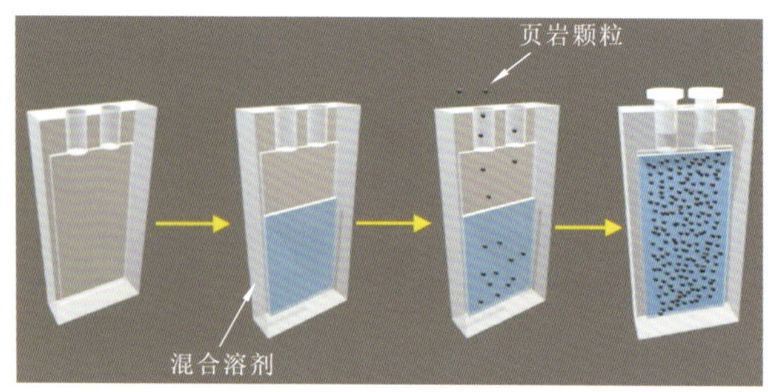

图 4.5　对比匹配实验样品制备流程

对于不同 SLD 混合物的计算，如果已知混合物各组分的体积比为 $V_1:V_2:V_3:\cdots:V_n$，则混合物的散射长度密度可以通过式（4.2）计算：

$$\rho_{\text{mix}}=\chi_1\rho_1+\chi_2\rho_2+\chi_3\rho_3+\cdots+\chi_n\rho_n \tag{4.2}$$

式中：ρ_i 为混合物中第 i 种组分的散射长度密度；χ_i 为第 i 种组分的体积百分比，即

$$\chi_i=V_i/(V_1+V_2+V_3+\cdots+V_n) \tag{4.3}$$

4.2 样品环境

样品环境是指承载样品并允许外部环境（如压力、温度、磁场、剪切速率等）变化的设备部件的总称。小角散射实验可以在不同的样品环境条件下进行，以获得样品在不同环境条件下的实验结果。环境条件包括了标准石英容器（Cell）环境和外加夹持器的标准石英容器环境，后者可将容器加热至 300℃或冷却至 0℃。其中当容器环境温度处于 0～10℃时，样品室必须被抽真空或充入惰性气体（氮气或氦气），以避免在标准石英容器上产生凝结水。此外，美国国家标准与技术研究院（National Institute of Standards and Technology，NIST）和加拿大 CNR 反应堆还提供了许多特殊的样本环境，包括了原位压力石英容器环境、电磁场（2 个特斯拉）和超导磁场（9 个特斯拉）环境、低至 5 K 以下的低温闭合循环氦制冷环境及高至 450℃的高热环境。本节将介绍在常压环境条件下用

于页岩研究的不同类型的标准石英容器，以及高温高压条件下用于模拟原位条件下页岩孔隙结构表征的高温高压舱体。

4.2.1　常压条件

1. 标准石英容器

小角中子散射实验涉及几种不同规格的石英容器。第一种是对应中子透过长度（样品厚度）需求不同的样品，按其中子透过长度划分为 1 mm、2 mm、5 mm 和 10 mm（图 4.6）。这样的标准石英容器除了适用于中子散射，也用于光子散射（对中子和光高透明）。此外，这类容器还适用于液体样品或液体环境下的样品测试。

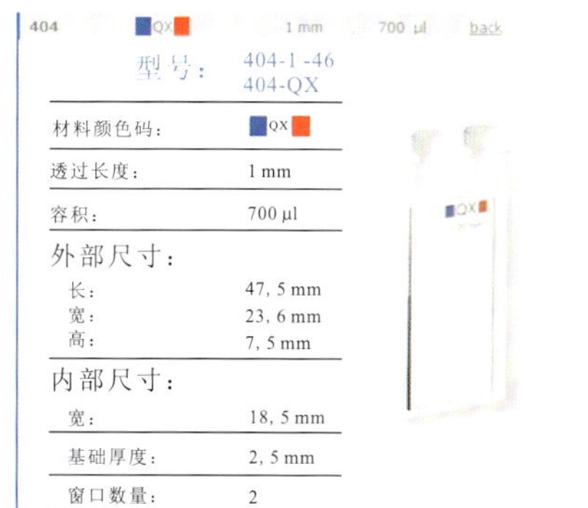

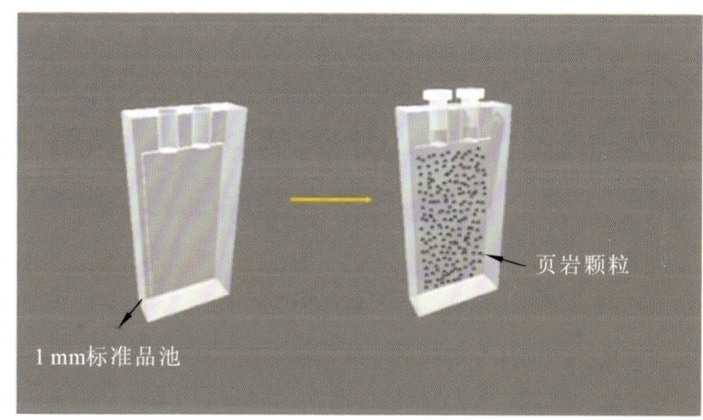

图 4.6　中子透过长度为 1 mm 的标准石英容器

用于小角中子散射的第二种石英容器是美国国家标准与技术研究院在中子散射实验过程中迭代发展来的。这种石英容器为了提供最适宜的中子透过长度，提供了可移动的石英窗，可以使用特氟隆或不锈钢垫片来实现中子透过长度在 0.1～12 mm 连续变化（图 4.7）。这种石英容器可以作为液体、凝胶、晶片和粉末的容器，凝胶和粉末样品需要在一边紧固固位片后从另一边加载。这种石英容器的体积比固定透过长度的容器稍微大一些。

图 4.7　中子透过长度可变的石英容器（图源 Yuri B）

2. 外加夹持器的标准石英容器

为了减少工作量及换样品的次数，小角中子散射和超小角中子散射仪器配备了一种由计算机控制的多位置样品交换架。该交换架允许一次性放置多个样品，由计算机精确定位并自动控制梁中的每个样品使其对准中子束系统，减少了人工更换样品操作的次数。图 4.8 为中国散裂中子源小角中子散射站配备的样品交换架。

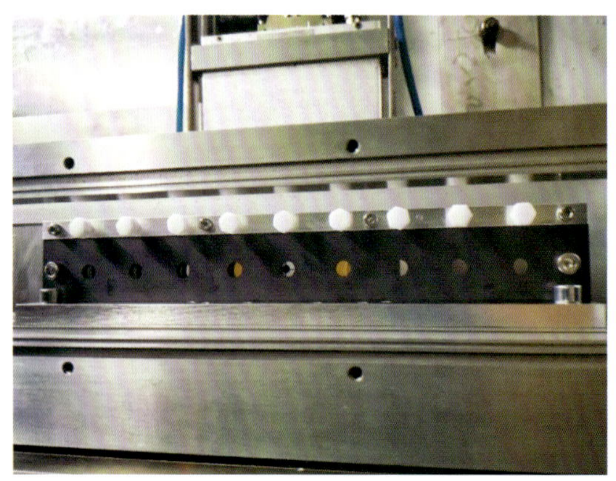

图 4.8　中国散裂中子源小角中子散射站配备的样品交换架

此外，有的样品架也额外提供了一种调节和维持样品温度的功能。图 4.9 为一个水浴控制的 45 槽位钛样品交换架，其材质由超导热铜制成，温度由电阻温度检测器（resistance temperature detector，RTD）监控，并由计算机控制，可控温度范围从环境温度到 300 ℃，且误差不大于 1 ℃。类似的冷却系统利用流动的冷却剂（50%的水和 50%的防冻剂）来冷却样品直至 0 ℃。

图 4.9　一个水浴控制的 45 槽位钛样品交换架

4.2.2　高压条件

1. 小角中子散射高压舱

由于中子具有很强的穿透力，小角中子散射可以与提供各种样品环境的样品舱配合，在一定的环境条件（压力、温度、溶液、气体等）下进行模拟原位测试。目前已有多种样品环境的实验舱与小角中子散射实验结合，用于探测不同压力下烃类气体或水（如压裂液）与页岩纳米孔的相互作用。下面介绍几种现有小角中子散射高压舱的参数与规格以供参考。

世界上第一个小角中子散射高压高温舱 ORNL-1 是为了研究软物质和复杂流体的相行为而制造的（Melnichenko et al.，1999），它的设计压力超过了 1 Kbar。图 4.10（a）为 ORNL-1 高压舱实物图。该池长 133.4 mm，外径为 76.1 mm。舱体由 304 不锈钢合金和高强度钢合金（Nitronic 60）的固定端盖制成，以最大限度地减少胶结。该高压舱装有蓝宝石窗口（直径 25.4 mm，厚度 12.7 mm），使用镀银金属 C 型密封圈密封。舱体的内部直径为 17 mm，内部窗口间的透过长度为 20 mm，可以使用蓝宝石垫片来缩短透过长度。舱体使用电阻温度检测器测量温度，温度误差控制在 0.1 ℃以内。

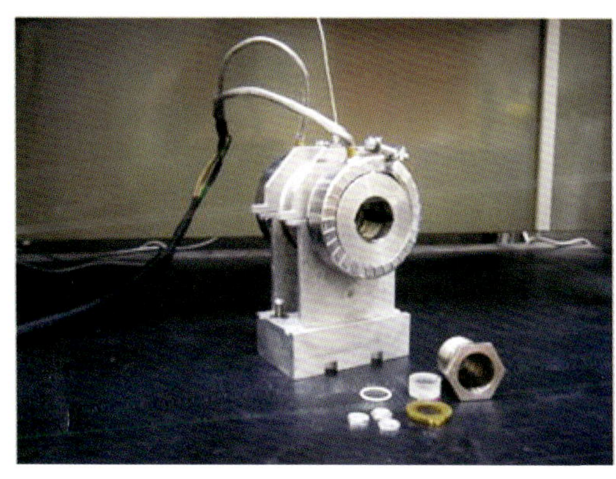

（a）ORNL-1高压舱及已移除出口的蓝宝石窗口、端盖、黄铜垫圈和C型密封

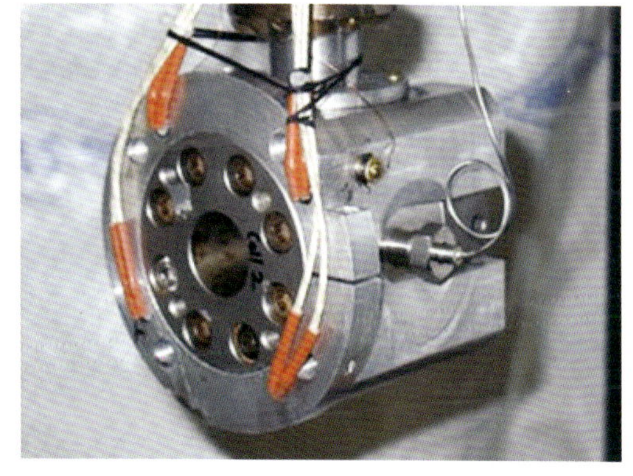

（b）组装好的MuHugh高压舱

图 4.10　高压舱

McHugh 高压舱体由高强度钢合金（Nitronic 50）制成，长 94 mm，外径 76 mm［图 4.10（b）］。舱体内部安装蓝宝石窗（外径 19.1 mm，厚度 19.1 mm），用弹性 O 型圈密封。窗体内表面之间的透过长度可以在 1～5 mm 使用垫片调整。带有加热管和冷却管的铝带式加热器被用来维持散射室的恒温状态，温控误差在 0.5 ℃以内。样品的温度用高精度热电偶测量。ORNL-1 和 McHugh 舱体的中子透射路径被设置为一个 30°角的锥体，允许中子束以相对于外窗表面的最大 15°角离开散射室。目前美国橡树岭国家实验室和美国国家标准与技术研究院的小角中子散射谱仪的用户可以使用这两种类型的高压舱。

此外，为了表征除了静水压力之外单轴应力（即地下岩石的覆土载荷）对流体行为的影响，Hjelm 等（2018）开发了一种适用于小角散射实验的高压样品舱。该高压样品舱设置两个蓝宝石窗口，用于中子束入射和散射。它可以提供高达 500 bar 的静水压力和高达 100 bar 的单轴应力，从而模拟页岩储层条件。图 4.11 展示了中子散射高压舱的剖面图。

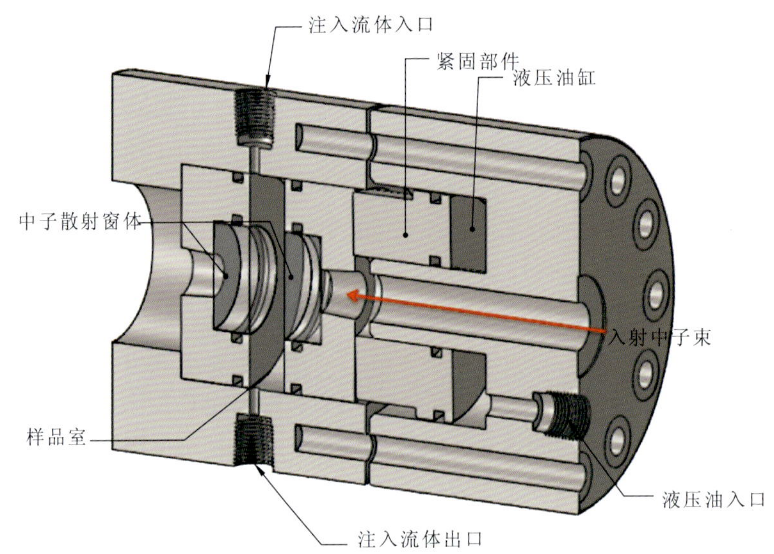

图 4.11　中子散射高压舱的剖面模型图（Hjelm et al.，2018）

以上用于岩石高温高压小角中子散射的装置分别在美国橡树岭国家实验室和美国国家标准与技术研究院中被研制与使用，但目前国内该领域的研究尚处于起步阶段。随着我国散裂中子源的建成投运，未来小角中子散射的研究与应用必将更多的在国内开展。鉴于此，作者开发了一种模拟高温高压样品环境的中子散射实验装置。图 4.12 展示了装置主体高温高压舱的剖面。

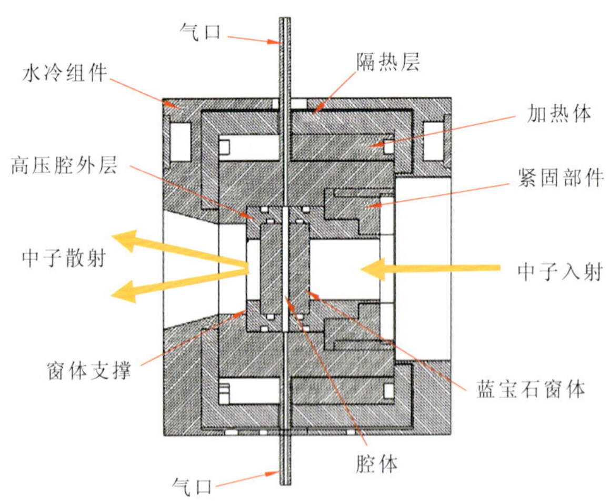

图 4.12　主体高温高压舱的的剖面模型

装置由主体高温高压中子散射腔、气源、控制阀、增压器、压力传感器、爆破片、温控系统、水冷系统等组成（图 4.13）。增压器作为高压气源，对接收的氮气瓶（初级气源）的气体进一步加温（≤200℃）加压，达到不大于 70 MPa 的高压，增压器容量约 50 mL 以内；增压后的气体会通入作为样品室的主体高温高压腔；高温高压腔由入/出射窗体支撑、窗体、紧固部件和外层组成（图 4.12），可承受 150℃高温、70 MPa 高压条件，腔体容积约 1 mL；主体高温高压腔光学窗口是由蓝宝石（单晶氧化铝）入射、出射窗口组成，窗体厚度根据力学特性计算，满足中子透射和承压需求。装置适用于页岩样品的高温高压中子散射研究。舱体设计温度压力能够最大限度地模拟样品的真实地质环境，以实现样品在原位温度、原位压力条件下进行中子散射测试，对于中子散射在非常规储层原位纳米孔隙研究中的应用具有重要意义。

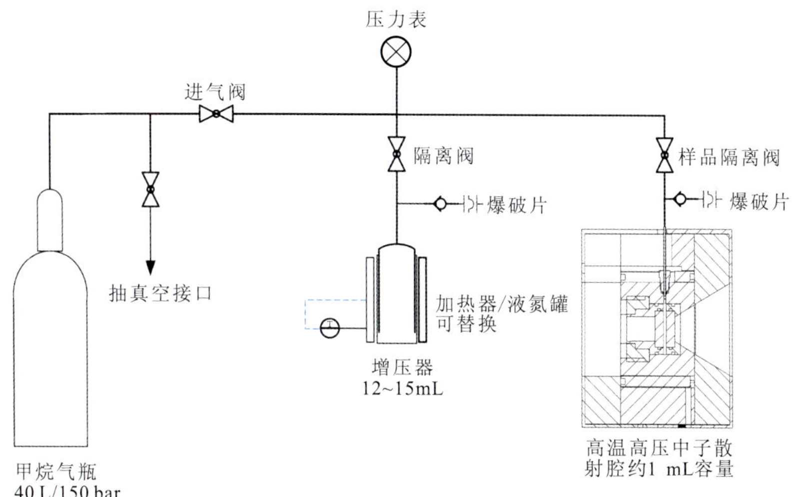

图 4.13　中子散射高温高压系统示意图

说明：系统高压钢管（1/160D）

以上所述的小角中子散射高压舱通常用于研究室温以上的温度条件下流体的吸附和冷凝。在一些情况下研究者希望可以将温度扩大到低温条件下（如临界气液温度的氢或氦吸附）。目前也有此类舱体可满足以上需求。低温 ORNL 装置实物和剖面图如图 4.14 所示。样品区域内径为 20 mm。采用蓝宝石垫片后可以调节最大内部透过长度范围为 5 mm。该舱具有由中子吸收材料氮化硼制成的圆形插件，这有助于中子束对准实验舱。但由于其安装在低温恒温器中的舱体不能放置在靠近小角中子散射谱仪入口的位置，其最大散射矢量被限制为 0.35 $Å^{-1}$。

2. 小角 X 射线散射高压舱

小角中子散射和小角 X 射线散射高压舱的关键区别是舱室窗口的设计和所用材料。一个理想的小角 X 射线散射窗口必须满足以下要求。首先窗口材料应对 X 射线相对透明并提供低水平的散射背景，此外它必须能够承受高压且不会发生变形。窗口散射应关于光束中心对称，这一点在一些对方位要求严格的实验中显得尤为重要。在理想情况下，小角

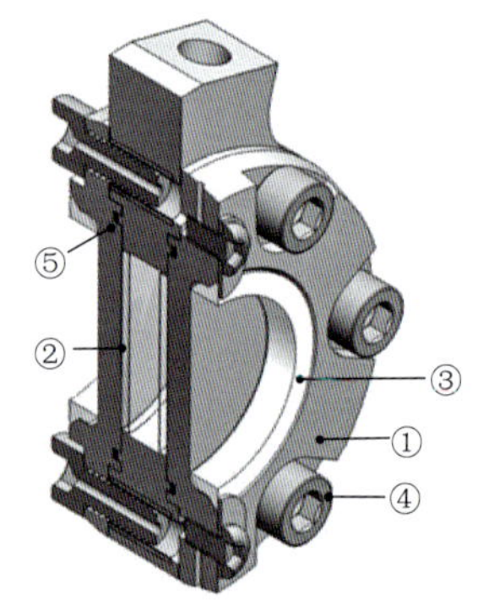

（a）低温ORNL高压舱剖面图

（b）实物图

图 4.14　低温 ORNL 高压舱（图片由 J.Carmichael，ORNL 提供）

①舱体；②铝窗；③氮化硼支挡结构；④固定螺栓；⑤铟密封

X 射线散射的窗口应该使散射均匀，这样可以减少舱室在移出样品池装载样品放回后前后两次位置的误差而造成的影响。此外窗口材料不能与样品发生化学反应。在一定程度上金刚石和金属铍可以满足上述要求，金刚石具有一组独特的特性，如极大的硬度、高导热系数和化学惰性，并且还有一个至关重要的性质，金刚石是由碳组成的，是低原子序数材料，它对 X 射线是透明的。此外，由于铍与金刚石相比具有毒性，因此金刚石的安全性更高。

图 4.15 展示了用于透射模式下高能 X 射线衍射研究的高压舱及铍窗单元的示意图。高压舱主体由两个不锈钢法兰组成，并通过 O 型圈密封。样品的厚度由铍窗的间距确定，在现有的两个版本中，可用样品厚度分别为 0.5 mm 和 1.0 mm，分别针对过渡金属和轻元素。样品池法兰设计为在 300 ℃时的额定工作压力为 100 bar。图 4.15（b）显示了高压舱（不带真空护罩，铍窗和铅质法兰罩）安装在直接用螺栓固定到 Huber 410 测角仪头的平台上。高压舱安装在平台上，可以在其下安装佩尔捷效应热泵，以便控制温度在室温附近。高压舱也可以由托架固定，可用将加热器放入其支架中对该单元进行加热。

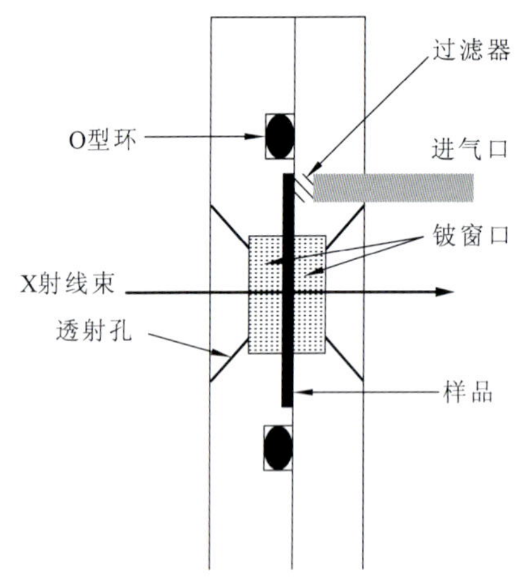

（a）用于气体压力研究的铍窗X射线高压舱在传输压力下的设计概念

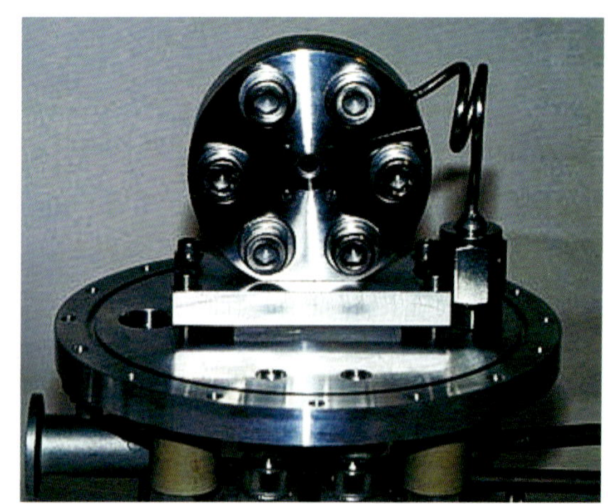

（b）不带窗口的X射线高压舱，可安装在一个可以调节高度的平台

图 4.15　X 射线高压舱

图由 Evan MacA.Gray（Griffith University，Australia）提供

图 4.16 为一种较新的高压舱，这种高压舱可以容纳各种各样的样品，具有良好的兼容性。其主要特点为：该舱室可以在−20～120 ℃的温度条件下进行 5 kbar 的静态压力或动态压力实验；X 射线窗口在样品更换期间始终保持在原位，以允许从高压窗口中准确减去背景散射；在传统同步加速器实验运行期间，该舱室所需的干预最少；样品放置是独立的，可以避免舱室的污染，减少频繁的清洗；样品易于装卸，减少停机时间；允许小角度和有限的广角 X 射线散射。该舱窗口为厚度 1 mm、直径 5 mm 的平面单晶化学气相沉积型 IIa 金刚石（英国 EasyLab 公司）。窗口由安装在具有 2.5 mm 圆形孔径的支架上的圆形板组成，允许散射角最高可达到 21°。窗口的理论破坏压力为 1 235 MPa，远大于 500 MPa 的最大实验压力，在此压力下，窗口中心的最大挠度为 0.859 μm。

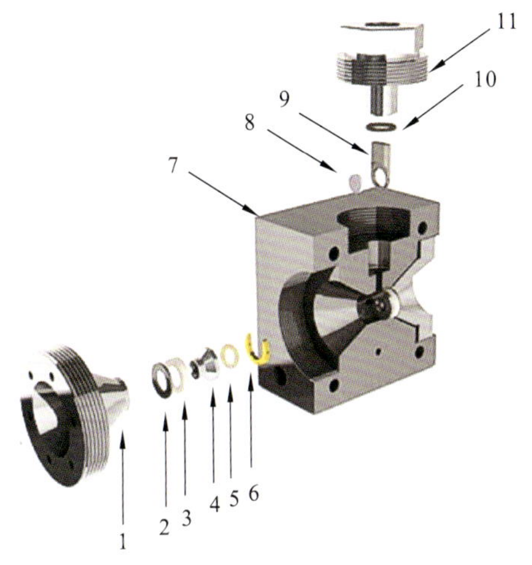

（a）金刚石窗口X射线高压舱截面

（b）高压舱在测试线上

图 4.16 小角 X 射线散射高压舱示意图

1.窗口插头；2.防挤压垫圈；3.窗口密封圈；4.窗口支撑；5.金刚石窗口；6.窗框和样品架引导；7.舱体；8.特氟龙样品架；9.样品加载器；10.O 型垫圈；11.样品舱插头

图由 N.J.Brooks （Imperial College，UK）提供

上述装置是专为英国钻石光源 I22 线所设计，可供用户进行高压实验。此外美国康奈尔高能同步辐射光源（Cornell high energy synchrotron source，CHESS）也提供金刚石窗口的高压舱；日本高能加速器研究机构（high energy accelerator research organization，KEK）的 BL-15A 站等其他高能光源也提供相应的舱室供用户使用。

4.3 小角散射实验流程

4.3.1 实验测量内容

小角散射是指在靠近原光束附近很小角度内电子对 X 射线（中子）的漫散射现象，也就是在倒易点阵原点附近处电子对 X 射线（中子）的相干散射现象。由于小角散射强度分布与散射体的原子组成及是否结晶无关，仅与散射体的形状、大小分布及与周围介质电子云密度差有关，故可以从 X 射线（中子）小角散射强度中获得其微观孔隙结构特征。小角 X 射线散射与小角中子散射实验中样品的散射强度均可表示为

$$C(q)=\eta TJ_{\text{in}}\Delta\Omega tAl\frac{\mathrm{d}\Sigma}{\mathrm{d}\Omega}+C_{\text{bg}}(q) \tag{4.4}$$

样品单位体积的微分散射截面 $\mathrm{d}\Sigma/\mathrm{d}\Omega$ 是求取页岩孔隙结构的关键参数，式（4.4）中其余的参数便是小角散射实验中必要的测量内容。式中：$C(q)$为测量散射强度，即样品在被辐照后所采集到的散射图样，对其进行一维化后将会得到散射矢量与测量散射强度的曲线；$C_{\text{bg}}(q)$为宇宙射线及其他噪声，如探测器的暗电流和光路中的样品池、空气等产生的散射所导致的散射强度的偏移，如图 4.17 所示；η 为探测器的效率；T 为透射系数；J_{in} 为入射光通量；$\Delta\Omega$ 为探测器像素所张的立体角；t 为测试时间；A 为样品被辐照的面积；l 为厚度。A 和 l 之积 V 是被辐照的样品体积。

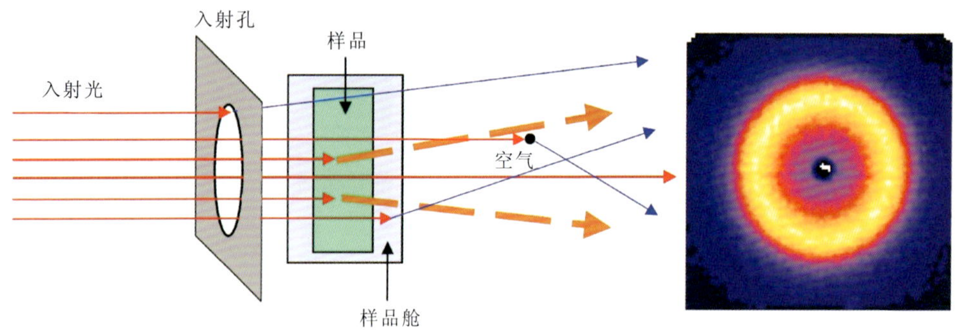

图 4.17 样品的散射过程示意图

完整的求取上述参数之后便可以求取微分散射截面 $\mathrm{d}\Sigma/\mathrm{d}\Omega$，小角 X 射线散射与小角中子散射对于背底扣除及其他参数的求取有所差异，将对其分开进行说明。

1. 小角中子散射测量内容

中子散射的测量散射强度$C(q)$是将中子散射谱仪的散射强度进行一维化得到的（图 4.18），过程简单直接。散射背底 $C_{\text{bg}}(q)$需要对空样品池进行测试，去除样品池和空气的散射噪声（C_{bg}）；此外还需在完全遮挡入射光的情况下对探测器的暗电流和宇宙中的背景噪声进行测量（C_{dc}）；如式（4.5）所示，当减去了探测器的暗电流 C_{dc} 之后，C_{bg} 仍无法直接用于扣除散射背底，此时还需要分别求取样品的透射系数 T 与空样品池的透射系数 T_{bg}，并将其用于散射背底的归一化。

$$C_{\text{bg}}(q)=\frac{C_{\text{bg}}-C_{\text{de}}}{T_{\text{bg}}/T}+C_{\text{dc}} \tag{4.5}$$

探测器的效率 η 及每个像素点灵敏度的差异会导致测试结果的偏离。在每轮测试前，需将各向同性散射体（如树脂玻璃或水）的测试结果对探测器进行校准，通过与各向同性散射体的理想散射结果进行比对可以方便地求取探测器的效率（图 4.19）。透射系数 T 的求取需要对前后中子束流的强度进行测量，并依据式（4.1）计算不同测试样品的透射

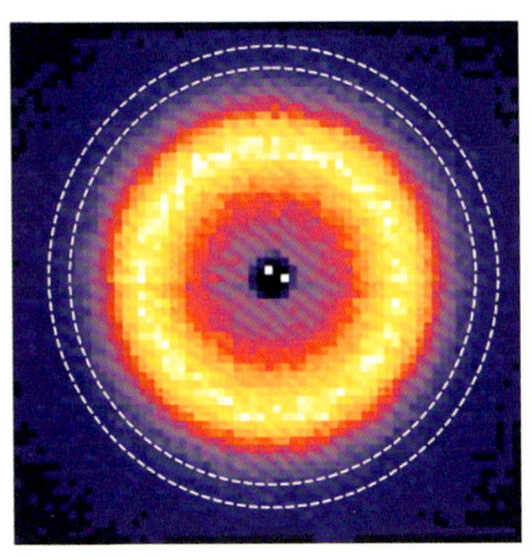

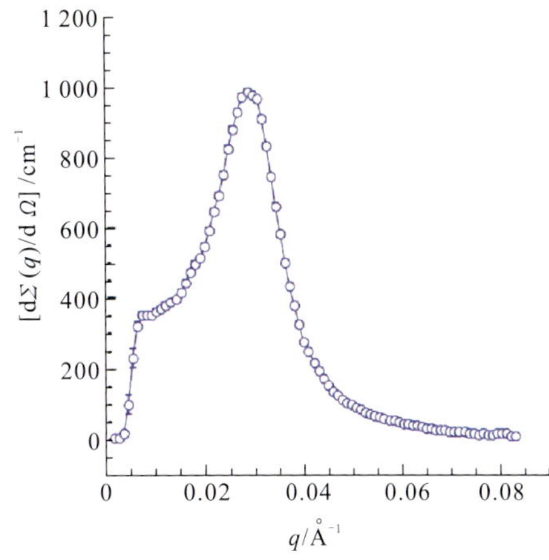

图 4.18　中子散射图样的一维化

系数。入射光通量与样品被辐照的面积，在不同实验室不同运行时段会有一定的波动，需咨询实验室管理员。探测器像素所张的立体角 $\Delta\Omega$，可根据样品与探测器的距离结合探测器的参数进行计算。其余参数如测试时间、样品厚度需自行记录。

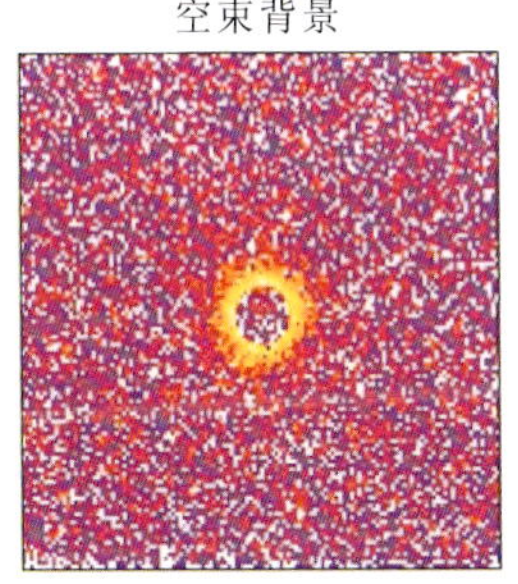

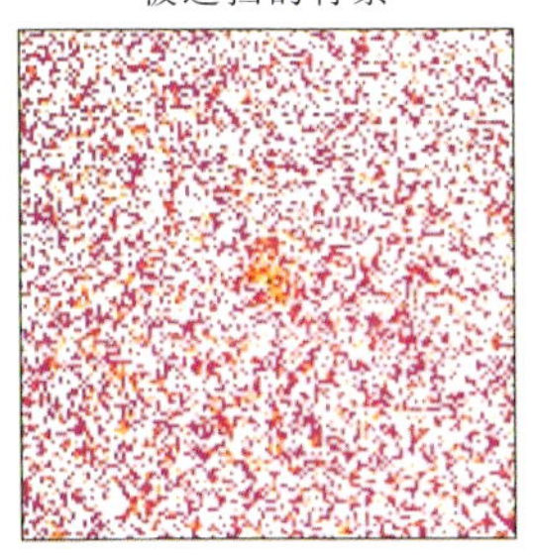

来源
1）空样品舱的散射
2）窗口和准直狭缝的散射
3）空气的散射
-尽量减少光束路径中的空气
-认真选取样品舱和窗口材料
-测量空样品舱

来源
1）探测器的暗电流
2）偏离的中子
3）宇宙辐射

-测量被遮挡的背景
（^{6}Li或含硼的物质）

为什么？
1）每个像素的灵敏度略有不同（~1%）

-使用各相同性的散射物质（树脂玻璃或水）
-校准每个反应堆周期

图 4.19　不同条件下的散射背景

小角中子散射较多应用于物质结构的检测，绝对强度一般是必需的（见第 2 章）。因此为了节省用户精力，目前国内的小角中子散射实验场地如中国绵阳研究堆及中国散裂中子源在用户测试完毕之后，工作人员在数个工作日内会将完成了绝对强度校准的一维数据反馈给用户。一般来说，用户仅需要提供样品的厚度信息及样品的散射强度即可。入射中子的强度、样品的透射系数、散射背底的强度、探测器效率的校准等均无须用户操作。

2. 小角 X 射线散射测量内容

与小角中子散射求取散射截面不同的是，小角 X 射线散射在计算中间参数（入射光强）时存在困难。求取入射光强有两种方法。第一种是衰减法，即中子散射求取入射束流强度所采用的方法。但是由于同步辐射级别的X射线强度较高，X射线需要经吸收箔多层衰减才可以达到探测器可接受的强度范围，所以所采用的吸收箔的厚度、纯度及入射X射线的波长的都会影响到测量结果。同时需要拟合经吸收箔多层衰减后测得的入射光强度，并反推到厚度为零时得出的入射光束的强度，这个过程产生的误差对结果将会产生较大的影响。另外，计算中还需要用到样品的透射系数、样品的厚度及探测器效率等参数，这些都是实验过程中误差产生的来源。因此衰减法会产生较大的误差，至今没有很好的解决方案。表4.1列出了小角X射线散射与小角中子散射的测量内容，并对比了二者测量内容的差异。

表4.1　小角X射线散射与小角中子散射测量内容

测量项目或所需参数	单位	小角中子散射	小角X射线散射
样品散射强度	Counts	用户自行测试	用户自行测试
标准样品散射强度	Counts	谱仪工作人员提供（探测器效率校正）	用户自行测试（绝对强度校正）
样品池散射强度	Counts	谱仪工作人员提供（背底扣除）	用户自行测试（背底扣除）
探测器效率	%	谱仪工作人员记录	校正绝对强度时将被约去
透射系数	%	谱仪工作人员记录	用户自行计算
入射束流强度	cm^{-1}	谱仪工作人员记录	校正绝对强度时将被约去
探测器像素所张立体角	(°)	谱仪工作人员记录	校正绝对强度时将被约去
样品被辐照面积	cm^2	谱仪工作人员记录	校正绝对强度时将被约去
样品厚度	cm	需要记录	用户自行计算
测试时间	s	谱仪自动记录	用户自行记录

第二种方法是标样法，利用各向同性散射体（如玻璃碳或水）微分散射截面已知的特点来反推入射光强度（详见第2章）。此外如探测器像素所形成的立体角、探测器的效率、样品被辐照的面积等参数都将被约去，减小了上述参数在推导过程中产生的误差。但因为水的微分散射截面与温度有关，在对水标样进行测试时，需要较长的时间，曝光时间通常为几分钟到数小时不等，长时间的X光照射中会导致水的温度上升，微分散射截面也会发生变化。

小角X射线散射实验除需要准备测试所需的样品外，还需准备各向同性散射体（如玻璃碳或水）作为标准样品对绝对散射强度进行校正，空样品池作为背底扣除也是必要的。此外需要测量样品的前后电离室强度来计算透射系数，并用于样品厚度的计算。记录测试时间用于时间归一化，记录探测器与样品的距离来计算探测器像素所形成的立体角，并用于归一化。

4.3.2 实验测量步骤

1. 小角中子散射测量步骤

各个实验室的具体实验流程大同小异，为了将实验流程进行详细的阐述，选用在美国橡树岭国家实验室进行小角中子散射实验的具体步骤进行说明。本次实验采用的中子波长为 12 Å 和 4.72 Å。页岩样品到探测器的距离分别使用 18.5 m、10 m、1 m，对应覆盖的q值为 0.001～0.5 $Å^{-1}$。对于多分散多孔介质，孔隙半径(r)与q之间的关系为$r \approx 2.5/q$（Bahadur et al.，2015，2014；Ruppert et al.，2013）。因此该探测器距离可以测量的页岩样品的孔隙直径介于 1～500 nm。

在此前的小角中子散射实验中，大多先将页岩样品平行于层理面切成长宽均为 10 mm、厚为 2 mm 的薄片来表征其孔隙结构，然后用砂纸将薄片打磨至 1 mm 以下。要求样品厚度均匀、表面平整光滑，以减少由于样品表面微起伏引起的多余小角散射信号。随后在 60 ℃的烘箱中烘干 24 h 以上，直到质量不再变化（Anovitz et al.，2015；Hall et al.，1983）。在本次测试中，选用颗粒状样品来获得平均取向的孔隙结构信息，并便于进行对比匹配小角中子散射实验的进行。颗粒被筛选至 177～500 μm 的粒径[图 4.20（a）]，采用相同的粒径可以与其他测试如压汞、氮气吸附实验进行横向对比。

（a）小角中子散射所用样品粒径

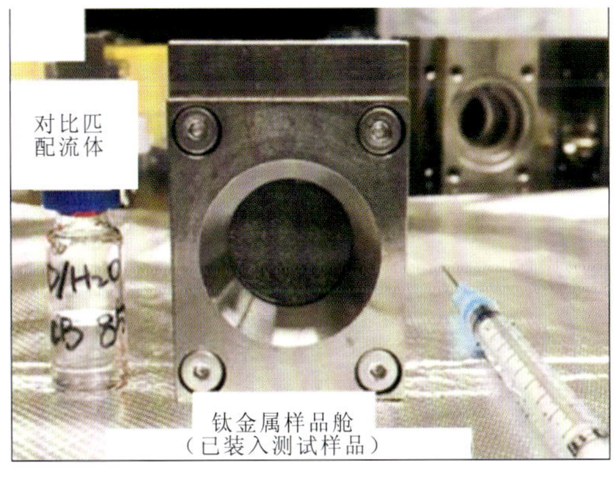

（b）对比匹配流体及钛金属样品舱

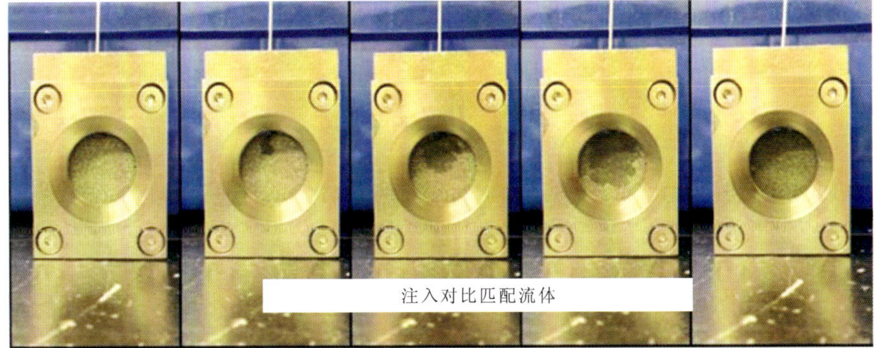

（c）对比匹配流体注入钛金属样品舱

图 4.20　对比匹配小角中子散射实验流程示意图

随后需根据样品的形态选择合适的样品固定方式，薄片状样品可直接固定在样品架上，而颗粒状的样品则需要样品池进行装载，粉末状样品必须均匀饱满地分布于样品池中，而且要尽量压实[图 4.20（b）]，但测试前需测定所用样品池的散射性能。如果需要进行对比匹配小角中子散射实验，则应该在样品测试之前将相应的流体注入特制的样品仓内，每个样品至少使用两个标准石英容器用于实验：一个用于干燥环境下的小角中子散射实验，其余的用于对比匹配小角中子散射实验[图 4.20（c）]。

样品在上机测试之前，谱仪工作人员一般会完成本批次样品所需的探测器效率校正、波长校正、背底校正、透过率测量等工作。在样品测试过程中用户需要记录样品的厚度、测试时间及所采用的中子束流的波长，用于后续的数据处理工作。

2. 小角 X 射线散射测量步骤

小角 X 射线散射可以用来分辨 3～600 nm 的孔，相比于常规 X 光源，同步辐射光源具有更高的能量（高 10^6 ～10^9 量级），同时具备较高的准直性和光谱纯度等特点。更高的能量使同步辐射光源可以进行许多在常规 X 光源上无法完成的实验，高强度的 X 射线使得测试时间大大缩短，精度也有较大提高。笔者以上海同步辐射光源 BL16B1 线站为例，波长 1.24 Å，样品到探测器距离 1～6 m（可调），能量 20 keV，光通量 200 mA，光斑尺寸 0.5×0.4 mm^2，曝光时间 5 s，样品的处理及测试步骤如下。

首先将样品破碎至粒径为 75～177 μm 的颗粒，随后在 60 ℃的恒温箱内烘干 48 h，去除挥发性物质和游离水。

实验前将样品均匀压实在两张无散射背底的胶带之间（图 4.4），最终测试形态为直径 10 mm、厚度 1 mm 左右的圆形黑斑。

考虑到样品的粒间孔及散射背底的扣除，需要分别使用空样品池与填充了同粒径石英颗粒的样品进行平行测试，得到的数据用于背景扣除。

本次实验的绝对散射强度校正系数 CF 的计算采用了水标样法，将去离子水注入内壁厚 1 mm 的云母片中，并与样品分别在同一光路条件下进行曝光。

参 考 文 献

ANOVITZ L M, COLE D, JACKSON A J, et al., 2015. Effect of quartz overgrowth precipitation on the multiscale porosity of sandstone: A (U)SANS and imaging analysis[J]. Geochimica et cosmochimica acta, 158: 199-222.

BAHADUR J, MELNICHENKO Y B, MASTALERZ M, et al., 2014. Hierarchical pore morphology of cretaceous shale: A small-angle neutron scattering and ultrasmall-angle neutron scattering study[J]. Energy fuels, 28(10): 6336-6344.

BAHADUR J, RADLIŃSKI A P, MELNICHENKO Y B, et al., 2015. Small-angle and ultrasmall-angle neutron scattering (SANS/USANS) study of New Albany shale: A treatise on microporosity[J]. Energy fuels,

29(2): 567-576.

HALL P, MILDNER D, BORST R, 1983. Pore size distribution of shale rock by small angle neutron scattering[J]. Applied physics letters, 43(3): 252-254.

HJELM R P, TAYLOR M A, FRASH L P, et al., 2018. Flow-through compression cell for small-angle and ultra-small-angle neutron scattering measurements[J]. Review of scientific instruments, 89(5): 1-18.

MELNICHENKO Y, KIRAN E, WIGNALL G, et al., 1999. Pressure-and temperature-induced transitions in solutions of poly (dimethylsiloxane) in supercritical carbon dioxide[J]. Macromolecules, 32(16): 5344-5347.

RUPPERT L F, SAKUROVS R, BLACH T P, et al., 2013. A USANS/SANS study of the accessibility of pores in the Barnett shale to methane and water[J]. Energy fuels, 27(2): 772-779.

YURI B M, 2015. Small-angle scattering from confined and interfacial fluids: Applications to energy storage and environmental science[M]. Switzerland: Springer: 1.

第 5 章 页岩小角散射实验数据分析

小角散射实验中需测量不同散射角处的散射强度，即可得到散射强度曲线。散射强度的分布与散射体（纳米尺度的空间中的粒子或连续介质中的孔隙）的空间结构有关，并与散射体和介质的电子密度/原子核密度之差成正比（Roe，2000）。经数据分析可解析得到有关散射体的定性和定量结构信息。解析小角散射实验数据中隐含的页岩孔隙结构参数所需要用到的模型主要为理想两相体系的散射模型。因此常用的数据必须是经过绝对强度校正的散射矢量与散射强度的一维曲线（Xie et al.，2018）。本章将着重介绍如何对实验数据的预处理及从实验数据中提取页岩样品的孔隙结构信息，并以四川盆地下志留统龙马溪组的三块页岩为例（表 5.1）对数据的处理流程进行介绍。

表 5.1　龙马溪组页岩基础信息

样品编号	深度/m	地层	岩相分类	等效镜质体射率（R_o^*）/%	TOC 质量分数/%
W201-5	1 513.2	龙马溪组	含黏土硅质页岩	2.62	6.45
W201-13	1 525.7	龙马溪组	混合页岩	2.41	5.11
W201-15	1 519.9	龙马溪组	黏土质硅质页岩	2.56	4.88

注：R_o^*为沥青反射率转换镜质组反射率

5.1 实验数据的预处理

5.1.1 散射强度一维化

一般来说小角 X 射线/中子散射均采用二维探测器，记录散射强度的平面分布。经过上述处理所得到的原始数据仍为二维的散射图样（图 5.1）。通常二维散射强度数据仅适用于对各向异性散射样品进行定性分析。对于页岩样品而言，要想进行有效的数据分析则必须将该图样进行一维化，以获得样品的结构信息。二维散射图样的一维化有多种方式，对于没有明显取向的散射图样，选择扇形积分即可有效获取足够的平均散射强度信息。

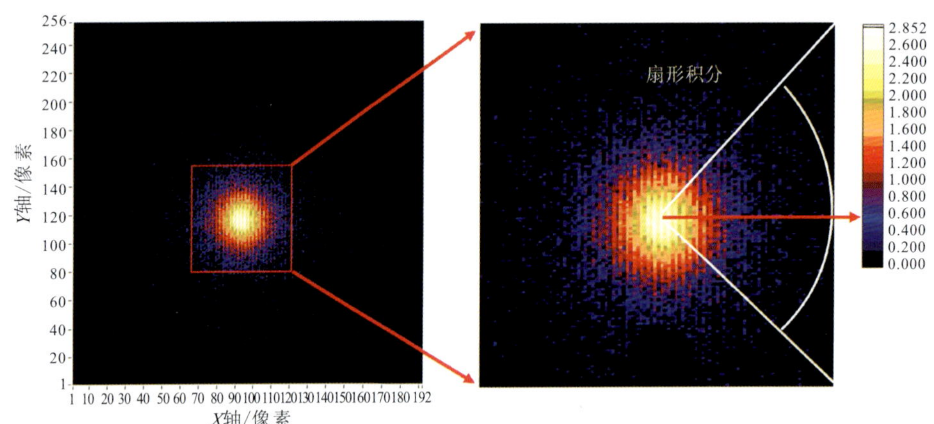

（a）中子散射原始图样及其扇形积分示意图，使用IRENA分析

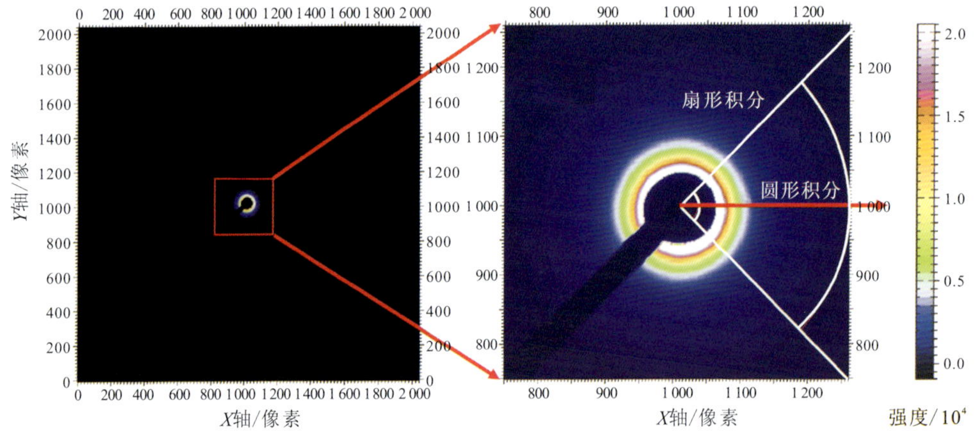

（b）小角X射线散射原始图样及其扇形积分示意图，使用FIT2D分析

图 5.1 散射图样一维化示意图

基于 IGOR 的 IRENA 插件是一套用于分析小角 X 射线/中子散射数据的工具，它是一个汇集了多种功能的套件，适用于材料科学、物理、化学、高分子科学等领域的研究（Ilavsky and Jemian，2009）。除此之外，该插件还可用于小角衍射的数据分析。此外还支持各类通用数据格式的导入、导出、修改功能，Guinier 和 Porod 拟合，小角散射二维图样的高质量呈现和一维化等功能[图 5.1（a）、（b）]，以及中子和 X 射线散射长度密度计算器。这些工具被整合到一个具有一致接口的套件中（Ilavsky and Jemian，2009）。IRENA 下载地址：https://usaxs.xray.aps.anl.gov/software/irena。

FIT2D 是一个通用且专业的一维和二维数据分析程序（Hammersley，2016），常被用于小角 X 射线散射数据的预处理，基于交互式的设计可以对数据进行批量处理，软件界面如图 5.2（a）、（b）所示。FIT2D 具有很多功能，探测器畸变的校准和校正是 FIT2D 重要的用途之一，也可以将二维的散射图样进行一维化[图 5.2（c）、（d）]。本书使用 FIT2D 对小角 X 射线散射数据一维化。FIT2D 下载地址：http://www.esrf.eu/computing/scientific/FIT2D/index.html。

小角中子散射实验一般会提供给用户经一维化与绝对散射强度校正的散射矢量和散射强度的曲线，无须进行数据的预处理[图 5.3（a）]。其中三段不同颜色的数据段代表了三个不同探测器距离所获取的数据，将其进行拼接可以扩展散射矢量的范围。如果需要对小角中子散射的二维散射图样进行一维化处理可使用 IRENA 插件。但是小角 X 射线散射实验一般仅会给出二维散射图样待用户自行分析，所以 FIT2D 是必要的分析工具之一。

（a）软件初始界面

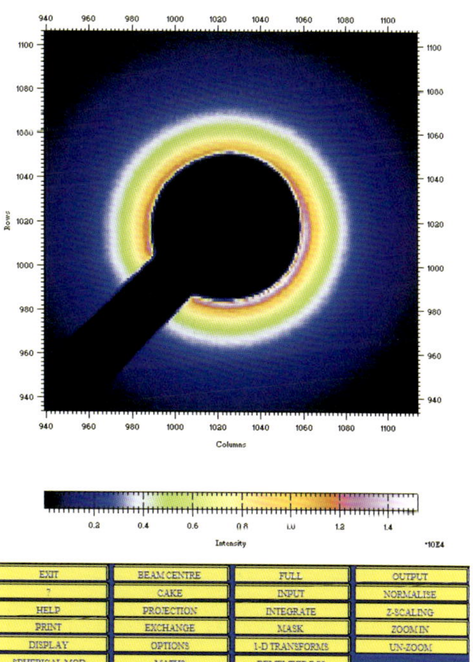

（b）小角X射线扇形积分示意图

TYPE OF AZIMUTH/RADIAL OR

2-THETA TRANSFORMATION

O.K.	CANCEL	?	HELP	INFO

DESCRIPTIONS	VALUES	CHANGE
STARTING AZIMUTH ANGLE (DEGREES)	-81.97636	START AZIMUTH
END AZIMUTH ANGLE (DEGREES)	-106.1406	END AZIMUTH
INNER RADIAL LIMIT (PIXELS)	18.33311	INNER RADIUS
OUTER RADIAL LIMIT (PIXELS)	1218.403	OUTER RADIUS
SCAN TYPE (RADIAL, 2-THETA, Q-SPACE)	Q-SPACE	SCAN TYPE
DEFAULT TO APPROX. 1 DEGREE SIZE AZIMUTHAL BINS	NO	1 DEGREE AZ
NUMBER OF AZIMUTHAL BINS	1	AZIMUTH BINS
NUMBER OF RADIAL/2-THETA BINS	960	RADIAL BINS
INTENSITY CONSERVATION	NO	CONSERVE INT.
APPLY POLARISATION CORRECTION	YES	POLARISATION
POLARISATION FACTOR	0.990000	FACTOR
MAXIMUM FOR D-SPACINGS SCANS (ANGSTROMS)	20.00000	MAX. D-SPACING
GEOMETRICAL CORRECTION TO INTENSITIES	YES	GEOMETRY COR.

Click on variable to change, or 'O.K.'

（c）控制选项界面

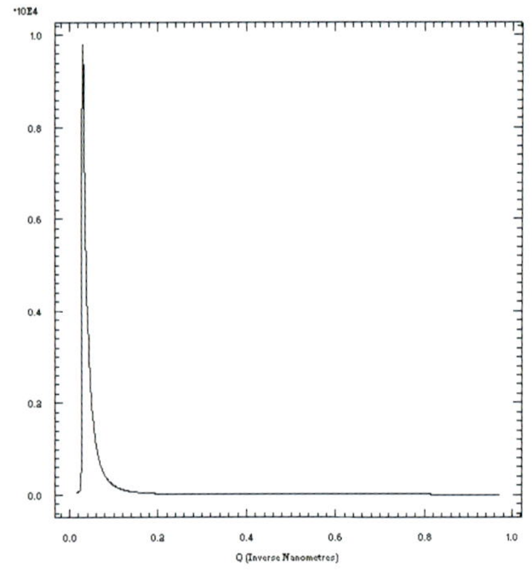

FILE FORMAT

CANCEL	2-D ASCII	BINARY	BSL OTOKO
CBF	?	CHIPLOT	DENZO MAR
FIT2D FORMAT	HELP	GSAS	KLORA
PowderCIF	SPREAD SHEET	TIFF 8 BIT	TIFF 16 BIT
TIFF FLOATS			

（d）拟合曲线图

图 5.2　FIT2D 软件界面

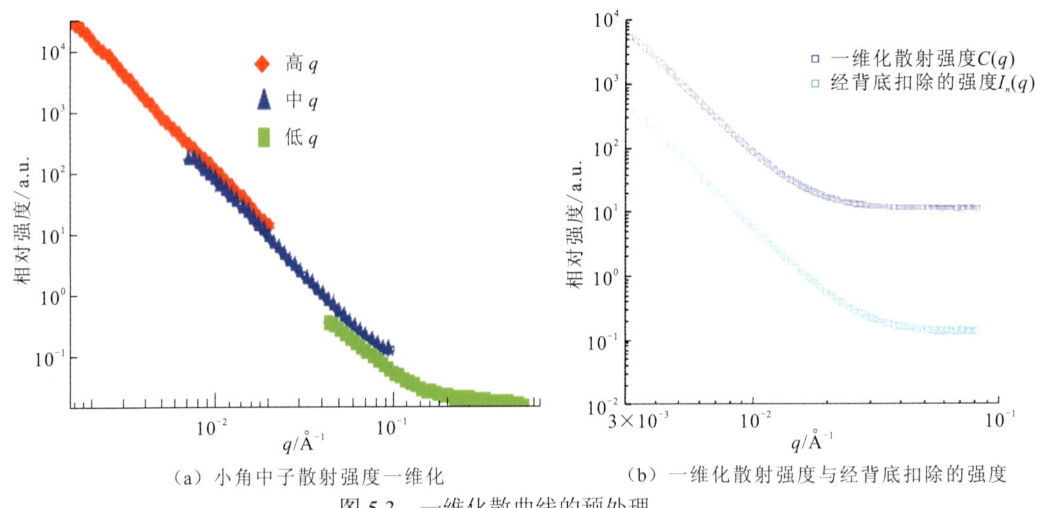

（a）小角中子散射强度一维化　　（b）一维化散射强度与经背底扣除的强度

图 5.3　一维化散曲线的预处理

5.1.2　背底扣除与归一化

小角 X 射线散射背底扣除与归一化的过程详见式（2.24），其中将样品池背底置于和样品相同的测试光路下进行测量可以得到散射强度的偏移 $C_{bg}(q)$。但是样品背底与样品的透射系数和厚度不尽相同，因此样品的背底在扣除之前也需进行一定的处理工作，计算公式如下：

$$\mathrm{BG}=\frac{C_{\mathrm{bg}}(q)-C_{\mathrm{dc}}}{t_{\mathrm{bg}}T_{\mathrm{bg}}l_{\mathrm{bg}}/tTl}+C_{\mathrm{dc}} \tag{5.1}$$

式中：bg 为空样品池测试中的一些参数或强度的标记；dc 为探测器暗电流标记，水标样的测试中因其散射信号较为微弱，故暗电流的扣除是必要的；t 为测试时间；T 为透射系数；l 为所测物体的厚度。

透射系数 T 是透射光强度 I_{t} 和入射光强度 I_0 之比（Zeng et al.，2017），求取方式如下：

$$T=\frac{(i_{\mathrm{down}}/i_{\mathrm{up}})_{\mathrm{sample}}}{(i_{\mathrm{down}}/i_{\mathrm{up}})_{\mathrm{air}}}=\frac{I_{\mathrm{t}}}{I_0} \tag{5.2}$$

式中：i_{down} 和 i_{up} 分别为上游电离室计数值与下游光电二极管所测得的参数；sample 和 air 分别为光路有样品和没有样品只有空气这两种状态。因为上下游的探测器不同，所以 i_{down} 和 i_{up} 无法直接相比，需要利用空气作为标准进行校正。如果线站的入射光强度较为稳定，那么上游电离室计数可被认为是一个常数，则仅利用下游光电二极管的计数值的波动也可以计算出透射系数的变化。

X 射线透过样品不仅会产生散射，还会被样品吸收。当光线通过物体时会按照指数规律迅速衰减，可以根据此规律精确地确定样品的厚度，其规律满足如下形式（朱育平，2008）：

$$I_{\mathrm{t}}=I_0\mathrm{e}^{-(\mu/\rho_{\mathrm{s}})\rho_{\mathrm{s}}t} \tag{5.3}$$

式中：I_{t} 为射线透射物体后的强度又被称为透射光强度；I_0 为入射光强度；t 为测试时间；线吸收系数 μ 与物质的密度 ρ_{s} 之比为常数，称为质量吸收系数。因为试样厚度的微小差异会导致散射强度的起伏，所以必须根据样品的厚度对实验数据进行归一化。通过强度指数衰减的规律可以简洁地计算出样品的准确厚度，因此对于页岩质量吸收系数的计算是不可或缺的。在测试中入射光强和透射光强之比与透射系数 T 相关，而页岩的体密度可通过压汞实验得出。接下来只需要计算页岩的质量吸收系数即可，混合物的质量吸收系数的计算公式如下：

$$\frac{\mu}{\rho}=\sum_i\omega_i\left(\frac{\mu}{\rho}\right)_i \tag{5.4}$$

页岩的各组分质量分数见表 5.2，将其质量分数转换为体积分数（表 5.3）可用于计算混合物的质量吸收系数。各组分的质量吸收系数（表 5.4），由此可以计算出不同样品的质量吸收系数，以及被光束穿透的试样的精确厚度（表 5.5）。对于小角 X 射线散射的原始一维曲线进行背底扣除与归一化之后的曲线如图 5.3（b）所示。

表 5.2　样品各组分的质量分数

样品编号	有机质及矿物质量分数/%								
	有机质	石英	方解石	白云石	斜长石	黄铁矿	伊利石	蒙脱石	绿泥石
W201-5	5.90	45.542	5.12	7.41	3.475	2.65	4.31	25.00	0.60
W201-13	4.86	19.313	6.75	23.97	3.044	5.04	6.00	29.53	1.48
W201-15	4.65	30.416	4.96	8.20	3.814	5.05	6.95	34.24	1.72

表 5.3　样品各组分的体积分数

样品编号	有机质及矿物体积分数/%								
	有机质	石英	方解石	白云石	斜长石	黄铁矿	伊利石	蒙脱石	绿泥石
W201-5	11.2	42.4	4.7	6.4	3.3	1.3	3.9	26.3	0.5
W201-13	9.5	18.5	6.3	21.3	3.0	2.6	5.6	31.9	1.3
W201-15	9.0	28.7	4.6	7.2	3.7	2.5	6.4	36.5	1.4

表 5.4　页岩各组分的散射长度密度与质量吸收系数

物质类型	密度/（g/cm^3）	化学式	电子数	摩尔质量/（g/mol）	SLD（SAXS）/ $\times 10^{10}cm^{-2}$	SLD（SANS）/ $\times 10^{10}cm^{-2}$	μ_m/（cm^2/g）
有机质*	1.30	$C_{90}H_{47}O_{15}N^*$	411	797.50	10～12	3～4	3～5
石英	2.65	SiO_2	30	60.84	22.72	4.18	19.20
方解石	2.71	$CaCO_3$	50	100.09	23.23	4.69	40.54
白云石	2.86	$CaMg(CO_3)_2$	92	184.40	24.46	5.44	26.48
斜长石	2.61	$NaAlSi_3O_8$	130	264.49	22.22	3.97	18.00
黄铁矿	5.01	FeS_2	58	119.96	40.76	3.81	106.21
伊利石	2.70	$K(Al_3Mg)(Si_7Al)O_{20}(OH)_4$	377	761.24	23.12	3.8	20.44
蒙脱石	2.35	$Na_{0.7}(Al_{3.3}, Mg_{0.7})Si_8O_{20}(OH)_4H_2$	369	742.91	20.20	3.26	17.57
绿泥石	3.00	$(Mg_9Al_3)(Al_3Si_5)O_{20}(OH)_{16}$	560	1 116.95	25.89	3.75	15.37

*有机质 SLD 及其吸收系数值的变化取决于其化学组成和密度的变化；散射长度密度在线计算：https：//www.ncnr.nist.gov/resources/activation/；质量衰减系数在线计算：https：//physics.nist.gov/PhysRefData/FFast/html/form.html

表 5.5　小角散射计算页岩样品结构的预备参数

样品号	小角 X 射线散射					小角中子散射
	SLD/$\times 10^{10}$ cm^{-2}	μ_m/（cm^2/g）	透射系数 T	样品厚度/μm	辐照时长/s	SLD/$\times 10^{10}$ cm^{-2}
W201-5	21.18	21.85	0.77	49	5	4.12
W201-13	21.75	25.54	0.55	88	5	4.25
W201-15	21.45	23.96	0.67	42	5	4.05

*各样品有机质的散射长度密度分别为（W201-5、W201-13=3.3；W201-15=3.7）

小角中子散射用户一般会直接获得经绝对强度校正的一维曲线，但是在具体计算中会出现“平坦背景”的现象（Yang et al.，2017），即在大 q 区的散射强度与散射矢量不服从幂律分布[图 5.4（a）]。这可能与非相干散射有关。

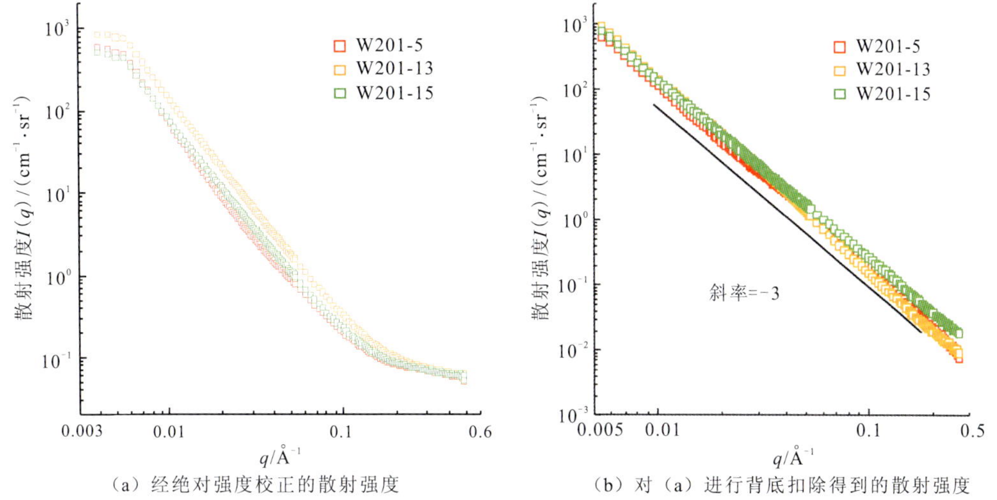

（a）经绝对强度校正的散射强度　　（b）对（a）进行背底扣除得到的散射强度

图 5.4　小角中子散射的散射强度曲线

散射强度可以表示为 $I(q)=A/q^4+B$，其中 B 是常数，主要是非相干散射背景（Hammouda，2019），可变形得

$$I(q)\cdot q^4 = A + B\cdot q^4 \tag{5.5}$$

因此做 $I(q)\cdot q^4$ 与 q^4 的散点图，所得到的斜率 B 即为非相干散射背景。将图 5.5 求取的相干散射背景值用于“平坦背景”的扣除得到图 5.4（b）。

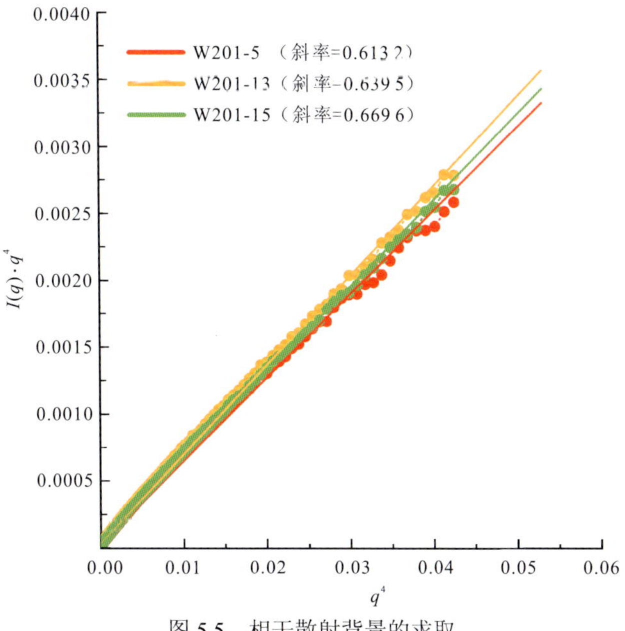

图 5.5　相干散射背景的求取

5.1.3 绝对强度校正

本小节主要介绍绝对强度校正流程，仅对小角 X 射线散射数据处理，不涉及小角中子散射的内容。本节关于原理部分的介绍详见第 2 章，具体方法为间接法，也称为标样法，即引入绝对散射强度已知的标准样品，并在相同光路设置下对其进行测试。标准样品必须具有较好的化学稳定性和抗辐照性，通常选择水、聚乙烯及玻璃碳等物质，并需要预先确定标准样品的微分散射截面。将待测样品的散射强度表达式与标准样品的散射强度表达式相比[式（2.21）和式（2.25）]，即可得到待测样品的微分散射截面。

小角 X 射线散射绝对强度校准中标样法使用的标样可分为两类（Zeng et al.，2017）。第一类是标样本身的绝对强度必须通过衰减法（直接法）进行校准获得，这种标样称为一级标样。另一种是二级标样或称为间接标样，该方法并没有使用衰减法标定其绝对强度，而是利用自身的性质对其微分散射截面（绝对强度）进行计算，或是借助一级标样对二级标样进行校准（Dreiss et al.，2006）。玻璃碳是一种强散射体，而且具有稳定的热性能，因此可以作为一种理想的标样。然而，作为一种高分子聚合物，玻璃碳只能作为一级标样使用，在作为标样使用前必须使用直接法对其进行绝对强度标定。校准的玻璃碳样被广泛地应用于世界各地的研究实验室和设施，以便进行深入的小角 X 射线散射分析（Zhang et al.，2009）。其他潜在的一级样品如低密度聚乙烯和 SiO_2 的单分散颗粒在制备方面存在一定的困难。单组分液体或气体的散射源于热密度涨落，散射强度显示出与角度无关的曲线，因此可通过理论计算获取绝对散射强度（Narayanan，2008；Roe，2000；Orthaber et al.，2000），使得一些特定的单组分液体成为理想的二级标样。虽然纯水具有很弱的散射，随温度变化而变化，但它易于获取且数据处理较为简单。

小角 X 射线散射标样法在原理和应用上也存在一些局限性。例如，水的特点是弱散射系统，它的散射截面和透射率都很小，获得可用数据的曝光时间需要较长，长期暴露会导致水的温度变化，影响散射截面（Dreiss et al.，2006）。玻璃碳的特点是强散射系统，性能稳定，但其散射截面未知，这意味着它只能在校准后作为标准样品使用，因此在实际应用中非常复杂（Perret and Ruland，1972）。硅悬液、金溶胶等标准样品虽然需要准确制备，但它们具有稳定性好、易溶解、分散性好、颗粒均匀等特点，它们结合了玻璃碳的高散射强度和水标准样品的散射截面已知的优点（Russell et al.，1988）。但是准确制备出单分散胶体悬浮液过程较为复杂，且难以保存，暂时无法代替去离子水与玻璃碳作为绝对散射强度校准的标准样品。

对于传统的 X 射线源来说，因为水散射测量相当耗时，所以很少有报道使用水作为标准样品对散射数据进行绝对强度校正。现在，随着高亮度同步辐射 X 射线源越来越多，纯水作为标样简单易得的优势也随之展现。纯水具有在极限 $q\to 0$ 的散射强度仅取决于等温可压缩性的物理性质（Fan et al.，2010；Weinberg，1963），即

$$\left(\frac{\partial \Sigma}{\partial \Omega}\right)_{H_2O}=\rho^2 k_B T_k \kappa_T \tag{5.6}$$

式中：ρ 为水的散射长度密度，其值为 $9.3\times10^{10}\ \text{cm}^{-2}$；$k_B$ 为波尔兹曼常数，其值为 1.38×10^{-23} J/K，即 1.38×10^{-21} N·cm/K；T_k 为热力学温度（K）；κ_T 为等温压缩系数，随温度和气压的变化，在 27℃和 1 个标准大气压下，其值为 $45.0\times10^{-10}\ \text{Pa}^{-1}$，即 $45.0\times10^{-6}\ \text{cm}^2/\text{N}$。在此条件下，可计算出水的理论微分散射截面为 0.016 3 cm^{-1}。

本章采用水标样进行小角 X 射线散射绝对强度标定，因为水的相对散射强度较弱，所以曝光时间也应适当的延长。为了使结果有较高的准确性，分别对水标样进行 200 s、600 s 的曝光以获取可用数据。图 5.6（a）为水标样的背底扣除过程，在测试中去离子水被置于厚 1 mm 的石英槽中。尽管石英的散射背底较低，但是长时间的辐照过程使得背底的散射噪声无法被忽视。由图 5.6（b）可见，在散射矢量较高的区域，经背底扣除的去离子水散射曲线不再随散射矢量变化。对该区域进行拟合，取拟合曲线在 Y 轴的截距，该值为散射强度 $I(q)$。

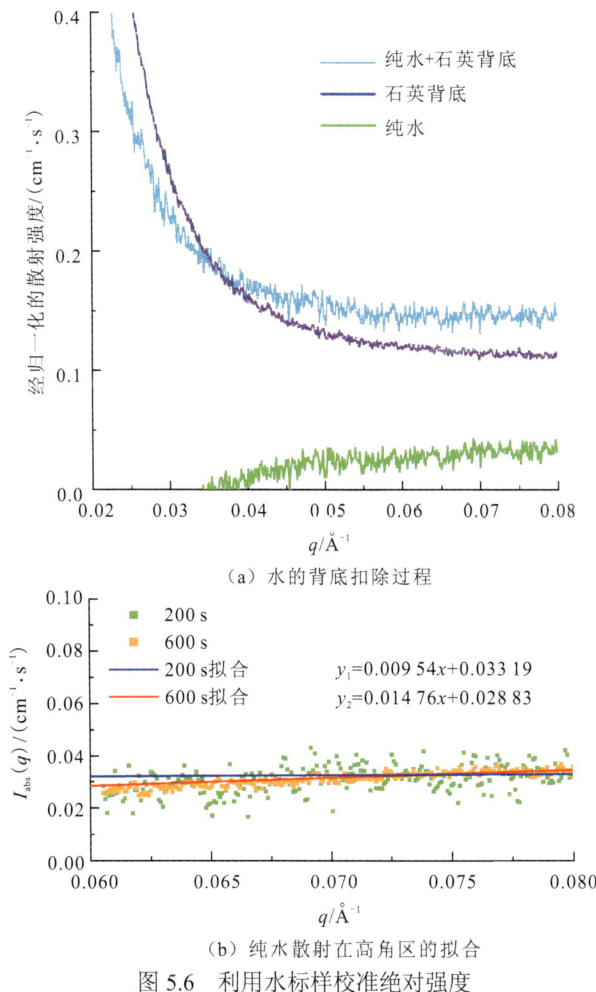

（a）水的背底扣除过程

（b）纯水散射在高角区的拟合

图 5.6　利用水标样校准绝对强度

取水标样 200 s 与 600 s 散射强度的算数平均值，根据式（2.27）计算校正系数 CF。随后将页岩经归一化及背底扣除的散射强度分别乘以校正系数 CF，即可得到页岩的绝对散射强度（图 5.7），此值可用于计算页岩结构信息。标样和样品的测试条件需严格相同，标样进行重复测试也是非常重要的，有助于减少系统误差。但总体而言标样法校准简单方便，无须求取入射光强，或者说入射光强的信息及光路的各种参数配置已经包含在了校正系数中。本例的小角 X 射线散射测试的有效散射矢量范围为 0.003～0.064 Å^{-1}，折算为孔径分布范围为 7～166 nm。

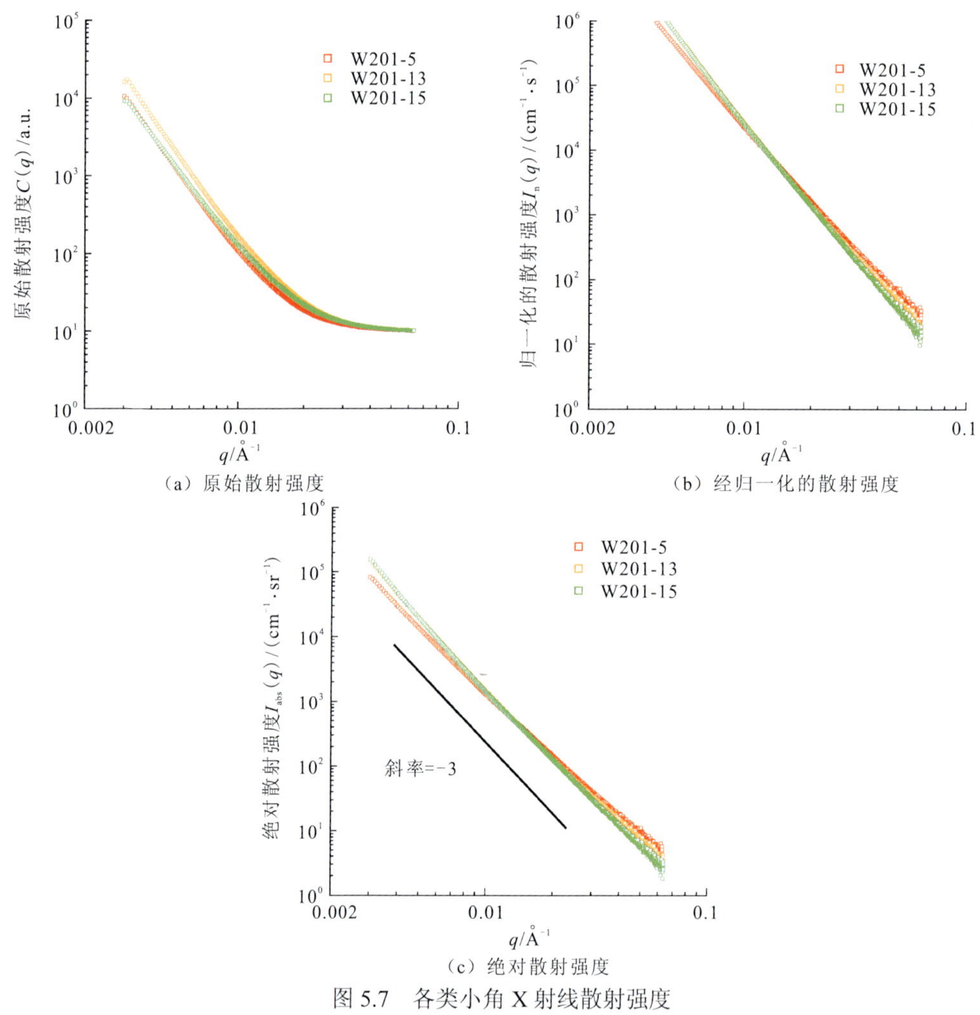

图 5.7　各类小角 X 射线散射强度

5.2　衬度及对比匹配小角散射法

5.2.1　散射长度密度的计算

当中子或 X 射线束产生之后，入射光束被准直并辐照到页岩样品上。由于孔隙空间和页岩固体基质的散射长度密度不同，入射光束将在页岩样品中发生弹性散射。页岩中各组分的 SLD 取决于其化学成分和密度，反映了该组分单位体积的散射功率。散射长度密度是一种测量物质散射能力的方法，它随着散射体的密度及散射体的固有散射能力的增加而增加。对于小角 X 射线散射而言，其散射来自电子，一个电子的散射长度等于汤姆孙电子半径。对于小角中子散射而言，原子核的散射长度取决于它的自旋状态（Yuri，2015）。

目前，在小角散射数据分析中，页岩被解释为两相随机系统（孔隙空间和页岩固体基质）（Anovitz and Cole，2015；Clarkson et al.，2013；Radliński，2006）。两相系统的衬度因子 $\Delta\rho=\rho_1-\rho_2$ 对于小角中子散射实验测量也是十分重要的，适当的衬度有利于获取样品材料的相关结构信息。在实验上通常希望样品材料有尽可能大的衬度因子 $\Delta\rho$，以便获得较强的散射信号。在这种两相近似中，孔隙空间中的空气的物理密度大约等于零，故其散射长度密度通常认为是零。在进行小角散射实验测量之前，需要计算样品的衬度因子 $\Delta\rho$，约等于页岩基质的散射长度密度。页岩基质是由多种矿物成分和有机质组成的非均一物质，在 SLD 计算上通常采用体积平均法。

对于小角中子散射而言，单一组分的 SLD 可以用式（5.7）计算：

$$\mathrm{SLD}_{\mathrm{SANS}}=\frac{N_{\mathrm{A}}\rho_{\mathrm{b}}}{M}\sum_{i}s_i b_i \tag{5.7}$$

式中：N_{A} 为阿伏伽德罗常数（$N_{\mathrm{A}}=6.022\times10^{23}$）；$\rho_{\mathrm{b}}$ 为体密度；M 为分子量；s_i 为原子核 i 在化合物中的丰度；b_i 为原子核 i 的相干散射振幅。页岩每种基本成分的中子散射 SLD 记录在表 5.4 中。

对于小角 X 射线散射而言，单一组分的 SLD 可以用式（5.8）计算：

$$\mathrm{SLD}_{\mathrm{SAXS}}=\frac{N_{\mathrm{A}}\rho_{\mathrm{b}}}{M}N_{\mathrm{e}}b_{\mathrm{e}} \tag{5.8}$$

其中：N_{e} 为分子中的电子数；b_{e} 为汤姆孙电子半径（$b_{\mathrm{e}}=2.818\times10^{-13}$）。页岩每种基本成分的 X 射线散射 SLD 记录在表 5.4 中。

页岩中各组分的中子和 X 射线 SLD 列于表 5.4。页岩中子和 X 射线 SLD 随成熟度增加而增加，是因为随着有机质密度的增加，有机质中的氢碳比则会降低（Sun et al.，2020，2019；Ruppert et al.，2013）。对于页岩样品的 SLD，普遍接受的方法是使用式（5.9）计算混合物中的平均中子和 X 射线 SLD。每块页岩样品的 SLD 通过所有成分（包括有机质）的体积平均估算而得，计算公式如下（Bahadur et al.，2015，2014）：

$$\mathrm{SLD}_{\mathrm{shale}}=\frac{\sum_{i}^{n}\mathrm{vol}\%(i)\mathrm{SLD}(i)}{100} \tag{5.9}$$

式中：i 为一种成分；n 为所有成分的总数。利用表 5.3 中的页岩基质中各组分所占的体积分数和表 5.4 中各组分的散射长度密度可以计算出页岩基质的散射长度密度。

图 5.4 给出了页岩样品通过小角中子散射测定的原始数据曲线[图 5.4（a）]，以及扣除散射背底后的曲线[图 5.4（b）]。通过小角中子散射计算页岩孔隙结构，通常假定页岩为两相多孔介质（即孔隙和组分）。页岩组分（包括无机组分和有机组分）的散射长度密度通过每种组分的 SLD 的体积平均数求得。页岩中每种矿物的 SLD 记录在表 5.4 中。页岩有机组分的 SLD 采用 Ruppert 等（2013）的有机质成熟度与有机质 SLD 关系求得，从而计算得到每个页岩样品的 SLD（表 5.5）。

5.2.2 对比匹配小角中子散射法

小角 X 射线散射的散射长度密度主要由电子密度分布决定，并与原子序数呈线性关系。而中子散射的散射长度密度与原子序数并非简单的线性关系，这是由于中子散射长度密度由原子核的自旋状态决定。由图 5.8 可见，部分轻元素也可表现出较高的中子散射长度密度，且中子具有很高的穿透力，因此中子特别适合于各种无机材料内部少量有机物质的无损成像。并且根据部分流体的中子散射长度密度较高的特点开发出了对比匹配小角中子散射技术来表征页岩的孔隙结构（图 5.8）。

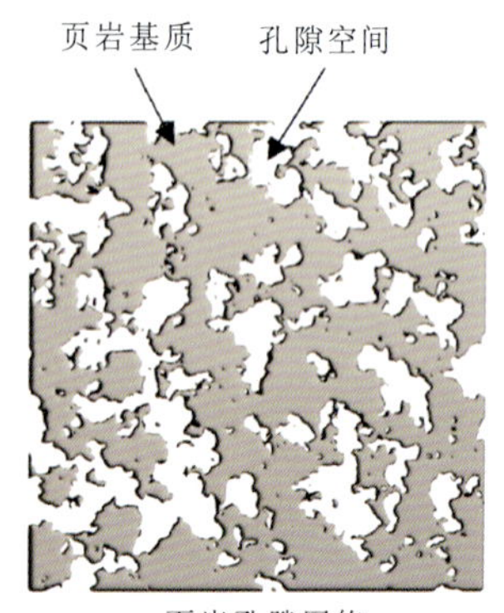

页岩孔隙网络

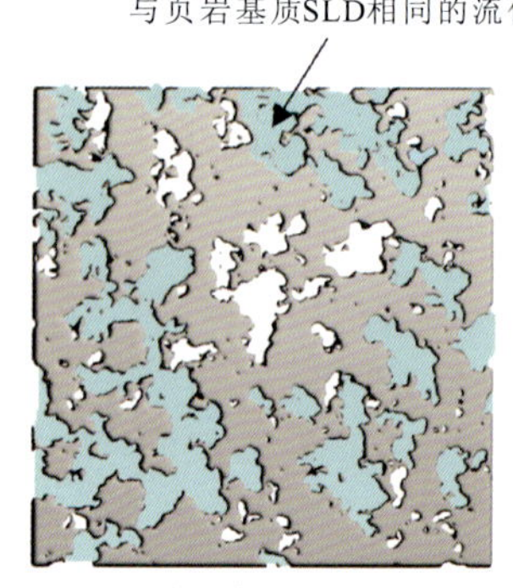

对比匹配流体占据连通孔隙空间

流体不可达孔隙

小角中子散射表征页岩流体不可达孔隙

图 5.8　对比匹配小角中子散射技术

同一元素的同位素也可以有不同的散射长度（图 5.9），但它们却有着几乎完全相同的物理化学性质。选择一种同位素来替代该元素的另一同位素并不会对材料的性能带来影响，但却能显著改变中子散射强度。因此，在小角中子散射实验中，通常采用同位素替代的方法来实现衬度变换。典型的例子为氢元素的两种同位素 H 和 D。D 的相干散射

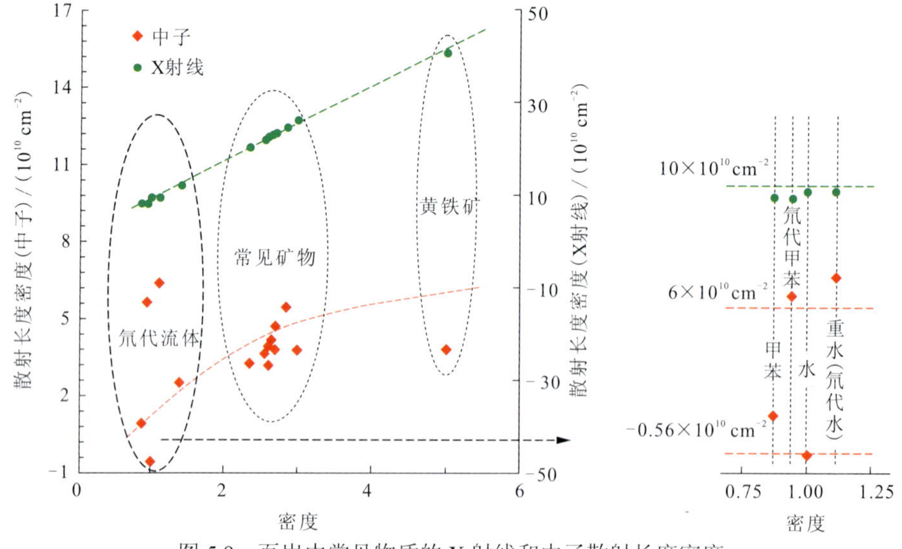

图 5.9　页岩中常见物质的 X 射线和中子散射长度密度

长度为正，其值同有机物质中其他元素的相近，而 H 的相干散射长度为负值，即对 H 来说，其散射中子相对于其他核子的散射而言有一个 180° 的相位移。所谓的“氘化技术”正是利用了氕和氘两种同位素的这种特性，散射衬度上的巨大差异已被用于高聚合物和结构生物分子学的研究中，现在正在逐步被应用于岩石孔隙结构研究。

常见的流体对比匹配技术，如根据重水具有较高散射长度密度而普通水具有负的散射长度密度的事实（图 5.9），通过调配两种流体的比例来获取与页岩基质散射长度密度相同的流体(图 5.10)。随后将该流体注入页岩样品中可以获取亲水孔隙网络所占的比例。也可将氘代甲苯与甲苯的混合流体注入页岩样品中获取亲油孔隙网络所占的比例。

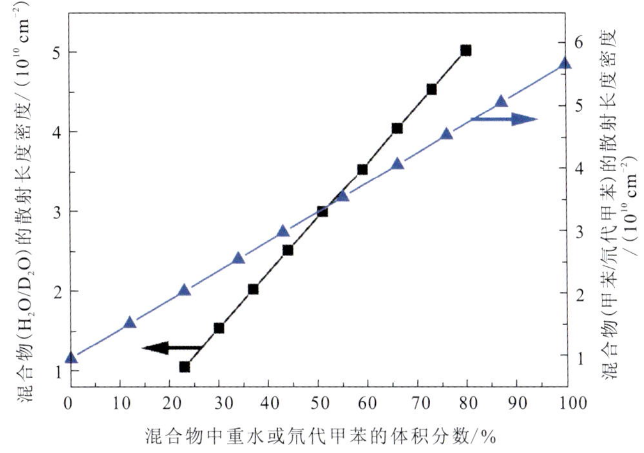

图 5.10　常见流体在不同配比下的中子散射长度密度（Bahadur et al.，2018）

通过在不同温压下将气体注入页岩样品中可用于研究页岩孔隙网络的吸附凝聚过程。另外，气体的密度会随着压力而变化，也可以利用高压将气体的中子散射长度密度调节到与页岩基质相同的水平（图 5.11），用于研究气体可自由流动的孔隙网络与封闭体系的关系。由图 5.11 可以判断出，若想提高气体的散射长度密度可行的方法分别为提高压力与降低温度。

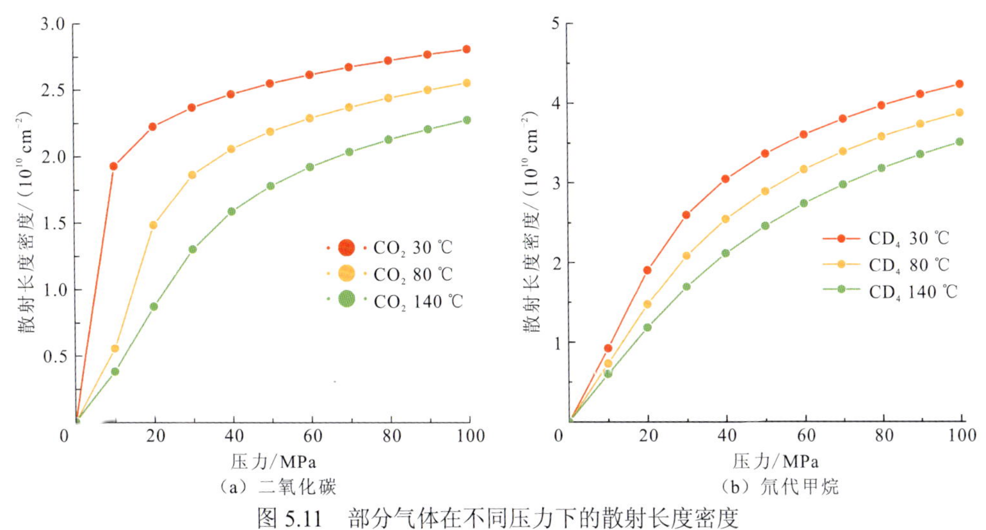

图 5.11　部分气体在不同压力下的散射长度密度

5.3 孔隙度与比表面积

致密页岩通常被看成是一个连续介质。基于多孔介质具有两相特征的假设，两相指具有固定电子密度的基质与形状、大小和空间分布随机的孔隙，页岩基质与孔隙之间的电子密度差异导致了X射线散射的发生。Debye等（1957）研究了具有相同电子密度的散射体在空间中无规分布的散射，孔隙结构参数确定如下：

$$I_{\mathrm{abs}}(q)=\frac{\mathrm{d}\Sigma}{\mathrm{d}\Omega}(q)=4\pi(\Delta\rho)^2\phi(1-\phi)\int_0^{\infty} r_{\mathrm{e}}^{\,2}\gamma(r_{\mathrm{e}})\frac{\sin(qr_{\mathrm{e}})}{qr_{\mathrm{e}}}\mathrm{d}r_{\mathrm{e}} \tag{5.10}$$

式中：$I_{\mathrm{abs}}(q)$为绝对散射强度，cm^{-1}；ϕ为样品气相所占的比例，即样品的孔隙度；r_{e}为散射微元之间距离；$\gamma(r)$为相关函数，代表了相距为r的两个散射元具有相同的电子密度（相当于是否为同一相）的概率，它可以表征两相的分布状态，决定着散射强度的分布（图5.12）；$\Delta\rho$为两相的散射长度密度之差，相当于孔隙与基质之间的散射长度密度之差，基质不同组分之间的散射长度密度之差可以忽略不计。

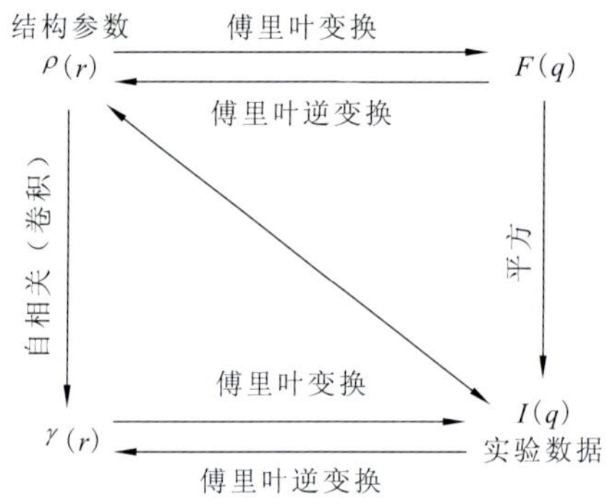

图5.12　实验数据的转换流程

对式（5.10）进行傅里叶变换得到复杂结构散射体的相关函数$\gamma(r)$：

$$\gamma(r)=\left[2\pi^2(\Delta\rho)^2\phi(1-\phi)\right]^{-1}\int_0^{\infty} q^2\frac{\mathrm{d}\Sigma}{\mathrm{d}\Omega}(q)\frac{\sin(qr)}{qr}\mathrm{d}q \tag{5.11}$$

在式（5.10）中，当$r\to 0$时经傅里叶变换可以得到Porod不变量Q_{p}：

$$Q_{\mathrm{p}}=\int_0^{\infty} q^2\frac{\mathrm{d}\Sigma}{\mathrm{d}\Omega}(q)\mathrm{d}q=2\pi^2(\Delta\rho)^2\phi(1-\phi) \tag{5.12}$$

在页岩的孔隙度测定中，如果绝对散射强度已知，则可通过对散射矢量与散射强度的积分计算出Porod不变量Q_{p}。对全立体角的散射强度进行积分称为不变量，它是整个样品的散射能力，与样品的几何形状无关，等于样品被辐照的体积乘以均方电子密度。若两相的散射长度密度之差$\Delta\rho$已知，便可以计算出测试样品的总孔隙度。Q_{p}的价值在于可以用来测定样品的体积分数和比表面积。

根据绝对散射强度曲线求取散射体的结构，虽然式（5.12）在数学上是可行的，但是实际实验所能达到的散射角度范围是有限的，扩展其散射矢量的范围存在一定的困难。

使用 Q_p 的困难在于实验数据范围不可能达到 $0 \leqslant Q_p \leqslant \infty$。实验上只能测到图 5.13 绿色范围内的散射强度。将超小角散射和广角散射（wide angle scattering，WAS）数据结合起来可能会覆盖这个范围。因此，通常需要将实验数据外推到低和高。蓝色与橙色的数据需要通过理论模型对其进行扩展外推得到。蓝色范围的散射强度可由 Guinier 定律的低角直线部分外推得到（Guinier et al.，1955），橙色范围的散射强度则由 Porod 定律外推得到（Porod，1953）。

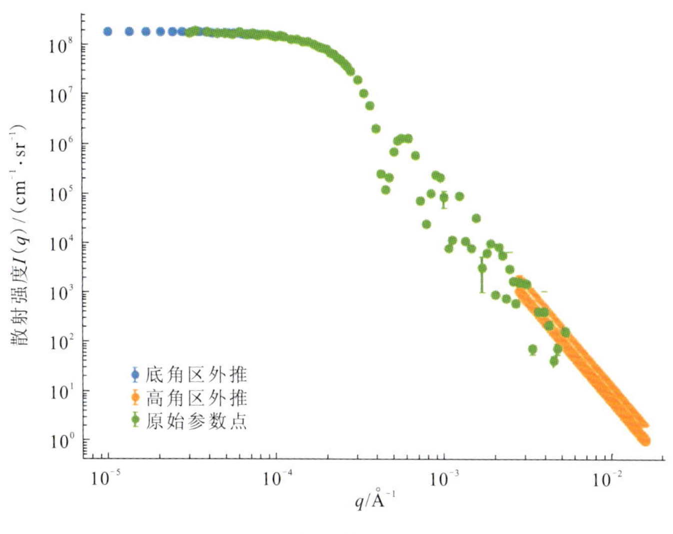

图 5.13　实验数据的外推

蓝色区域的拟合使用 Guinier 定律，对于稀疏的单分散体系，有式（5.13）成立：

$$I(q) = I(0)\exp(-R_g^2 q^2 / 3) \tag{5.13}$$

式中：$I(0)$散射体是在零度角处的散射强度；R_g 为随机取向的任意形状散射体的回转半径。当散射体系服从 Guinier 定律时，$\ln I(q)$-q^2 关系图在接近零度角处，对任何形状散射体的单散系都呈现直线关系，由直线斜率可求得 R_g。但是呈现直线关系的角度范围对不同形状散射体是不同的。对于球形散射体，$\ln I(q)$-q^2 关系图在相当大的角度范围都呈现直线。但散射体偏离球状越远，呈现直线的角度范围越小。随着角度的增大，$\ln I(q)$-q^2 关系图很快出现曲率。因此，如果所研究的系统是单散系，从 $\ln I(q)$-q^2 关系图可以初步看出散射体的形状偏离球形的程度。

红色区域的拟合使用 Porod 定律，对于理想两相体系，散射曲线尾端的走向应遵循如下规律：

$$\lim q^4 I(q) = K \tag{5.14}$$

即作 $q^4 I(q)$-q^2 关系图在大 q 区域曲线应趋于某一定值 K，此值称为 Porod 常数，在求比表面时要用到它。但在一些实际情况下，如体系两相之间存在弥散界面或任一相内存在微电子密度起伏时，常会看到对 Porod 定律的偏离，此时应做适当的修正及分析。

软件 SasView 集成了上述功能，它是一个用于小角散射数据分析的软件（图 5.14）。该软件涵盖了诸多功能，在页岩孔隙结构分析中，常用到的功能有：计算散射长度密度；

通过绝对散射强度的分析来获取孔隙结构参数等。

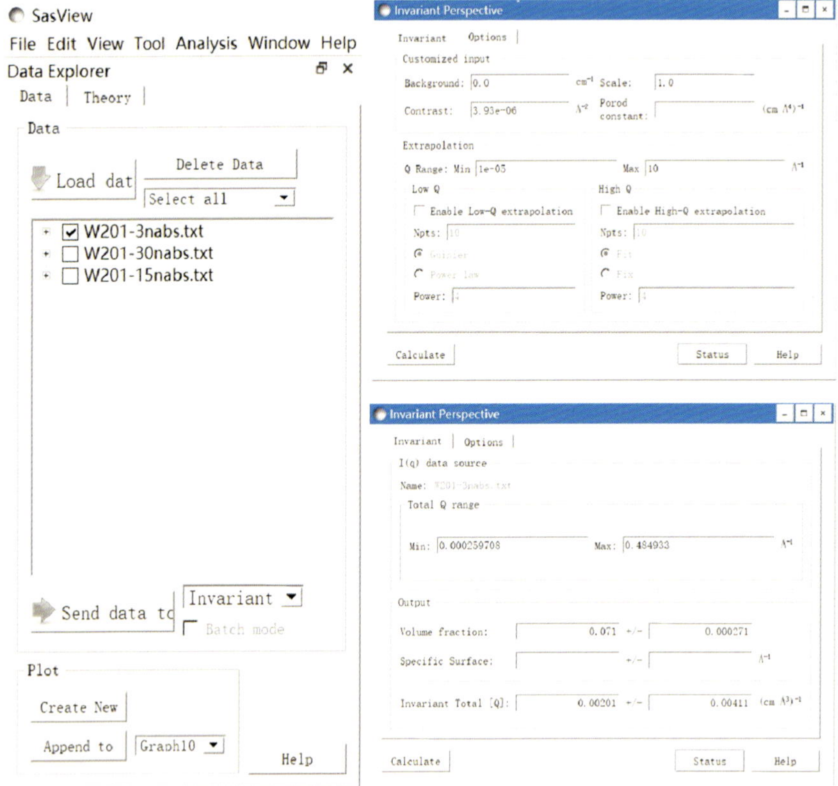

图 5.14　SasView 软件界面

其中的孔隙度求取方程如下：

$$\phi(1-\phi)=\frac{Q_{\mathrm{p}}}{2\pi^2(\Delta\rho)^2} \tag{5.15}$$

式（5.12）及其外推式（5.13）与式（5.14）理论上可以获取到 Porod 不变量的准确值，结合本书 5.2 节对衬度的求取方法的介绍，可以求取孔隙度。本书中所用样品的孔隙度列于表 5.6。

表 5.6　小角散射计算得到的页岩孔隙结构参数

样品号	小角中子散射（1～128 nm）						小角 X 射线散射（7～166 nm）					
	Porod 不变量	Porod 孔隙度 /%	PDSM 孔隙度 /%	孔密度/ (10^{17} /cm^3)	比表面积/ (m^2 /g)	分形维数	Porod 不变量	Porod 孔隙度 /%	PDSM 孔隙度 /%	孔密度/ (10^{17} /cm^3)	比表面积/ (m^2 /g)	分形维数
W201-5	0.002 01	2.32	2.70	19.16	10.03	2.65	0.014 4	2.07	2.22	3.07	6.36	2.585
W201-13	0.002 99	2.66	2.97	22.26	14.24	2.72	0.016 2	1.90	2.16	6.97	7.21	2.877
W201-15	0.001 87	2.14	2.54	21.27	11.93	2.66	0.011 8	1.37	1.61	3.10	5.92	2.785

红色区域的拟合所使用的 Porod 定律给出了 Porod 常数 K 的定义，可用于求取散射体的比表面积。SasView 所使用的计算模型如下：

$$S_v = \frac{2\pi\phi(1-\phi)K}{Q_p} \tag{5.16}$$

式中：S_v 为比表面积。但该方法不适用于页岩孔隙以多分散形式分布于孔隙基质的散射体，本书中对所使用样品的比表面积的计算是通过另一种更准确的求取方式，并结合孔径分布，将在下一节进行介绍。

5.4 孔径分布计算

多分散球形模型（polydisperse spheres model，PDSM）适用于分析沉积岩的孔隙结构特征，它可以确定比表面积、孔径分布函数和孔隙密度等重要结构参数。PDSM 分形微观结构，可以看成是岩石孔隙界面微观结构的一般表征。孔隙空间分布可以被假定为是服从某种分布的大小不一的球状空间展布于页岩基质中。单位体积的多分散球状粒子（孔隙空间）所产生的散射强度为（Guinier et al.，1955）

$$I_{abs}(q) = \frac{d\Sigma}{d\Omega}(q) = \Delta\rho^2 \frac{\phi}{\overline{V}_r}\int_{R_{max}}^{R_{max}} V_r^2 f(r) F_{sph}(qr)dr \tag{5.17}$$

式中：

$$F_{sph}(qr) = \left[3\frac{\sin(qr) - qr\cos(qr)}{(qr)^3}\right]^2 \tag{5.18}$$

$\overline{V}_r$ 为半径为 r 的孔隙空间的平均孔隙体积；R_{max} 和 R_{min} 分别为孔隙半径的最大值与最小值；V_r 为体积；F_{sph} 为半径为 r 的球状孔的形状因子；$f(r)$为孔径分布的函数，可以表示为

$$f(r) = r^{-(1+f_D)} / [(r_{min}^{-f_D} - r_{max}^{f_D}) / f_D] \tag{5.19}$$

式中：f_D 为分形维数，因此 $f(r)$与分形维数相关。分形分布是拟合孔径分布的一种函数形式，适用于 PDSM，对上述公式求解即可得到孔径分布。

多孔介质的比表面积 $S(r_m)/V$ 是影响页岩储层气体解-吸附能力、孔隙结构演化的重要因素。样品的比表面积是大于探针分子半径 r_m 的孔隙空间的表面面积的总和除以样本体积：

$$\frac{S(r_m)}{V} = n_v \int_r^{R_{max}} A_r f(r')dr \tag{5.20}$$

式中：$A_r = 4\pi r^2$；$S(r)$为大于 r 的总孔隙表面积；n_v 为单位体积的平均孔隙数目：

$$n_v = \varphi / \overline{V}_r = I(q \to 0) / (\Delta\rho^2 \overline{V}_r^2) \tag{5.21}$$

基于 IGOR Pro 的 IRENA 插件（图 5.15）可采用 PDSM 对散射强度信息进行分析，从而获得散射体的孔隙结构参数。页岩样品的小角中子散射曲线通过非负最小二乘法对页岩样品的小角中子散射曲线进行拟合，然后使用 PDSM 求得页岩样品的孔隙度、孔隙数量密度（单位体积内孔隙的数量）、比表面积以及孔径分布（图 5.16、图 5.17）。本书通过 IGOR Pro 软件中的 IRENA 插件计算得到的样品孔隙结构信息记录在表 5.6 中。

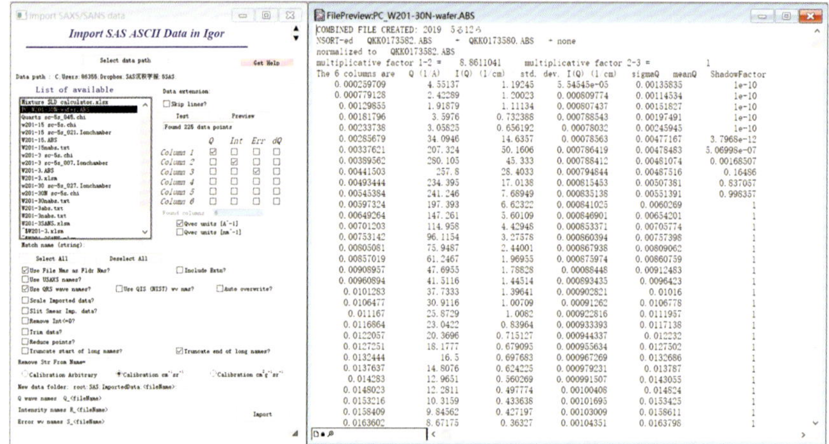

（a）数据导入模块

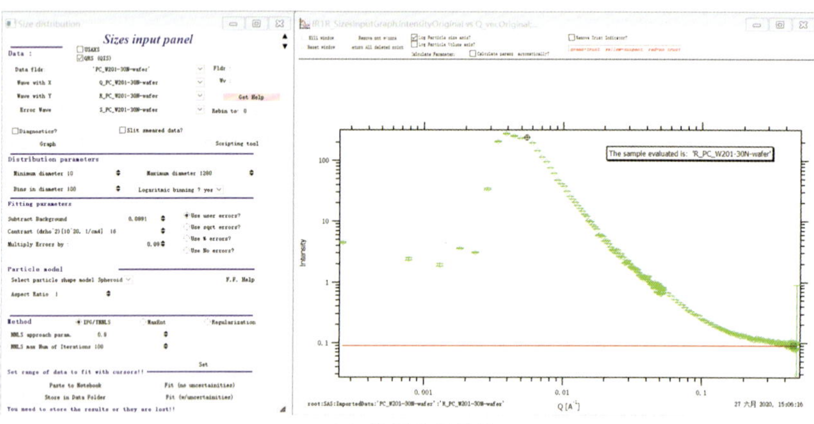

（b）数据分析模块

图 5.15　基于 IGOR Pro 的 IRENA 插件界面

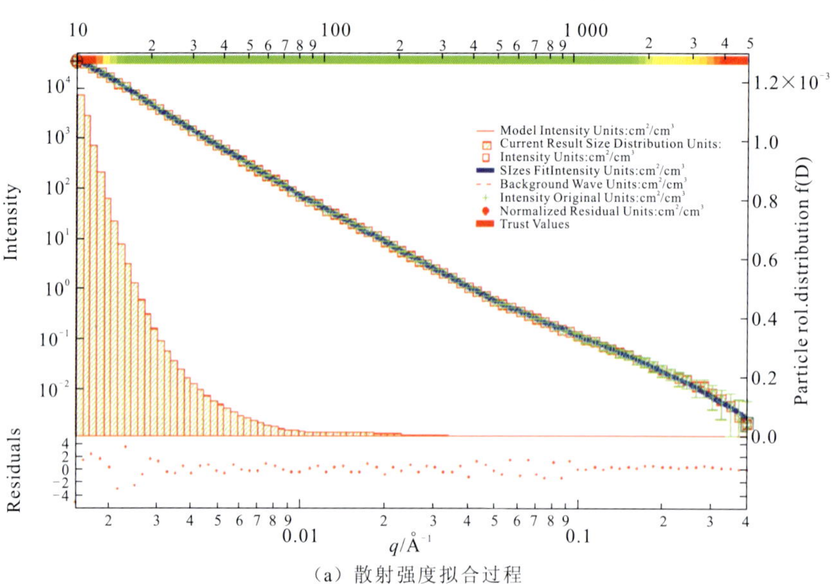

（a）散射强度拟合过程

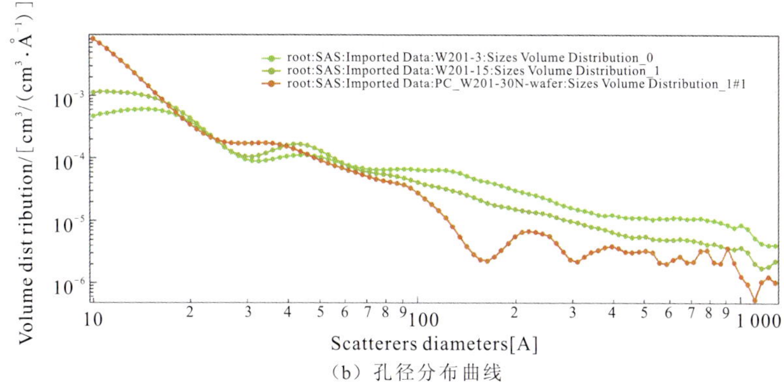

（b）孔径分布曲线

图 5.16　经 IRENA 插件分析获取的孔径分布曲线

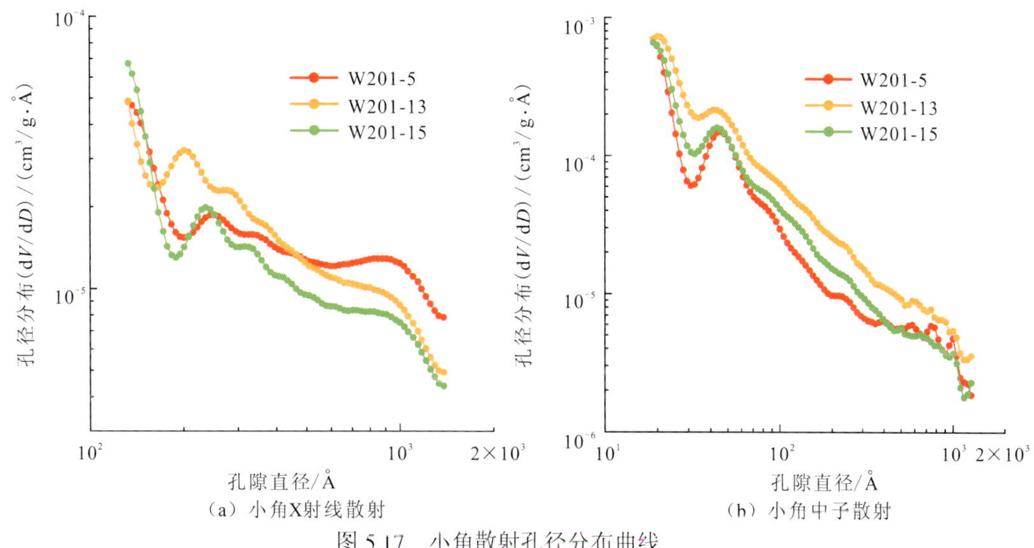

（a）小角X射线散射　　（b）小角中子散射

图 5.17　小角散射孔径分布曲线

5.5　分形维数计算

一个系统的自相似性是指某种结构或过程的特征从不同的空间尺度或时间尺度来看都是相似的，或者某系统或结构的局域性质或局域结构与整体类似、局部与局部类似、整体与整体类似。标度不变性即是说没有特征长度（如长、宽、高等），在分形上任选一局部区域，对它进行放大，这时得到的放大图又会显示出原图的形态特性。因此对于分形，不论将其放大或缩小，它的形态、复杂程度、不规则性等各种特性均不会发生变化，所以标度不变性又称为伸缩对称性。分形是一个几何概念，其不规则程度用分形维数来定量描述，分形维数一般是分数。这就产生了几何与物理量之间的标度关系。与分形几何不同，欧氏几何则有特征长度，其维数是零及正整数。

图 5.4（b）描绘了减去背景值后的幂律函数在双对数坐标下具有线性特征（即从每

个散射剖面的原始散射强度中减去背景值)。强度指数可以通过幂律拟合计算得出，然后确定该图的分形维数。需要注意的是，分形可以定义为详细的、递归的、无限自相似的数学集合。从几何分形考虑，一个几何空间整体形状可以被分为若干个部分，每个部分都是整体的缩小版本。对于一个有限的几何图形，以圆为例，如果半径增加一倍，那么面积就会增加四倍。然而，对于分形集，如果一维长度加倍，那么分形集将按幂来缩放，而这个幂并不是一个整数。这个幂称为分形维数，它比分形的拓扑维数大。分形理论已被应用于分析多孔介质的特性。

页岩作为一种多孔介质，其孔隙结构对页岩气的赋存、渗流、扩散和解析有着重要作用。气体吸附法、压汞法及核磁共振分析法在表征页岩孔隙尺寸分布和孔隙度大小上发挥了重要作用，然而由于页岩孔隙结构非均质性不符合传统的欧氏几何定律，所以上述方法并不能直接用来表征孔隙结构非均质性。为此 Mandelbrot（1983）提出了分形几何理论，用来表征不符合欧氏几何定律且具有一定自相似性的特殊结构，随后该理论在地学领域被广泛推广和应用。Pfeifer 和 Aunir（1983）采用吸附法研究了储层的分形特征；Katz 和 Thompson（1985）利用 SME 图像研究了砂岩孔隙的分形特征，并认为砂岩、页岩和碳酸盐岩在一定孔隙尺度内均具有分形的特征；国内外学者采用氮气吸附法和压汞方法对页岩气的分形特征进行了研究。随着页岩气的兴起，大量学者纷纷通过图像法、气体吸附法、高压压汞法和核磁共振方法对典型页岩进行了分形讨论。

分形通常可分为表面分形（面分形）、质量分形（体分形）和孔分形（李志宏，2002），如图 5.18 所示，不论物体表现出是质量分形或是表面分形，它们都是发生在实际的三维空间里，而人们在观察时却只能看到一个平面，所以直接观察并不能有效地反映三维空间的无规行为。但是，用 X 射线或中子进行小角散射则可以反映出立体的信息，能用来研究空间中的分形行为，相比于流体注入法与图像分析法具有巨大的优势。小角散射得到的是散射强度和散射矢量的关系。页岩是一种典型的多孔介质，其孔径分布可视为球形孔隙在页岩基质中的无规多分散分布，在一定程度上会表现出分形的特征。分形物体的小角散射强度在分形区可用幂律表示：$I(q)=q^{-\beta}$，其中 β 为介于 0～4 的值（李恒德，1990)。若 $\ln I(q)$ - $\ln q$ 曲线在线性区域的斜率为 S_L，则表明存在分形现象，其中 $\beta=-S_L$，进而可通过 β 的大小判断分形为表面分形还是质量分形（表 5.7)。

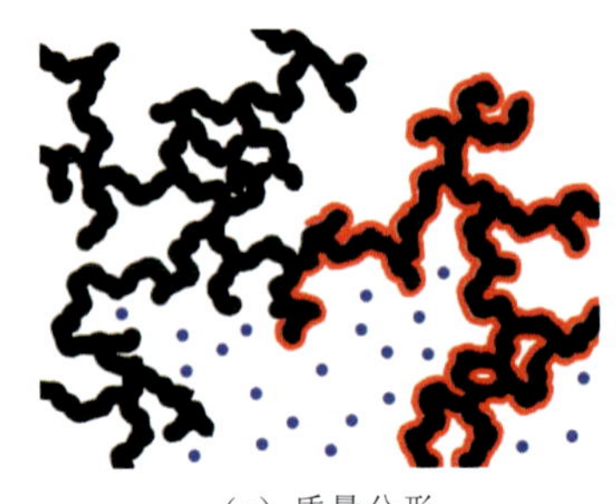
（a）质量分形

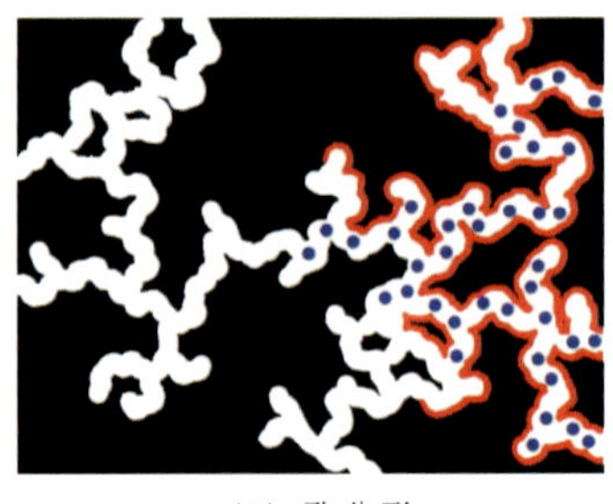
（b）孔分形

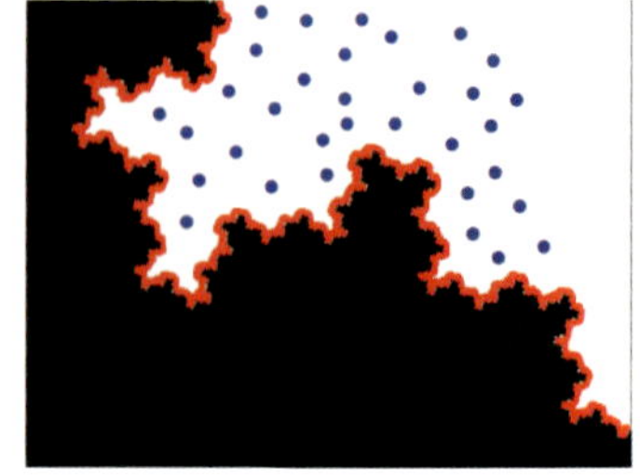
（c）表面分形

图 5.18　各类分形状态示意图

表 5.7　散射矢量与散射强度的幂律关系所反映的分形现象

β（$=-S_L$）	分形维数（D）	分形行为
$0 \leqslant \beta < 3$	β	质量分形/孔分形
$3 \leqslant \beta < 4$	$6-\beta$	表面分形

从微观数据和小角散射幂律曲线得到的自相关函数表明，沉积岩在微观尺度上是分形的。早期的争论集中在岩石是质量分形（类似于一些胶体系统）还是表面分形，从概念上讲，岩石中可能同时存在表面分形和质量分形结构。Schaefer 等（1987）对分形的小角散射进行了很好的讨论。

质量分形是指体系质量 M 分布不规则，满足如下关系：

$$M = Ar^{D_m} \tag{5.22}$$

式中：A 为常数；D_m 为质量分形维数，它表征了质量分形体的紧密程度及质量或密度分布的不均匀性，$0 \leqslant D_m \leqslant 3$，$D_m$ 越大，质量或密度分布越不均匀，$D_m=3$ 代表均一的空间质量分布（即实体），$D_m \leqslant 3$ 则代表疏松的（如纤丝状的）质量分布[图 5.18（a）]。

对于质量（体积）分形而言，大多数构造块都暴露在表面。质量分形的体积和质量与 D_m 成正比。例如，河流支流系统或固体裂缝网络的自相似行为表现出质量分形的特征。在后一种情况下，物质和孔隙的相对位置相反，有时使用“孔隙分形”一词。由于岩石是物理对象，与岩石微观结构相关的分形只能存在于近原子尺度（可以合理地预期，构造块具有线性尺寸）的上限，称为相关长度。对于表面分形，相关长度通常约为晶粒大小；对于质量分形，相关长度通常约为最大孔径。对于这两种类型的分形物体，已经得出了特定形式的散射定律。对于质量分形，线性标度的自相关函数的良好近似值比构造块的长度长得多（Freltoft et al.，1986）。

孔分形是指致密物体内存在具有自相似结构的孔隙。孔体积满足以下标度关系：

$$V = C_p r^{D_p} \tag{5.23}$$

式中：C_p 为常数；D_p 为孔分形维数，它表征了孔隙分布的不均匀性，$0 \leqslant D_p \leqslant 3$，$D_p$ 越大，孔隙分布越不均匀，$D_p=3$ 代表均一的空间孔分布（即无实体的空间），$D_p \leqslant 3$ 则代表疏松的孔隙分布[图 5.1（b）]。

表面分形是指致密物体具有不规则的自相似的表面，其表面积服从以下标度规律：

$$S = N_0 r^{2-D_s} \tag{5.24}$$

式中：r 为探针长度；N_0 为常数，其值等于当 $D_s=2$ 时的表面面积；D_s 为表面分形维数，它表征了表面的不规则程度或粗糙程度，$2 \leqslant D_s \leqslant 3$，$D_s$ 越大，表面越粗糙，$D_s=2$ 代表平滑的欧氏表面，$D_s=3$ 代表表面非常复杂以至于填满了空间成为一个实体。式（5.24）表明 S 不是常数，而是随着 r 和 N_0 变化。

表面分形是指具有粗糙表面的物体的粗糙度在一定的尺寸范围内具有尺度不变性。对于表面分形，大多数单独的构造块仍然是大块的。其中表面分形维数 D_s 在 $2 \leqslant D_s < 3$ 的范围内，r 是线性刻度（测量棒的长度）。表面分形的一个很好的例子是行星地球，它的粗糙表面形态的 D_s 在 2～2.5 变化，这取决于地理位置和长度尺度。

图 5.4（b）、图 5.7（c）所绘制的 $I(q)-q$ 双对数曲线在线性区域的斜率呈良好的线性关系，表明本章所使用的页岩样品的孔隙结构存在分形行为。各样品的小角 X 射线散射与小角中子散射的分形行为在大部分范围内均表现为质量分形，其分形维数列于表 5.6。

这些分形模型已经成功地用以表征不规则体系如多孔固体和凝聚体的结构。特别地，这些模型可用以解释不规则系统的小角 X 射线散射。小角散射技术在随着散射矢量（散射角）的增加所能检测到的样品尺度会随之减小，样品在不同尺度内会表现出不同的分形行为（图 5.19）。以聚合物薄膜为例，在微米尺度可能表现出表面分形的现象；随着观测尺度的减小，高分子链将会展现出来，在纳米级则会表现出质量分形。同样的现象在页岩中也有所体现，随着探测尺度的变化，其分形行为也不尽相同。

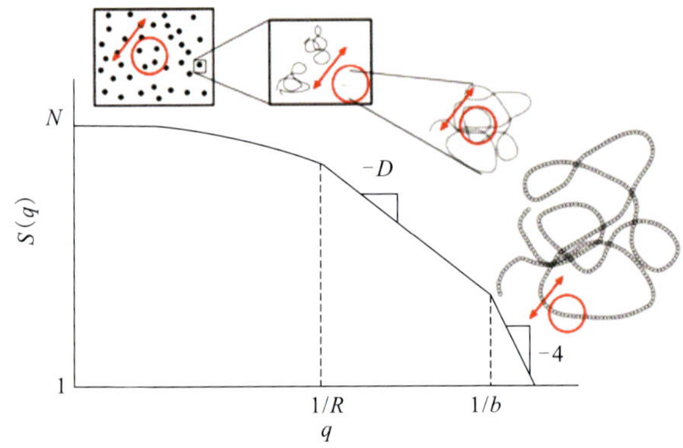

图 5.19　小角散射曲线在不同区域内的分形行为

参 考 文 献

李恒德, 1990. 分形概念及材料研究中的若干分形现象[J]. 材料科学进展 (2): 121-131.

朱育平, 2008. 小角 X 射线散射: 理论、测试、计算及应用[M]. 北京: 化学工业出版社: 1.

李志宏, 2002. SAXS 方法及其在胶体和介孔材料研究中的应用[D]. 太原: 中国科学院山西煤炭化学研究所.

ANOVITZ L M, COLE D R, 2015. Characterization and analysis of porosity and pore structures[J]. Reviews in mineralogy and geochemistry, 80(1): 61-164.

BAHADUR J, MELNICHENKO Y B, MASTALERZ M, et al., 2014. Hierarchical pore morphology of cretaceous shale: A small-angle neutron scattering and ultrasmall-angle neutron scattering study[J]. Energy & fuels, 28(10): 6336-6344.

BAHADUR J, RADLINSKI A P, MELNICHENKO Y B, et al., 2015. Small-angle and ultrasmall-angle neutron scattering (SANS/USANS) study of New Albany shale: A treatise on microporosity[J]. Energy & fuels, 29(2): 567-576.

BAHADUR J, RUPPERT L F, PIPICH V, et al., 2018. Porosity of the Marcellus shale: A contrast matching small-angle neutron scattering study[J]. International journal of coal geology, 188: 156-164.

CLARKSON C R, SOLANO N, BUSTIN R M, et al., 2013. Pore structure characterization of North American shale gas reservoirs using USANS/SANS, gas adsorption, and mercury intrusion[J]. Fuel, 103: 606-616.

DEBYE P, ANDERSON H R, BRUMBERGER H, 1957. Scattering by an inhomogeneous solid. II. The correlation function and its application[J]. Journal of applied physics, 28(6): 679-683.

DREISS C A, JACK K S, PARKER A P, 2006. On the absolute calibration of bench-top small-angle X-ray scattering instruments: A comparison of different standard methods[J]. Journal of applied crystallography, 39(1): 32-38.

FAN L, DEGEN M, BENDLE S, et al., 2010. The absolute calibration of a small-angle scattering instrument with a laboratory X-ray source[J]. Journal of physics: conference series, 247: 1-11.

FRELTOFT T, KJEMS J, SINHA S, 1986. Power-law correlations and finite-size effects in silica particle aggregates studied by small-angle neutron scattering[J]. Physical review B, 33(1): 269.

GUINIER A, FOURNET G, YUDOWITCH K L, 1955. Small-angle scattering of X-rays[M]. New York: John Wiley & Sons, Inc: 1.

HAMMERSLEY A, 2016. FIT2D: A multi-purpose data reduction, analysis and visualization program[J]. Journal of applied crystallography, 49(2): 646-652.

HAMMOUDA B, 2019. Probing nanoscale structures–the sans toolbox[M]. Gaithersburg: National institute of standards & technology: 1.

ILAVSKY J, JEMIAN P R, 2009. Irena: Tool suite for modeling and analysis of small-angle scattering[J]. Journal of applied crystallography, 42(2): 347-353.

KATZ A J, THOMPSON A, 1985. Fractal sandstone pores: Implications for conductivity and pore formation[J]. Physical review letters, 54(12): 1325.

MANDELBROT B B, 1983. The fractal geometry of nature[M]. New York: WH Freeman: 1.

NARAYANAN T, 2008. Synchrotron small-angle x-ray scattering in soft matter characterization[M]. Berlin: Springer: 1.

ORTHABER D, BERGMANN A, GLATTER O, 2000. SAXS experiments on absolute scale with Kratky systems using water as a secondary standard[J]. Journal of applied crystallography, 33(2): 218-225.

PERRET R, RULAND W, 1972. Glassy carbon as standard for the normalization of small-angle scattering intensities[J]. Journal of applied crystallography, 5(2): 116-119.

PFEIFER P, AVNIR D, 1983. Chemistry in noninteger dimensions between two and three. I. Fractal theory of heterogeneous surfaces[J]. The journal of chemical physics, 79(7): 3558-3565.

POROD G, 1953. X-Ray and light scattering by chain molecules in solution[J]. Journal of polymer science, 10(2): 157-166.

RADLIŃSKI A P, 2006.Small-angle neutron scattering and the microstructure of rocks[J]. Reviews in mineralogy and geochemistry, 63(1): 363-397.

ROE R, 2000. Methods of X-ray and neutron scattering in polymer science[M]. Oxford: Oxford University

Press: 1.

RUSSELL T P, LIN J S, SPOONER S, et al., 1988. Intercalibration of small-angle X-ray and neutron scattering data[J]. Journal of applied crystallography, 21(6): 629-638.

RUPPERT L F, SAKUROVS R, BLACH T P, et al., 2013. A USANS/SANS study of the accessibility of pores in the Barnett shale to methane and water[J]. Energy & fuels, 27(2): 772-779.

SCHAEFER D, BUNKER B, WILCOXON J, 1987. Are leached porous glasses fractal?[J]. Physical review letters, 58(3): 284.

SUN M, ZHANG L, HU Q, et al., 2019. Pore connectivity and water accessibility in Upper Permian transitional shales, southern China[J]. Marine and petroleum geology, 107: 407-422.

SUN M, ZHANG L, HU Q, et al., 2020. Multiscale connectivity characterization of marine shales in southern China by fluid intrusion, small-angle neutron scattering (SANS), and FIB-SEM[J]. Marine and petroleum geology, 112: 104101: 1-17.

WEINBERG D, 1963. Absolute intensity measurements in small-angle X-ray scattering[J]. Review of scientific instruments, 34(6): 691-696.

XIE F, LI Z, LI Z, et al., 2018. Absolute intensity calibration and application at BSRF SAXS station[J]. Nuclear instruments and methods in physics research section A: Accelerators, spectrometers, detectors and associated equipment, 900: 64-68.

YANG R, HE S, HU Q, et al., 2017. Applying SANS technique to characterize nano-scale pore structure of Longmaxi shale, Sichuan Basin (China)[J]. Fuel, 197: 91-99.

YURI B M, 2015. Small-angle scattering from confined and interfacial fluids: Applications to energy storage and environmental science[M]. Switzerland: Springer: 1.

ZENG J, BIAN F, WANG J, et al., 2017. Performance on absolute scattering intensity calibration and protein molecular weight determination at BL16B1, a dedicated SAXS beamline at SSRF[J]. Journal of synchrotron radiation, 24(2): 509-520.

ZHANG F, ILAVSKY J, LONG G, et al., 2009. Glassy carbon as an absolute intensity calibration standard for small-angle scattering[J]. Metallurgical and materials transactions A, 41(5): 1151-1158.

第 6 章 小角散射对页岩孔隙结构的表征

相比常规油气储层，页岩储层通常具有低孔隙度、超低渗透率、孔隙类型多样、孔径分布范围广等特征。无论从页岩储层的评价方面还是页岩油气的开发方面，页岩的孔隙结构都控制着油气的储集能力、流体的运移能力及压裂液在页岩中的滞留情况。基于实验方法和原理，小角散射技术在表征页岩孔隙结构方面具有如下优势：①在样品无损的情况下测定页岩的总孔隙度（包括开孔、盲孔和闭孔）；②可以测定不同规格的页岩样品，包括薄片或颗粒（如岩屑），小角散射数据体现了页岩样品的整体性信息；③结合超小角散射技术对页岩孔隙尺寸的表征范围为 0.5 nm～20 μm，并可以模拟储层条件下的情况。本章总结了散射技术在页岩储层表征中常用的表征参数。近年来，通过小角散射实验对页岩样品的测定结果记录在表 6.1 中。

表 6.1 文献中报道小角散射测定的不同地层的页岩样品的孔隙表征参数

地层和组	位置	样品	R_o 或 R_{equ}/%	测量方法	孔隙度/%	孔径分布范围	散射强度幂指数	互补方法	参考
泥盆系/New Albany	美国伊利诺伊盆地	MM1	0.55	小角中子散射/超小角中子散射	16.1	1.2 nm～10 μm	3.2	气体吸附	Mastalerz 等（2012）
		MM3	0.62		24.2		3.2		
白垩系/Milk River	加拿大艾伯塔省	Mont2	0.7	小角中子散射/超小角中子散射	7.88	5 nm～5μm	3.2	气体吸附；高压压汞	Clarkson 等（2013）
泥盆系/Duvernay	加拿大西部盆地	Duvernay	1.4		6.99		3.1		
白垩系/Eagle Ford	美国西湾盆地	Eagle Ford	1.65		6.83		3.2		
泥盆系/Muskwa	加拿大霍恩河流域	Muskwa 1	1.6		5.63		3		
		Muskwa 2			3.95		3.1		
泥盆系/Woodford	美国马尔法盆地	Woodford 1	1.4		7.68		2.9		
密西西比系/Barnett	美国沃思盆地	Barnett	1.45		5.48		3.3		
侏罗系/Haynesville	美国 TX-LA-MS 盐盆地	Haynesville	2		6.18		3.3		
泥盆系/Marcellus	美国阿巴拉契亚盆地	Marcellus	1.2		3.55		3.3		
白垩系/Second White Specks	加拿大艾伯塔省	3 个样品	0.78～0.85	小角中子散射/超小角中子散射	3.7～4.8	0.4 nm～4 μm	3.1	氦气比重法	Bahadur 等（2015，2014）
泥盆系/New Albany	美国伊利诺伊盆地	5 个样品	0.35～1.4	小角中子散射/超小角中子散射	0.47～2.64	2.5 nm～4 μm	3.2～3.4	氦比重瓶测定法；气体吸附；高压压汞	
志留系	波兰波罗的海盆地	99 个样品	—	超小角X射线散射	3.9～11.0	5 nm～2 μm	2.5～4	加压水饱和	Lee 等（2014）
白垩系/Mowry	加拿大粉河盆地	2 个样品	0.8	小角中子散射/超小角中子散射	5.3～6.6	1 nm～10 μm	3.2	氦比重瓶测定法；高压压汞	King 等（2015）
泥盆系/Otter Park	加拿大霍恩河流域	3 个样品	2.2		2.2～11.1		—		

续表

地层和组	位置	样品	R_o 或 R_{equ}/%	测量方法	孔隙度/%	孔径分布范围	散射强度幂指数	互补方法	参考
下志留统/龙马溪组	中国贵州	9 个样品	2.01～2.67	小角中子散射	2.8～9.2	2.5～500 nm	2.8～3.0	氦比重瓶测定法；气体吸附	Sun 等（2018，2017）
下寒武统/牛蹄塘组	中国重庆	4 个样品	3.08～3.37		0.88～4.57		2.6～3.2	氦比重瓶测定法；气体吸附；高压压汞	
下志留统/龙马溪组	中国四川盆地	4 个样品	2.20～3.35	小角中子散射	0.64×3.26	5～500 nm	2.8～3.0	高压压汞	Yang 等(2017)
白垩系/Niobrara	美国科罗拉多州	Niobrara	0.79	小角中子散射	10.66	2～600 nm	3.5	气体吸附；高压压汞	Zhao 等(2017)
二叠系/Wolfcamp	美国米德兰盆地	Wolfcamp	0.94		4.89		3.2		
泥盆系/Mississipian Bakken	美国北达科他州	Bakken	0.67		4.17		3.1		
奥陶系/Utica	美国俄亥俄州	Utica	1.05		4.23		3.1		
上始新统/潜江组	中国江汉盆地	3 个样品	0.22～0.58	小角中子散射/超小角中子散射	8.55～14.49	1 nm～10 μm	3.3～3.5	高压压汞	Zhang 等(2019a，2019b)
泥盆系/Mississipian Bakken	美国北达科他州	6 个样品	0.6～0.9		3.51×12.8	1 nm～20 μm	3～4		
下志留统/龙马溪组	中国四川盆地	#1	3.01	小角 X 射线散射	2.13	1.65～69.7 nm	—	核磁共振	Zhao 等(2019)
下白垩统/乃家河组	中国贵州	#2	0.6		2.85		—		
下寒武统/牛蹄塘组		#3	1.8		2.07		—		
泥盆系/Mississipian Bakken	美国北达科他州	6 个样品	0.6～0.9	小角中子散射	0.57～0.99	1～200 nm	3～3.2	气体吸附；高压压汞	Liu 等（2019）
上奥陶统-下志留统/五峰组—龙马溪组		TY1-19	2.45	小角中子散射	10.69	1～500 nm	—	气体吸附；扫描电镜	Sun 等（2020a）
	中国贵州	TY1-20	2.61		9.15				
下寒武统/牛蹄塘组		RY2-7	3.11		6.46		—		
		RY1-1	3.43		4.36				

6.1 孔 隙 度

孔隙度是页岩储层储集能力评价的重要参数之一。在页岩中孔隙度测定方法主要包括氦气比重法（氦气膨胀法）、水浸孔隙度测定法、高压压汞法、小角散射法等（Davudov et al.，2018；Sun et al.，2016；Anovitz and Cole，2015；Kuila et al.，2014）。在高压压汞法中，目前可以测定的孔喉下限约 3 nm（Sigal，2013）。同时，氦气比重法和水浸孔隙度测定法可以获得的氦气和水进入孔隙空间的孔隙度，但并不能代表页岩总的孔隙度。然而小角散射方法测定的孔隙度包括开孔孔隙度、盲孔孔隙度（流体可以进入的孔隙度）和闭孔孔隙度（流体不可进入的孔隙度）（Sun et al.，2016；Kuila et al.，2014）。小角散射方法测定的孔隙度不受流体可进入性的限制，可代表页岩的总孔隙度（Anovitz and Cole，2015）。因此页岩的闭孔信息可以通过对比匹配小角散射方法和流体注入法的表征结果来获得。

Mastalerz 等（2012）通过超小角/小角中子散射实验和气体（氮气和二氧化碳）吸附实验对低成熟页岩样品（镜质组反射率 0.55%～0.62%）及相似成熟度的煤岩样品进行孔隙结构表征。基于以上实验结果的对比分析，页岩的闭孔率（闭孔孔隙度/总孔隙度）要高于煤岩的闭孔率。

Clarkson 等（2013）做了相似的研究，通过超小角/小角中子散射（图 6.1）、气体吸附、高压压汞实验对北美 7 个页岩区带的样品进行了孔隙结构表征，研究表明超小角/小角中子散射和气体吸附得到的孔隙体积分布在 10～100 nm 的重合区域具有很强的一致性。但是对比超小角/小角中子散射和高压压汞获得的孔隙度和孔隙体积分布均具有一定差异。因为高压压汞孔隙度只能代表汞可进入的孔隙空间，同时在 413 MPa 的压力下汞理论上不能进入 3 nm 以下的孔喉连通的孔隙网络（Moghadam et al.，2020；

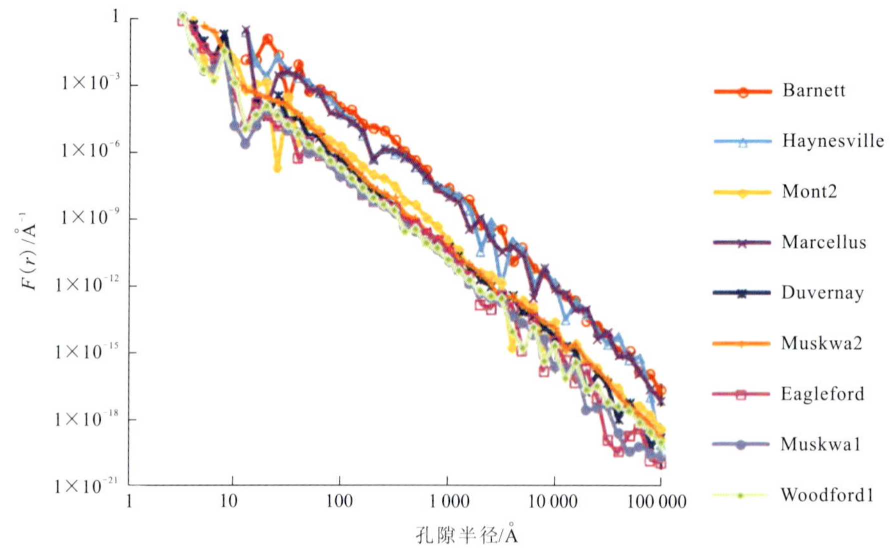

图 6.1　中子散射测定页岩孔径分布

Dong et al.，2019，2017）。虽然本次研究未给出样品的氦气孔隙度结果，但是研究者推测通过氦气比重法测定这些页岩的孔隙度也会小于超小角/小角中子散射测定的孔隙度，因为氦气孔隙度也只能测得氦气可以进入的孔隙空间。

Bahadur 等（2015，2014）随后对比了加拿大艾伯塔地区白垩系页岩样品的氦气比重法测得的孔隙度和小角中子散射测定的孔隙度，并且发现小角中子散射测定的孔隙度要高于氦气孔隙度，从而表明页岩中闭孔的存在。在本次研究中，白垩系页岩样品的闭孔率在 20%～37%，并且随深度的增加而增大。另外，页岩样品的闭孔孔隙度随黏土矿物质量分数和 TOC 质量分数的升高呈上升的趋势。同时，对 New Albany 页岩不同成熟度样品（从未成熟到高成熟）的小角中子散射结果显示孔隙度的演化与页岩成熟度密切相关。

Gu 等（2015）通过小角和超小角中子散射、气体吸附和 FIB-SEM 对 Marcellus 页岩的孔隙度和孔径分布进行了表征。对 Marcellus 页岩不同层理方向的中子散射结果显示，平行于层理方向的散射图样是各向同性的，垂直于层理方向的散射图样是各向异性的（图 6.2）。通过 FIB-SEM 的观察，各向异性的中子散射图样是由于拉长了黏土矿物相关的孔隙，从而平行于层理方向的样品测定的中子散射孔隙度要小于垂直于层理方向的样品测定的中子散射孔隙度。结果显示页岩切片取样方向会影响小角中子散射中真实孔隙度的测量。

Sun 等（2018，2017）将以上研究方法应用到表征中国南方海相页岩储层（下志留统龙马溪组页岩和下寒武统牛蹄塘组页岩）的孔隙结构中。对比龙马溪组页岩样品小角中子散射、气体吸附法和氦气比重法测得的孔隙度，如图 6.3 所示。龙马溪组页岩样品的闭孔率在 6.69%～42.6%，不同样品之间存在很大差异。同时，牛蹄塘组页岩样品的闭孔率在 1%～34%，且主要与有机质相关。研究发现，具有高闭孔率的页岩样品通常具有低基质渗透率并伴随高几何挠曲度，说明页岩储层中高闭孔率发育的区带很可能会降低气体流动速率。Yang 等（2017）通过对比小角中子散射和高压压汞测得的龙马溪组页岩的闭孔率在 12.9%～69.9%，并随深度的增加而增大，在龙马溪组底部达到最大值，这与龙马溪组底部大量有机质的分布密切相关。

Zhang 等（2019a，2019b）通过超小角/小角中子散射与高压压汞法对中国潜江组盐间陆相页岩油储层和美国 Bakken 海相页岩油储层的孔隙结构进行了分析。潜江组页岩的主要岩相类型为富硅钙质页岩、钙质页岩、硅质页岩和盐岩。潜江组页岩的成熟度从未成熟到低成熟，孔隙网络的连通性强且孤立孔隙空间很少。在 Bakken 页岩层系中，钙质砂泥岩的高压压汞孔隙度要高于富有机质页岩的高压压汞孔隙度，但是两者的超小角/小角中子散射测定的孔隙度则相反。因此说明页岩层系中闭孔的分布也受到页岩岩相的控制。在 Bakken 组中段的钙质砂泥岩具有更高的高压压汞孔隙度，但是 Bakken 组上段和 Bakken 组下段的富有机质页岩具有更高的总孔隙度（表 6.2）。这也证实了由于 Bakken 组中段有利的孔隙结构使其成为页岩油开采的优先开发层段。

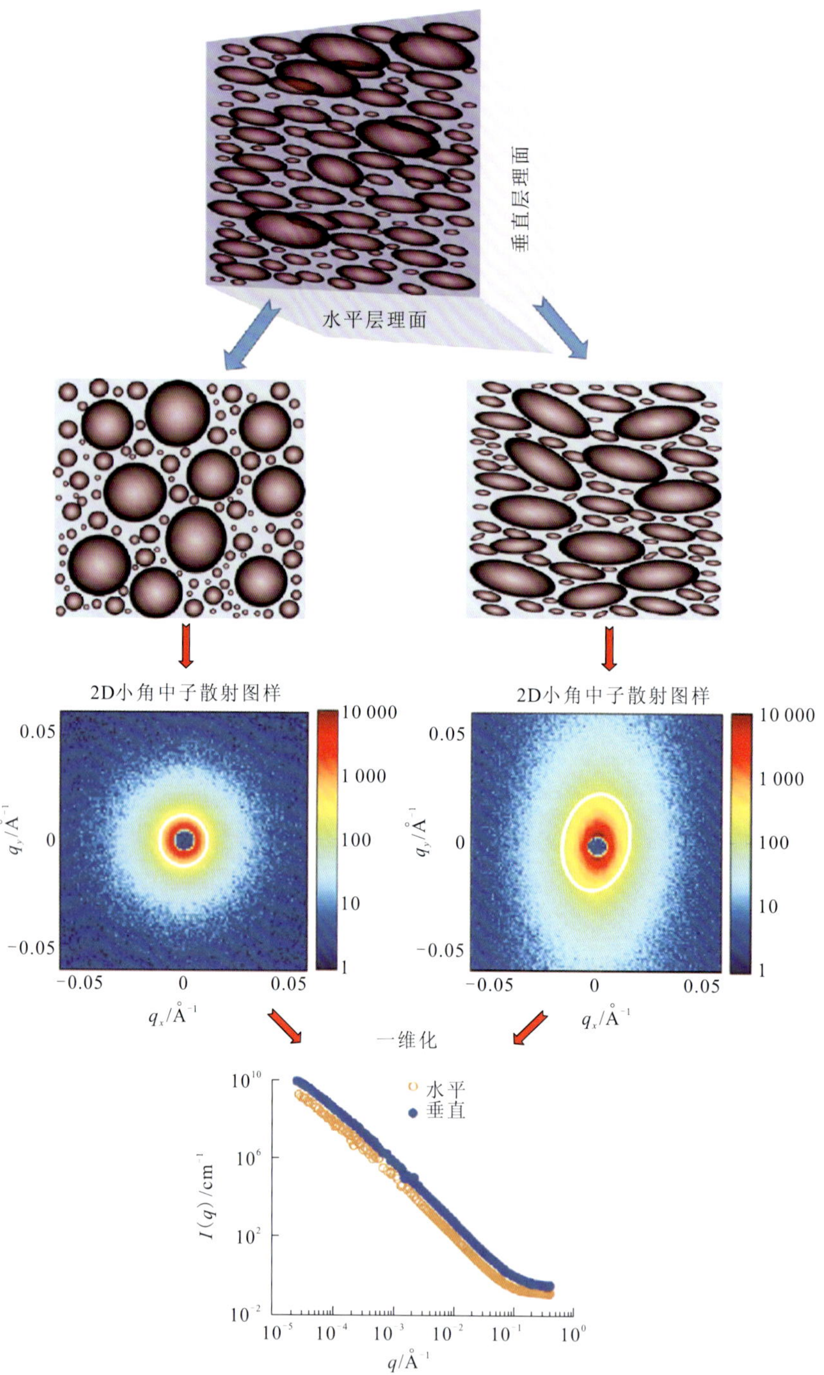

图 6.2　Marcellus 页岩不同层理方向的小角中子散射结果（Gu et al.，2015）

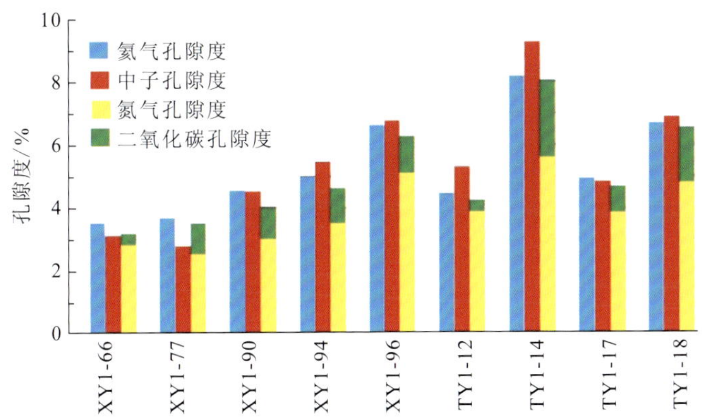

图 6.3 龙马溪组页岩样品小角中子散射法、气体吸附法和氦气比重法测得的孔隙度对比

表 6.2 超小角/小角中子散射与高压压汞法测得的孔隙度对比（Zhang et al.，2019a）

样品	高压压汞法	小角中子散射（PDSM）	小角中子散射（Porod）	小角中子散射+超小角中子散射（PDSM）	小角中子散射+超小角中子散射（Porod）
Anderson-U	2.29	6.18±0.65	5.42±0.60	11.69±1.22	13.10±1.60
Anderson-M	3.71	3.46±0.02	3.05±0.02	8.83±0.04	9.82±0.05
Anderson-L	2.91	7.53±1.21	6.94±1.20	12.80±2.05	14.75±2.85
Kubas-U	1.62	4.66±0.34	3.31±0.25	6.13±0.45	5.19±0.40
Kubas-M	2.76	3.26±0.02	2.91±0.01	6.07±0.03	5.88±0.03
Kubas-M/L	0.98	2.13±0.02	1.77±0.02	3.51±0.04	3.23±0.04

注：PDSM 为多分散球体模型；Porod 为 Porod 理论

6.2 孔 径 分 布

在页岩储层中，页岩气主要以游离态储集在孔隙和裂缝中或以吸附态赋存在矿物和有机质的内部或表面（Chalmers et al.，2012）。同时，页岩油在页岩储层中可分为可动油和不可动油，主要是由于孔喉大小的限制（Wang et al.，2019；Han et al.，2017）。例如，根据页岩油的组分，烃类分子倾向圈闭在孔喉直径小于一个临界阈值的孔隙体系内，临界阈值如 10 nm 或 20nm（Li et al.，2019b；Zou et al.，2015）。页岩含有大量的纳米尺度孔隙，在这个尺度下流体与孔壁之间的相互作用不能被忽视（Liu and Zhang，2019），因此孔径分布是评价页岩储层中油气赋存状态、吸附解吸、运移方式和可动性的重要参数。高压压汞和气体吸附联测被普遍应用到页岩全尺度孔喉/孔径分布表征（Li et al.，2019a；Mastalerz et al.，2013）。另外，核磁共振法 T_2 横向弛豫谱图也被用来表征页岩样品的孔径分布（Wang et al.，2018；Zhang et al.，2018）。

Radliński 等（1996）首次应用小角散射技术来研究页岩样品。Radliński 等（2000）

基于分形原理和页岩热解实验提出页岩孔隙半径（r）与散射矢量（q）的关系为 $r=2.5/q$。在页岩热解实验中散射强度的降低是油气初次运移过程中沥青填充页岩孔隙空间的响应。Radliński 等（2004）进一步通过小角中子散射和小角 X 射线散射数据测定煤岩在 1 nm～20 μm 孔径范围内的孔径分布情况，计算的过程中假定煤岩中的孔隙呈几何球体形态。随后，Clarkson 等（2012）通过超小角/小角散射技术应用 PDSM 表征了三叠系 Montney 致密砂岩储层中致密砂岩的孔径分布，以及其对渗透率的控制。自此以后，小角散射技术应用于表征页岩油气储层的孔径分布（表 6.1）。

King 等（2015）通过小角中子散射、高压压汞和氦离子显微镜来研究不同成熟度和不同 TOC 质量分数的含气页岩的孔径分布（图 6.4）。结果显示含气页岩的孔径分布分为两部分：其中孔径较宽的一部分符合幂律分布；另一部分由孔径小于 3 nm 的小孔构成。孔隙直径的幂律分布与矿物间的粒间孔和粒内孔的分布有关。孔径不符合幂律分布的小孔是由于有机质的成岩演化产生。页岩中的孔隙可以通过散射模型模拟[图 6.4（c）]，也可以通过氦离子显微镜[图 6.4（d）]观察到，小于 3 nm 孔隙的体积约占总孔体积的三分之一。通过对比小角中子散射和高压压汞的结果，页岩中的孔径与孔喉比在全孔径范围内近似于一个定值。

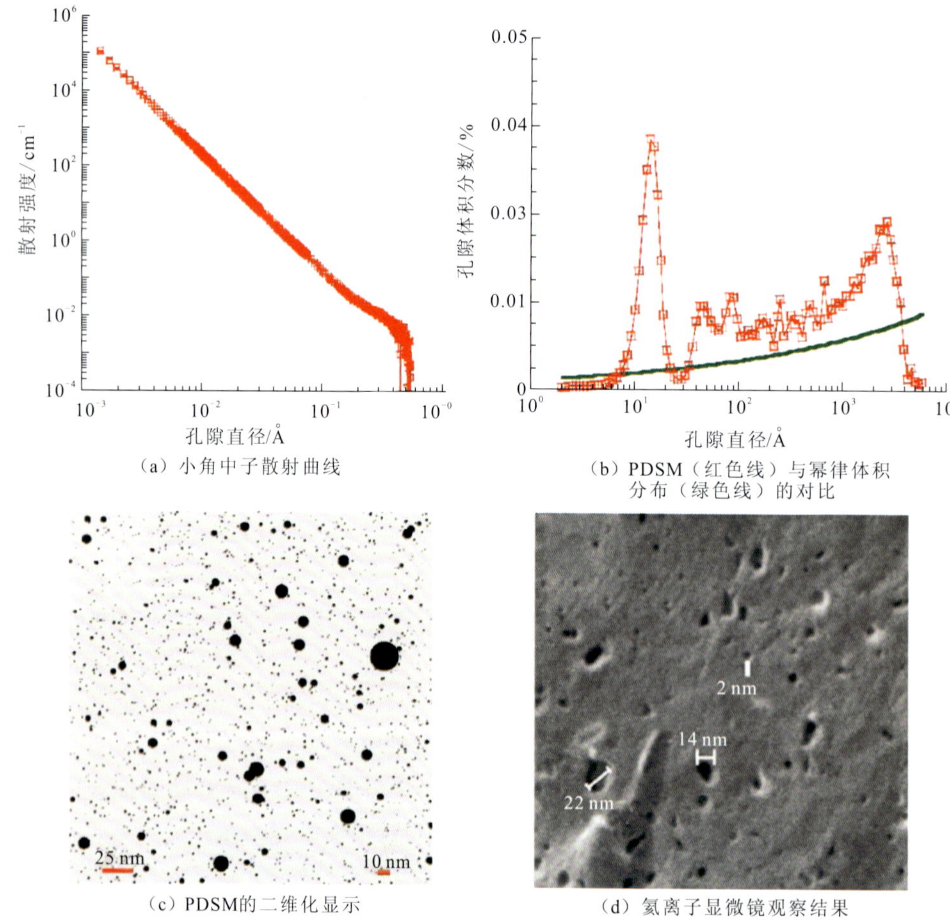

（a）小角中子散射曲线

（b）PDSM（红色线）与幂律体积分布（绿色线）的对比

（c）PDSM的二维化显示

（d）氦离子显微镜观察结果

图 6.4　小角中子散射和氦离子显微镜含气页岩的孔径分布（King et al.，2015）

Sun 等（2018，2016）通过小角中子散射、高压压汞和气体吸附法测定了牛蹄塘组页岩的孔径分布。10 号页岩样品的小角中子散射孔隙度与氦气孔隙度的差别最大，具有最高的闭孔率。10 号页岩样品的不同方法的孔径分布对比如图 6.5 所示。通过小角中子散射和氮气吸附计算的孔径分布的差异显示，在牛蹄塘组中闭孔的孔径主要集中在 5～50 nm。结合场发射扫描电镜的观察和对牛蹄塘组页岩中主要黏土矿物伊利石中孔径分布的分析，牛蹄塘组页岩中的闭孔在伊利石中很少发现，而主要与有机质有关。

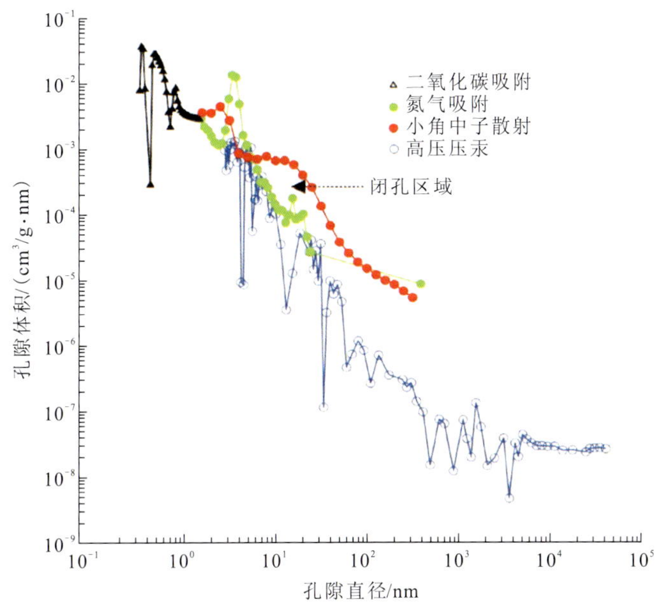

图 6.5　小角中子散射、高压压汞和气体吸附法测得的孔径分布（Sun et al.，2018）

Zhao 等（2017）通过小角中子散射、氮气吸附和高压压汞法对美国 4 个典型页岩油储层的样品进行了孔径分布表征。在页岩样品中氮气不可进入的孔隙孔径主要集中在 10 nm 以下，并且与有机质内发育的孔隙和与黏土矿物相关的孔隙有关。Liu 等（2019）通过以上方法对不同成熟度的 Bakken 页岩的孔径分布进行了表征，在 Bakken 页岩中有机质内的孔隙相对孤立，黏土矿物中并未存在大量孔隙。另外，小角中子散射测定的孔径分布要比氮气测定的孔径分布具有更强的非均质性。

Sun 等（2020a）在之前工作的基础上对过成熟海相页岩的孔径分布做了更系统的研究。对比不同成熟度海相页岩的小角中子散射和氮气吸附结果，闭孔的孔径大小分布随成熟度的升高而减低（图 6.6）。通过 FIB-SEM 对页岩孔隙网络的提取，显示有机质内部的孔隙连通性好，但是与外部无机孔隙和微裂缝的连通通道少。因此，进一步提高页岩油气采收率的关键问题是如何提高页岩整体的孔隙连通性，使得油气可以从有机质的孔隙网络中运移到连通的无机孔隙和自然裂缝或人工裂缝中。

除了小角中子散射技术，小角 X 射线散射与其他技术结合也被应用于表征页岩储层的孔径分布。Zhao 等（2019）通过同步辐射小角 X 射线散射与冷冻核磁共振联合表征

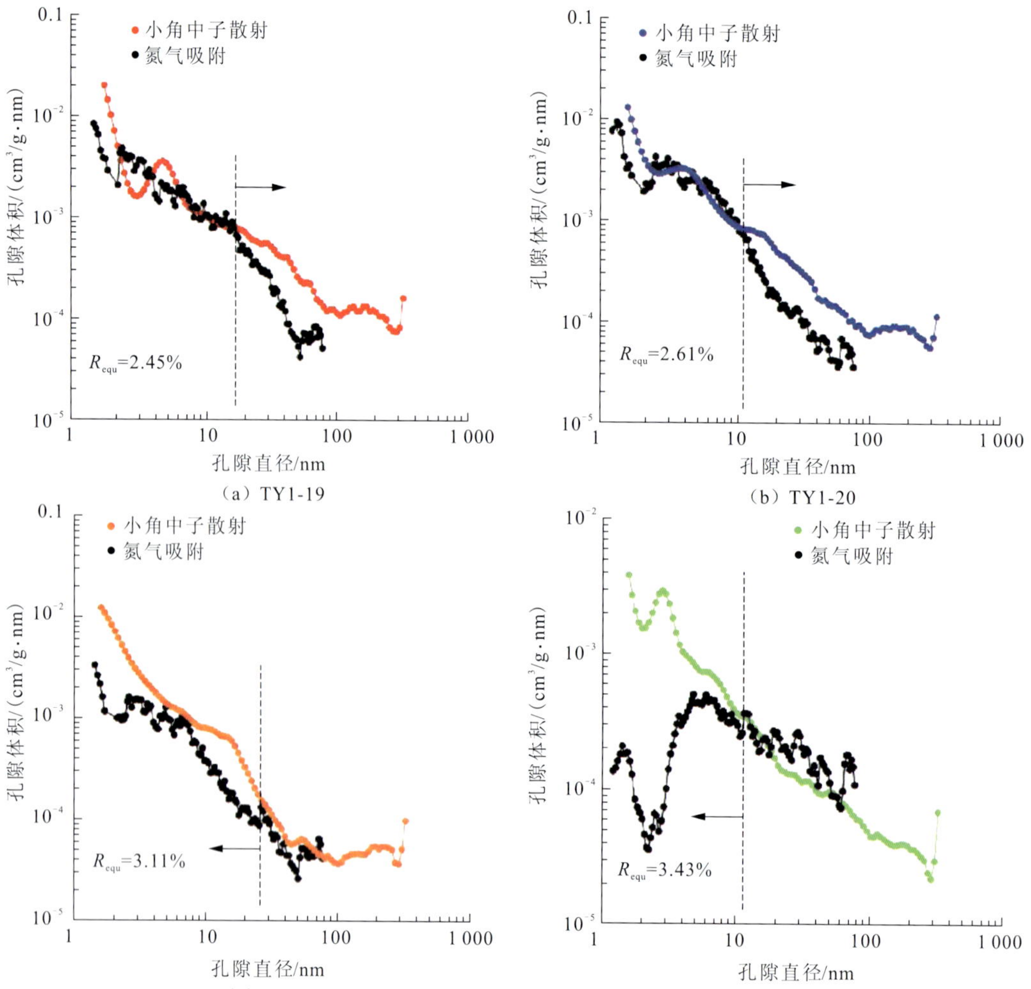

(a) TY1-19　(b) TY1-20

(c) RY2-7　(d) RY1-1

图 6.6　不同样品的小角中子散射和氮气吸附测得的孔径分布（Sun et al.，2020a）

了含气页岩样品的孔径分布（图 6.7）。两种技术在页岩部分孔径分布段具有很好的一致性。但是在小角 X 射线散射数据处理的过程中不同的拟合模型会有各自的局限性。

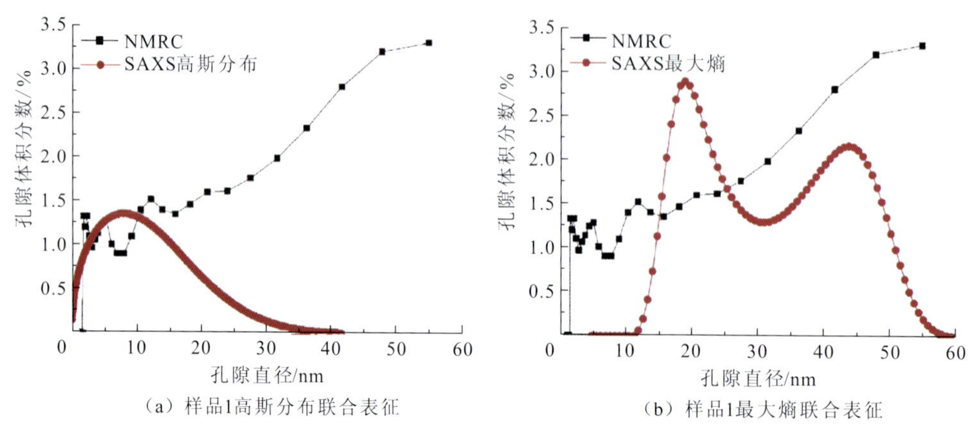

(a) 样品1高斯分布联合表征　(b) 样品1最大熵联合表征

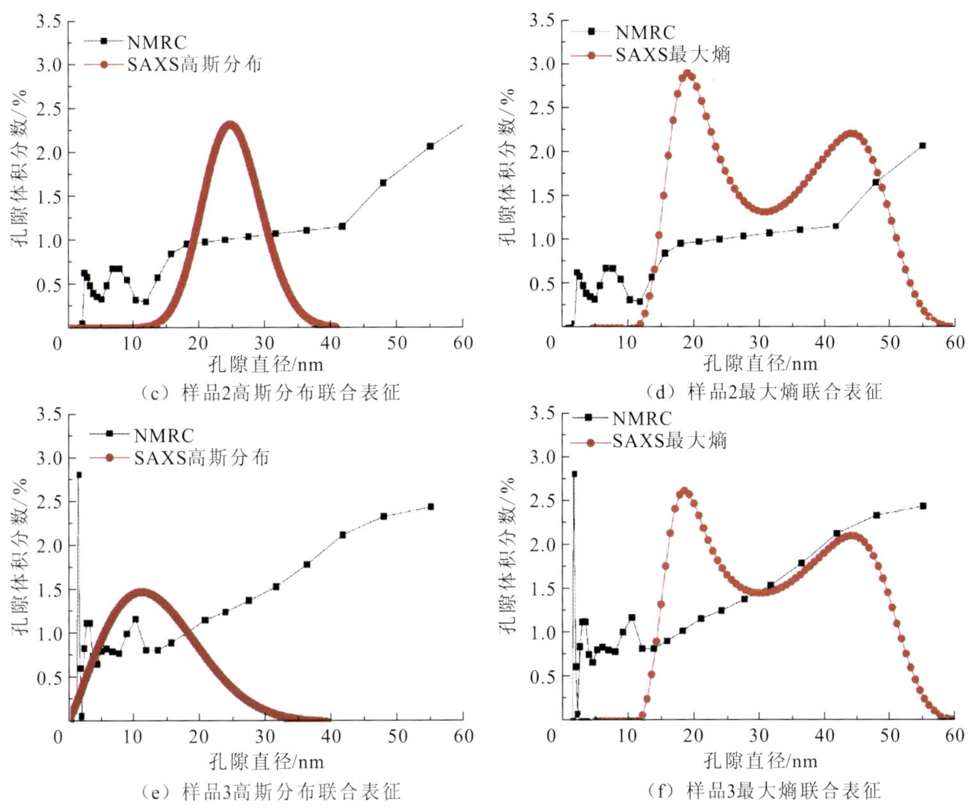

图 6.7　不同样品小角 X 射线散射与冷冻核磁共振联合表征含气页岩样品的孔径分布（Zhao et al.，2019）

6.3　分 形 维 数

Mandelbrot（1983）首次提出分形几何的概念，区别于经典的欧氏几何。岩石具有分形特征的微观结构会反映在岩石宏观的物理特征中（Liu et al.，2018）。分形维数是分形几何中的重要参数，可以定量地描述随机系统的结构信息特征。近年来，页岩的分形维数通过各种技术方法测量并计算，如气体吸附、高压压汞、核磁共振和场发射扫描电镜成像等（Liu and Ostadhassan，2017；Zhao et al.，2017）。

页岩的分形通常包括表面分形、质量分形和孔分形（Yuri，2016）。表面分形是在一定长度尺度内页岩孔隙表面粗糙程度的自相似性特征（Liu and Ostadhassan，2017；Sakhaee-Pour and Li，2016；Yang et al.，2014）。质量分形反映了页岩质量或者页岩固体基质的分形行为，可以传达页岩形成过程的信息。孔分形揭示了页岩中孔隙网络或孔隙空间的分形特征。对于小角散射技术，页岩样品的散射曲线在一定 q 值范围内服从幂次定律 $\frac{\mathrm{d}\Sigma}{\mathrm{d}\Omega}(q)\sim q^{-D}$（如图 6.8）。

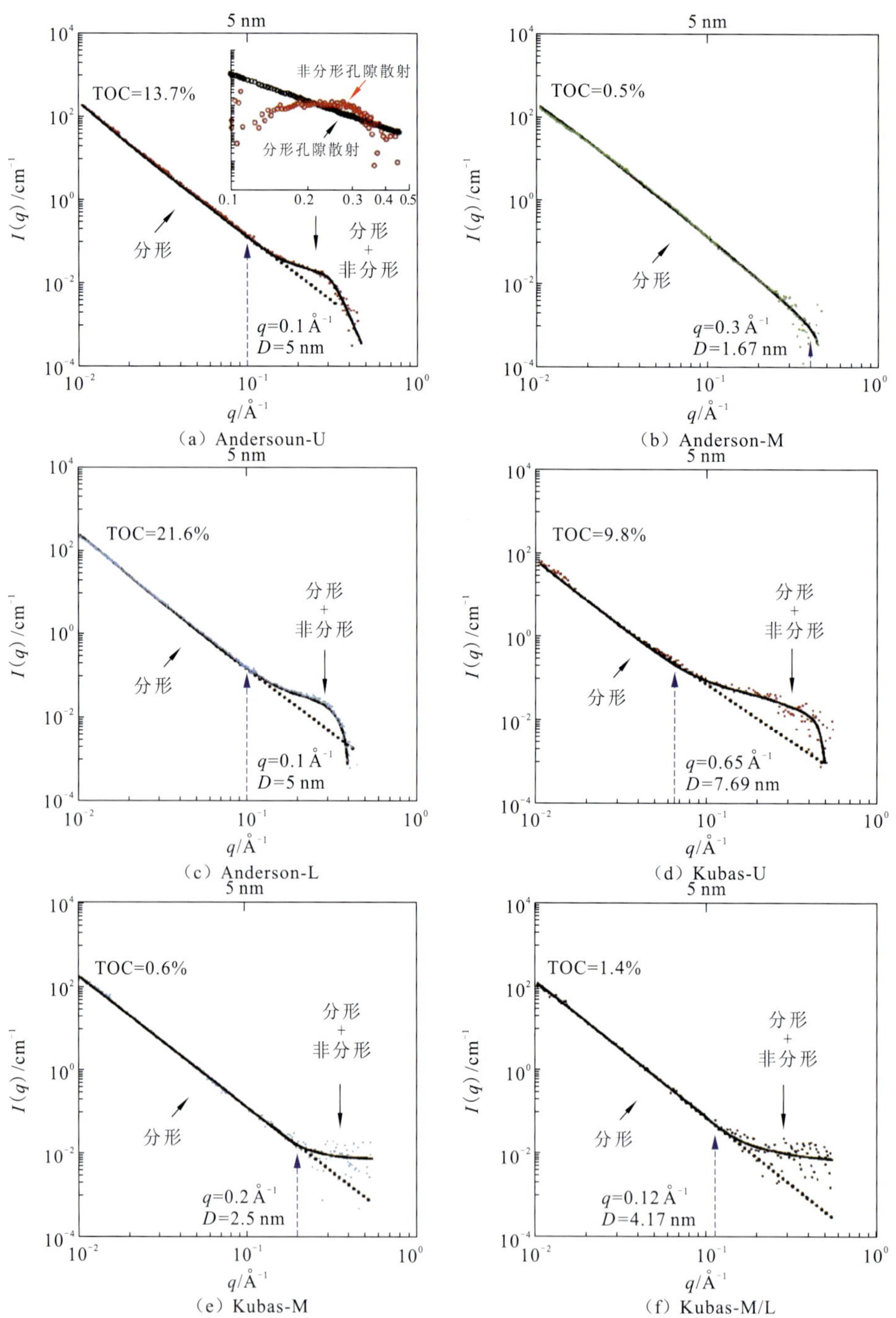

图 6.8 不同页岩样品的小角散射曲线在一定散射矢量 Q 范围内服从幂次定律

幂指数（D）可以区分页岩中的分形部分和非分形部分（Lee et al.，2014；Clarkson et al.，2013）。当幂指数（D）介于 3～4，它代表页岩符合表面分形，其分形维数等于 $6-D$。如果幂指数（D）小于 3，它代表页岩符合质量分形，其分形维数等于 D。应用于页岩储层，分形维数可以定量表征页岩孔隙/固体基质大小分布、孔隙表面粗糙程度和孔隙网络挠曲度等微观结构复杂程度。对于质量分形，其质量尺度与长度的关系为 $M \sim r^{Dm}$，D_m 代表质量分形维数，值为 1～3。质量分形维数（D_m）越小对应更多的开放的结构。对于表面分形，其表面积尺度与长度的关系 $S \sim r^{2-D_s}$，D_s 代表表面分形维数，值为 2～3。当 D_s 等于 2 时，代表完全平整的表面，数值越大说明表面越粗糙。质量分形可以通过转化页岩固体与孔隙空间而转化为孔隙分形。另外，页岩固体和孔隙空间的边界形成了表面分形（Cherny et al.，2017）。

通过小角中子散射和小角 X 射线散射测定的各种页岩的幂指数（D）及页岩的成熟度记录在表 6.1 中，并呈现于图 6.9 中。其中页岩的幂指数（D）可以看出随着成熟度的升高页岩的分形维数从表面分形向质量分形转化。Lee 等（2014）通过对深度在 1 416～4 456 m 的 99 个页岩样品的研究，发现了分形维数从表面分形向质量分形转化的现象。Sun 等（2017）证明了更高的质量分形维数对应页岩中更少的开孔。在过成熟阶段（R_o >2%），质量分形会随着页岩成熟度的升高而进一步下降。因此，在过成熟页岩中成熟度的进一步升高使得页岩中的封闭结构会趋向于开放，更多的闭孔会转变成开孔。

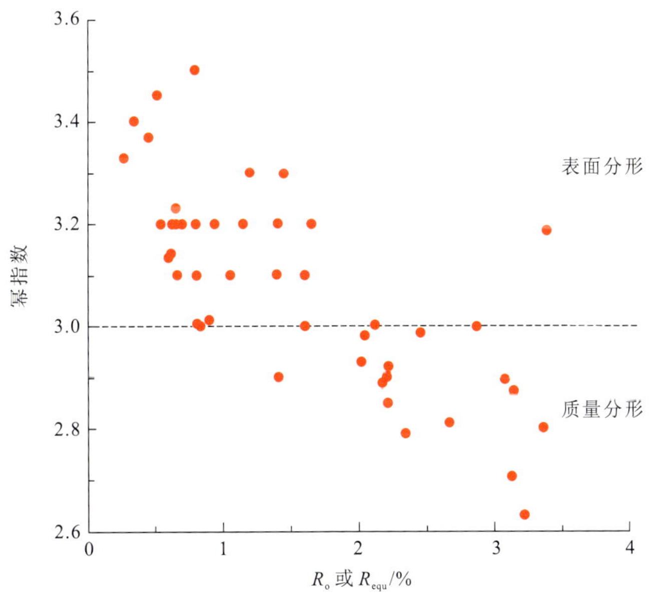

图 6.9　页岩的幂指数（D）与成熟度的相关性分布（Sun et al.，2020b）

6.4　孔隙连通性

页岩的孔隙连通性会影响流体在页岩储层中的运移（Javadpour et al.，2007）。实验室研究如自发渗吸实验、饱和扩散实验和通过 FIB-SEM 或 CT 重构 3D 结构模型等已经被应用到研究页岩的孔隙连通性（Chen et al.，2017；Li et al.，2017；Sun et al.，2017）。随着小角散射技术的应用，孔隙连通性也可以通过对比匹配小角散射技术和流体注入法获得的孔径分布结果来评价，具体的应用研究在 6.2 节中做了描述。除此之外，由于中子对同位素替代物的敏感性，开发了对比匹配小角中子散射实验（可以区别在页岩中一定孔径范围内不同流体对孔隙的可进入性）（Clarkson et al.，2013；Ruppert et al.，2013）。该方法最初被应用于研究煤岩的闭孔孔隙度（Melnichenko et al.，2012）。随后，一些学者通过氘代流体（压缩气体或液体）的可进入性来评价页岩的孔隙连通性。表 6.3 汇总了利用对比匹配小角中子散射实验通过页岩样品中各种流体的进入性进行孔隙连通性评价。

表 6.3　通过页岩样品中各种流体的可进入行性进行孔隙连通性评价

样品	流体	测试条件	孔径尺寸范围	该范围内的连通孔隙比例（流体注入后孔隙度的下降值）	参考
Barnett 页岩	CD_4	551.7 bar	12～80 nm	50%	Clarkson 等（2013）
			80～600 nm	85%	
			600 nm～4 μm	50%	
Barnett 页岩	CD_4	690 bar	12～100 nm	65%	Ruppert 等（2013）
			100 nm～10 μm	80%～85%	
	D_2O	两周后	<30 nm	75%	
			30 nm～10μm	80%～85%	
Marcellus 页岩	D_2O	一周后	贫有机质页岩：<2 nm	81.6%～93.2%	Gu 等（2016，2015）
			富有机质页岩：<2 nm	35.10%	
			富有机质页岩：1 nm～10 μm	30%～52%	
			有机质孔：>20 nm	水可进入（定性）	
Marcellus 页岩	D_2O	饱和 1 h	>160 nm	70%～80%	Bahadur 等（2018）
			富石英页岩：10～160 nm	50%	
			富黏土页岩：10～160 nm	65%	
			富碳酸盐页岩：10～160 nm	70%	
			<5 nm	70%～80%	
	C_7D_8		5～500 nm	比水的可达性好	
			<5 nm	比水的可达性差	
二叠系海陆过渡相页岩	D_2O	8 h 后	2～200 nm	87%～98%	Sun 等（2019）
			5～30 nm	70%～87%	

Clarkson 等（2013）通过对比匹配小角中子散射实验研究 Barnett 页岩中氘代甲烷可进入孔隙的比例，如图 6.10 所示。研究发现甲烷的可进入性随着不同的孔径范围而变化，如表 6.3。结果显示较大的孔隙（孔径从 600 nm～4 μm）相比孔径在 80～600 nm 的孔隙具有更低的甲烷可进入性。在 80～600 nm 的孔径范围内，甲烷可进入的孔隙度比总孔隙度等于一个不变量 0.85。这一现象不同于 Melnichenko 等（2012）对于富惰质组煤岩的研究。原因可能是页岩和煤岩中不同的干酪根类型导致了不同的孔隙连通性。同时，Barnett 页岩中高甲烷可进入性的孔径范围与小角中子散射实验和氮气吸附实验测定的孔径分布重叠段相一致。

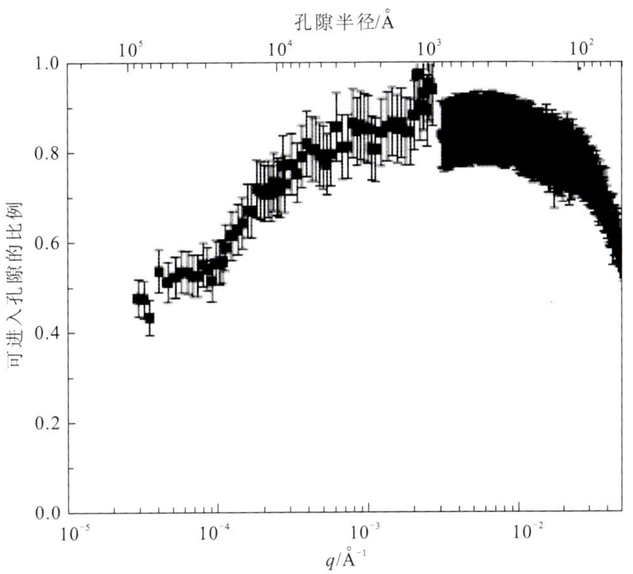

图 6.10　通过对比匹配小角中子散射实验研究 Barnett 页岩中氘代甲烷可进入孔隙的比例（Clarkson et al.，2013）

Ruppert 等（2013）也对 Barnett 页岩做了研究，通过对比匹配小角中子散射实验测试氘代甲烷和氘代水在页岩中的可进入性。研究发现在页岩中氘代甲烷和氘代水在孔径大于 250 nm 的范围内具有相似的可进入性。但是对于孔隙直径小于 30 nm 的孔隙，水比甲烷具有更高的可进入性（图 6.11）。这说明同一孔隙网络对不同流体可进入性的差异受到孔隙表面润湿性的控制。该研究中，在大孔径的孔隙中（>600 nm）并没有发现甲烷可进入性的下降，这说明同样是 Barnett 页岩对于流体的可进入性也存在着较强的非均质性。

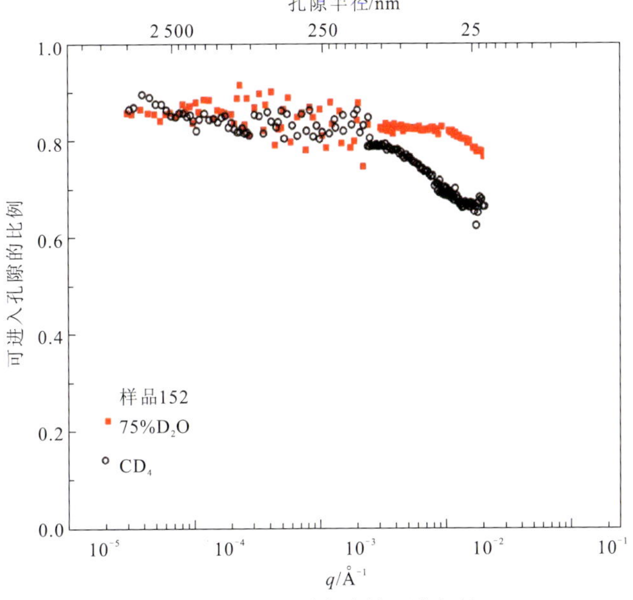

图 6.11　氘代甲烷和氘代水在 Barnett 页岩中的可进入性（Ruppert et al.，2013）

Gu 等（2016）对 Marcellus 页岩做了相似的研究，通过对比匹配小角中子散射实验测定页岩中水的可进入性。研究表明，Marcellus 页岩中水可进入的孔隙体积占 30%～52%。通过 FIB-SEM 观察和小角中子散射的定量分析，明显发现富黏土矿物贫有机质的页岩样品比富有机质贫黏土矿物的页岩样品具有更高的水可进入性，尤其是在微孔尺度（＜2 nm）更为明显。同时，研究结果显示孔隙大于 20 nm 的有机孔呈现了水可进入性特征。

Sun 等（2019）也通过对比匹配小角中子散射实验来研究富黏土二叠系龙潭组页岩的孔隙连通性和水可进入性。研究结果显示富黏土海陆过渡相页岩中孔径在 2～200 nm 的范围内水的可进入性孔隙体积达到 87%～98%，高于 Barnett 页岩和 Marcellus 页岩的水可进入的孔隙体积(图 6.12)。较低的水可进入性的孔径段多为 5～10 nm 和 20～50 nm，可能是由于水膜的形成导致疏水性的有机孔隙无法被水充填。

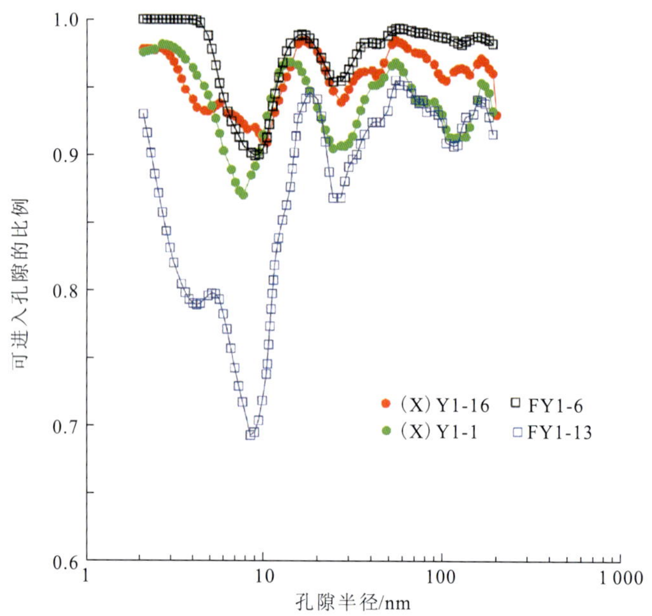

图 6.12　富黏土二叠系龙潭组页岩的孔隙连通性和水可进入性（Sun et al.，2019）

Bahadur 等（2018）调查了在不同岩相类型的 Marcellus 页岩中水和甲苯的可进入性。对比匹配小角中子散射实验的结果显示岩相控制了页岩中水的可进入性，富硅质页岩在三种岩相中水的可进入性最低（表 6.3）。另外，页岩中孔隙的润湿性可以通过对比水和甲苯在孔隙中的可进入性来评价（图 6.13）。在孔径小于 5 nm 的孔径中，甲苯对于孔隙的可进入性要低于水，特别是富黏土的页岩样品。相反，在这三类样品中孔径大于 5 nm 的孔隙甲苯的可进入性更好。因此，进一步研究亲水性流体和疏水性流体在页岩中可进入性的差异可以定量地评价页岩的润湿性。

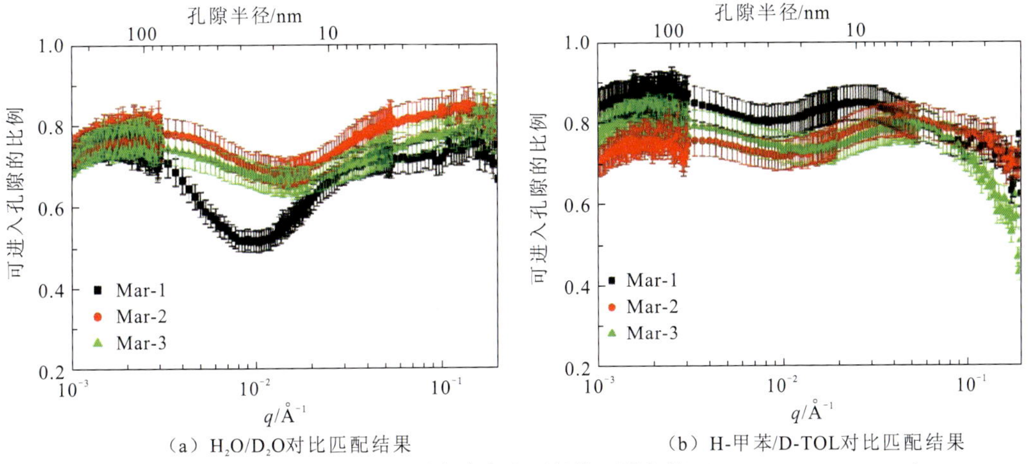

(a) H_2O/D_2O对比匹配结果 (b) H-甲苯/D-TOL对比匹配结果

图 6.13 不同类型的 Marcellus 页岩中水和甲苯的可进入性（Bahadur et al.，2018）

参 考 文 献

ANOVITZ L M, COLE D R, 2015. Characterization and analysis of porosity and pore structures[J]. Reviews in mineralogy and geochemistry, 80(1): 61-164.

BAHADUR J, MELNICHENKO Y B, MASTALERZ M, et al., 2014. Hierarchical pore morphology of cretaceous shale: A small-angle neutron scattering and ultrasmall-angle neutron scattering study[J]. Energy & fuels, 28(10): 6336-6344.

BAHADUR J, RADLIŃSKI A P, MELNICHENKO Y B, et al., 2015. Small-angle and ultrasmall-angle neutron scattering (SANS/USANS) study of New Albany shale: A treatise on microporosity[J]. Energy & fuels, 29(2): 567-576.

BAHADUR J, RUPPERT L F, PIPICH V, et al., 2018. Porosity of the Marcellus shale: A contrast matching small-angle neutron scattering study[J]. International journal of coal geology, 188: 156-164.

CHALMERS G R, BUSTIN R M, POWER I M, 2012. Characterization of gas shale pore systems by porosimetry, pycnometry, surface area, and field emission scanning electron microscopy/transmission electron microscopy image analyses: Examples from the Barnett, Woodford, Haynesville, Marcellus, and Doig units[J]. AAPG bulletin, 96(6): 1099-1119.

CHEN, G, LU S, ZHANG J, et al., 2017. Keys to linking GCMC simulations and shale gas adsorption experiments[J]. Fuel, 199: 14-21.

CHERNY A Y, ANITAS E M, OSIPOV V A, et al., 2017. Scattering from surface fractals in terms of composing mass fractals[J]. Journal of applied crystallography, 50(3): 919-931.

CLARKSON C R, FREEMAN M, HE L, et al., 2012. Characterization of tight gas reservoir pore structure using USANS/SANS and gas adsorption analysis[J]. Fuel, 95: 371-385.

CLARKSON C R, SOLANO N, BUSTIN R M, et al., 2013. Pore structure characterization of north American shale gas reservoirs using USANS/SANS, gas adsorption, and mercury intrusion[J]. Fuel, 103: 606-616.

DAVUDOV D, MOGHANLOO R G, 2018. Scale-dependent pore and hydraulic connectivity of shale matrix[J]. Energy & fuels, 32(1): 99-106.

DAVUDOV D, MOGHANLOO R G, LAN Y, 2018. Evaluation of accessible porosity using mercury injection capillary pressure data in shale samples[J]. Energy & fuels, 32(4): 4682-4694.

DONG T, HARRIS N B, AYRANCI K, et al., 2017. The impact of rock composition on geomechanical properties of a shale formation: Middle and Upper Devonian Horn River Group shale, northeast British Columbia, Canada[J]. AAPG bulletin, 101(2): 177-204.

DONG T, HARRIS N B, MCMILLAN J M, et al., 2019. A model for porosity evolution in shale reservoirs: An example from the upper devonian duvernay formation, western Canada sedimentary basin[J]. AAPG bulletin, 103(5): 1017-1044.

GU X, COLE D R, ROTHER G, et al., 2015. Pores in marcellus shale: A neutron scattering and FIB-SEM study[J]. Energy & fuels, 29(3): 1295-1308.

GU X, MILDNER D F R, COLE D R, et al., 2016. Quantification of organic porosity and water accessibility in marcellus shale using neutron scattering[J]. Energy & fuels, 30(6): 4438-4449.

HAN Y, HORSFIELD B, CURRY D J, 2017. Control of facies, maturation and primary migration on biomarkers in the Barnett shale sequence in the Marathon 1 Mesquite well, Texas[J]. Marine and petroleum geology, 85: 106-116.

JAVADPOUR F, FISHER D, UNSWORTH M, 2007. Nanoscale gas flow in shale gas sediments[J]. Journal of Canadian petroleum technology, 46(10): 1-15.

KING H E, EBERLE A P R, WALTERS C C, et al., 2015. Pore architecture and connectivity in gas shale[J]. Energy & fuels, 29(3): 1375-1390.

KUILA U, MCCARTY D K, DERKOWSKI A, et al., 2014. Total porosity measurement in gas shales by the water immersion porosimetry (WIP) method[J]. Fuel, 117: 1115-1129.

LEE S, FISCHER T B, STOKES M R, et al., 2014. Dehydration effect on the pore size, porosity, and fractal parameters of shale rocks: Ultrasmall-angle X-ray scattering study[J]. Energy & fuels, 28(11): 6772-6779.

LI A, DING W, WANG R, et al., 2017. Petrophysical characterization of shale reservoir based on nuclear magnetic resonance (NMR) experiment: A case study of Lower Cambrian Qiongzhusi Formation in eastern Yunnan Province, south China[J]. Journal of natural gas science and engineering, 37: 29-38.

LI J, LU S, JIANG C, et al., 2019a. Characterization of shale pore size distribution by NMR considering the influence of shale skeleton signals[J]. Energy & fuels, 33(7): 6361-6372.

LI M, CHEN Z, MA X, et al., 2019b. Shale oil resource potential and oil mobility characteristics of the eocene-oligocene shahejie formation, jiyang super-depression, bohai bay basin of China[J]. International journal of coal geology, 204: 130-143.

LIU K, OSTADHASSAN M, 2017. Quantification of the microstructures of Bakken shale reservoirs using multi-fractal and lacunarity analysis[J]. Journal of natural gas science and engineering, 39: 62-71.

LIU K, OSTADHASSAN M, SUN L, et al., 2019. A comprehensive pore structure study of the Bakken shale with SANS, N_2 adsorption and mercury intrusion[J]. Fuel, 245: 274-285.

LIU X, ZHANG D, 2019. A review of phase behavior simulation of hydrocarbons in confined space: Implications for shale oil and shale gas[J]. Journal of natural gas science and engineering, 68: 1-19.

LIU K, OSTADHASSAN M, ZOU J, et al., 2018. Multifractal analysis of gas adsorption isotherms for pore structure characterization of the Bakken shale[J]. Fuel, 219: 296-311.

MANDELBROT B B, 1983.The fractal geometry of nature[M]. New York: WH Freeman: 1.

MASTALERZ M, HE L, MELNICHENKO Y B, et al., 2012. Porosity of coal and shale: Insights from gas adsorption and SANS/USANS techniques[J]. Energy & fuels, 26(8): 5109-5120.

MASTALERZ M, SCHIMMELMANN A, DROBNIAK A, et al., 2013. Porosity of Devonian and Mississippian New Albany shale across a maturation gradient: Insights from organic petrology, gas adsorption, and mercury intrusion[J]. AAPG bulletin, 97(10): 1621-1643.

MELNICHENKO, YURI B, 2016. Small-angle scattering from confined and interfacial fluids: Structural characterization of porous materials using SAS[J]. Fuel (7): 139-171.

MELNICHENKO Y B, HE L, SAKUROVS R, et al., 2012. Accessibility of pores in coal to methane and carbon dioxide[J]. Fuel, 91(1): 200-208.

MOGHADAM A, VAISBLAT N, HARRIS N B, et al., 2020. On the magnitude of capillary pressure (suction potential) in tight rocks[J]. Journal of petroleum science and engineering, 190: 1-20.

RADLIŃSKI A P, BOREHAM C J, WIGNALL G D, et al., 1996. Microstructural evolution of source rocks during hydrocarbon generation: A small-angle-scattering study[J]. Physical review B, 53(21): 14152-14160.

RADLIŃSKI A P, BOREHAM C J, LINDNER P, et al., 2000. Small angle neutron scattering signature of oil generation in artificially and naturally matured hydrocarbon source rocks[J]. Organic geochemistry, 31(1): 1-14.

RADLIŃSKI A P, IOANNIDIS M A, HINDE A L, et al., 2004. Angstrom-to-millimeter characterization of sedimentary rock microstructure[J]. Journal of colloid and interface science, 274(2): 607-612.

RUPPERT L F, SAKUROVS R, BLACH T P, et al., 2013. A USANS/SANS study of the accessibility of pores in the Barnett shale to methane and water[J]. Energy & fuels, 27(2): 772-779.

SAKHAEE-POUR A, LI W, 2016. Fractal dimensions of shale[J]. Journal of natural gas science and engineering, 30: 578-582.

SIGAL R, 2013. Mercury capillary pressure measurements on Barnett core[J]. SPE reservoir evaluation & engineering, 16(4): 432-442.

SUN M, YU B, HU Q, et al., 2016. Nanoscale pore characteristics of the Lower Cambrian Niutitang Formation shale: A case study from Well Yuke #1 in the Southeast of Chongqing, China[J]. International journal of coal geology, 154-155: 16-29.

SUN M, YU B, HU Q, et al., 2017. Pore connectivity and tracer migration of typical shales in south China[J]. Fuel, 203: 32-46.

SUN M, YU B, HU Q, et al., 2018. Pore structure characterization of organic-rich Niutitang shale from China: Small angle neutron scattering (SANS) study[J]. International journal of coal geology, 186: 115-125.

SUN M, ZHANG L, HU Q, et al., 2019. Pore connectivity and water accessibility in Upper Permian transitional shales, southern China[J]. Marine and petroleum geology, 107: 407-422.

SUN M, ZHANG L, HU Q, et al., 2020a. Multiscale connectivity characterization of marine shales in southern China by fluid intrusion, small-angle neutron scattering (SANS), and FIB-SEM[J]. Marine and petroleum geology, 112: 1-25.

SUN M, ZHAO J, PAN Z, et al., 2020b. Pore characterization of shales: A review of small angle scattering technique[J]. Journal of natural gas science and engineering, 78: 1-15.

WANG L, ZHAO N, SIMA L, et al., 2018. Pore structure characterization of the tight reservoir: Systematic integration of mercury injection and nuclear magnetic resonance[J]. Energy & fuels, 32(7): 7471-7484.

WANG C, ZHANG B, HU Q, et al., 2019. Laminae characteristics and influence on shale gas reservoir quality of lower Silurian Longmaxi Formation in the Jiaoshiba area of the Sichuan Basin, China[J]. Marine and petroleum geology, 109: 839-851.

YANG F, NING Z, LIU H, 2014. Fractal characteristics of shales from a shale gas reservoir in the Sichuan Basin, China[J]. Fuel, 115: 378-384.

YANG R, HAO F, HE S, et al., 2017. Experimental investigations on the geometry and connectivity of pore space in organic-rich Wufeng and Longmaxi shales[J]. Marine and petroleum geology, 84: 225-242.

YURI B M, 2016.Small-angle scattering from confined and interfacial fluids: Applications to energy storage and environmental science[M]. Switzerland: Springer.

ZHANG P, LU S, LI J, et al., 2018. Petrophysical characterization of oil-bearing shales by low-field nuclear magnetic resonance (NMR)[J]. Marine and petroleum geology, 89: 775-785.

ZHANG Y, HU Q, LONG S, et al., 2019a. Mineral-controlled nm-μm-scale pore structure of saline lacustrine shale in Qianjiang Depression, Jianghan Basin, China[J]. Marine and petroleum geology, 99: 347-354.

ZHANG Y, BARBER T J, HU Q, et al., 2019b. Complementary neutron scattering, mercury intrusion and SEM imaging approaches to micro-and nano-pore structure characterization of tight rocks: A case study of the Bakken shale[J]. International journal of coal geology, 212: 103252.

ZHAO Y, ZHU G, DONG Y, et al., 2017. Comparison of low-field NMR and microfocus X-ray computed tomography in fractal characterization of pores in artificial cores[J]. Fuel, 210: 217-226.

ZHAO Y, PENG L, LIU S, et al., 2019. Pore structure characterization of shales using synchrotron SAXS and NMR cryoporometry[J]. Marine and petroleum geology, 102: 116-125.

ZOU C, JIN X, ZHU R, et al., 2015. Do shale pore throats have a threshold diameter for oil storage?[J]. Scientific reports, 5(1): 1-6.

第 7 章
小角散射与其他技术的互补性应用

针对页岩储层的特点，优选实验方法并建立系统实验流程能更高效全面地对页岩储层进行表征。在页岩储层的表征方面，不同的技术都有其自身的优势和局限性。本章描述在页岩储层孔隙结构、润湿性、水岩作用和渗透性方面的研究方法，以及小角散射与其他技术的互补性应用；分析小角散射技术在页岩储层表征中自身的优势及其与其他技术潜在的结合点。

7.1 页岩储层孔隙结构的研究

目前评价页岩储层孔隙结构的主要手段可分为三种：①以显微镜为基础的图像分析技术；②以高压压汞法、气体等温吸附及核磁共振为主的流体注入技术；③以 CT、小角散射技术为代表的射线探测技术。图像分析能够直观地获取孔隙形态，评价孔隙连通性；在表征孔隙的孔径分布、比表面积等方面，流体注入法具有独到优势；射线探测技术具有无损分析的优势，以及基于样品物质空间分布对其整体观测的特点可以对总孔隙空间的特征进行表征。但是单一测试手段由于其局限性难以对页岩基质中的闭孔特征和孔隙连通性进行全面描述。近年来部分学者结合多种技术手段，分析其各自的应用范围，对不同尺度下的页岩孔隙结构表征开展了很多工作。

7.1.1 小角散射结合图像分析技术

图像分析技术可以直接观察孔隙的特征，是最直观的表征方法。对常规储层岩石中的大部分孔隙，光学显微镜足以满足分辨率的要求，但对微纳米孔发育的页岩进行成像则需要分辨率更高的显微镜。表 7.1 总结了图像分析技术在页岩孔隙结构表征中存在的优缺点。近年来，SEM 已成为页岩孔隙分析的常用工具，对大孔和部分中孔的成像能力很强，并且可以通过堆叠一系列二维图像来重构三维的数字化岩心。

King 等（2015）在研究页岩的孔隙结构和连通性过程中，使用了一套综合分析技术：结合高压压汞、小角中子散射测量孔隙大小和数量，并通过 HIM 成像技术作为补充对孔隙形态进行直观描述，更加完整地表征了页岩的孔隙结构和连通性。其中小角散射技术在表征页岩的孔隙度方面已被证明是非常有效的。小角散射数据可以描述为近似幂律的形式：$I(q)\sim q^{-\alpha}$，即散射强度随散射角的增加而下降［图 7.1（a）］。孔径分布则可通过 PDSM 进行计算，如图 7.1（b）所示。PDSM 的基本假设是：孔隙可以假定为半径 r 和分布函数的球体集合，在这种情况下，散射强度可以用 PDSM 拟合。为了便于小角中子散射与 HIM 的结果进行比较，King 等（2015）计算了小角中子散射获得的孔径分布曲线，并且利用 PDSM 的孔径分布结果，将半径为 r 和分布函数 $F(r)$的球体随机分布在单位立方体中。随后对单位立方体进行模拟，模拟的结果与 HIM 的图像之间的观测结果佐证了 PDSM 对于孔隙形态假设的合理性［图 7.1（c）］。此外，更为清晰的孔隙形态图像可以改善小角中子散射的数据分析效果。

表 7.1　页岩孔隙表征——图像分析技术

方法	提供参数	样品需求	适用范围	优点	缺点
光学显微镜	孔隙大小、分布及几何形态、平均孔喉比、喉道、配位数	薄片	微米级	技术相对成熟，可通过观测分析孔隙成因	针对较致密的岩石适用性不强
透射式电子显微镜	晶体结构、物质密度分布差异	薄片	纳米级	高分辨率	样品制备复杂；对样品透过率有要求，在页岩中较少应用
场发射扫描电镜	孔隙形态、大小、孔隙及裂缝分布、矿物形态分布	薄片	纳米级	高分辨率；二次电子、背散射二维成像；推广范围大	样品前期处理较为复杂；仅能测二维图像
FIB-SEM	孔隙形态、大小、连通性、矿物形态分布、三维结构	薄片	纳米级	高分辨率；二次电子、背散射二维成像；高分辨率，三维成像	三维成像为有损测量；刻蚀厚度相对于纳米级孔喉结构而言较大；仪器昂贵
HIM	孔隙形态、大小、孔隙及裂缝分布	薄片	亚纳米级	极高分辨率；高景深；实时原位分析	对矿物与孔隙的分辨能力差；视域小
FIB-HIM	孔隙形态、大小、孔隙及裂缝分布及三维结构	薄片	亚纳米级	极高分辨率；高景深；实时原位分析；三维成像	三维成像为有损测量；对矿物与孔隙的分辨能力差；视域小
AFM	样品表面微观形貌的直观的三维结构信息状	薄片	纳米级	精度高、保证样品横向稳定性	只能表征样品表面起伏信息；操作复杂；扫描速度慢；对于噪声十分敏感

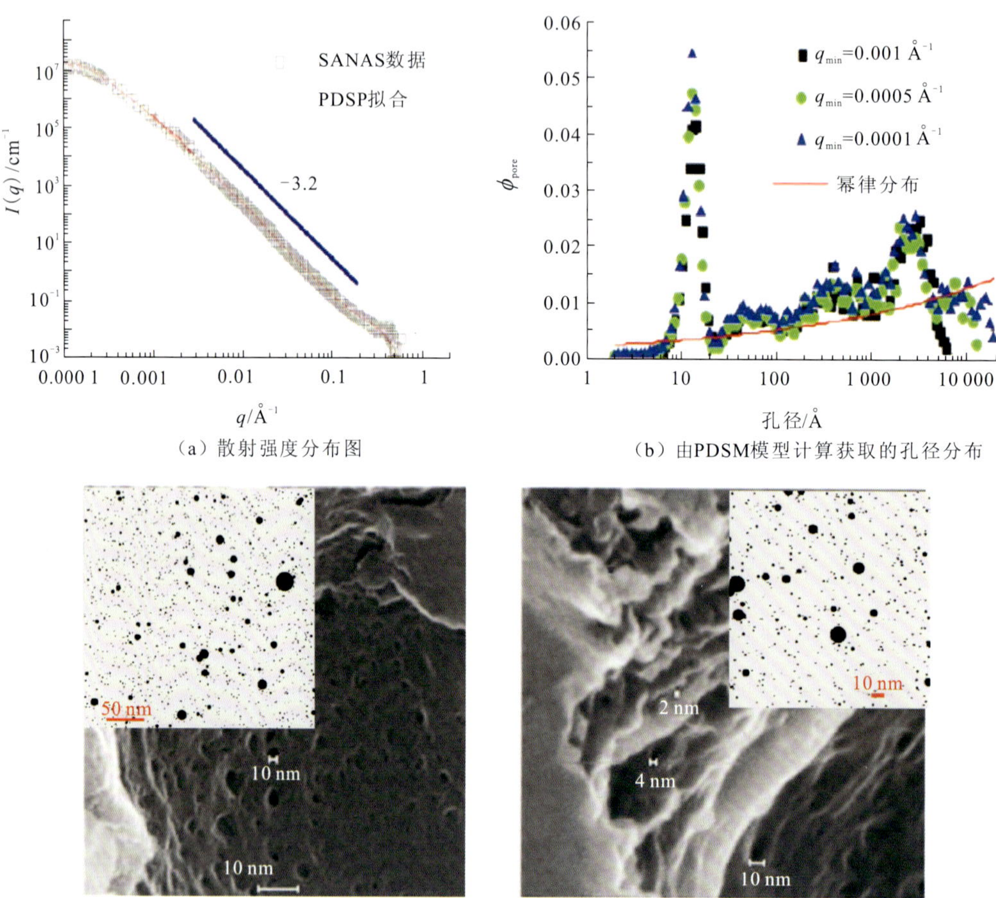

（a）散射强度分布图

（b）由PDSM模型计算获取的孔径分布

（c）根据PDSM计算生成的孔隙二维分布图与HIM镜下获取的页岩截面对比

图 7.1 散射强度分布图及 PDSM

7.1.2 小角散射结合流体注入技术

流体注入法可以对页岩中流体可达孔隙进行表征，而小角散射法具备对全孔隙结构进行测定的特点。针对两者的特点，目前开发出了许多互补性的应用，其中最简单直观的方法便是利用两者表征结果的差异求取闭孔率、闭孔分布。表 7.2 展示了流体注入法在表征页岩孔隙结构中存在的优缺点。

表 7.2 页岩孔隙表征——流体注入技术

方法	提供参数	样品需求	适用范围	优点	缺点
高压压汞	孔隙度、孔径分布、渗透率、比表面积、分形维数、孔喉比	块样/碎样	3 nm～800 μm	技术成熟；测量范围广；适合大批量测试	汞有毒；高压对样品产生改造

续表

方法	提供参数	样品需求	适用范围	优点	缺点
氮气吸附	孔体积、比表面积、平均孔径	碎样	1.5～120 nm	技术相对成熟；推广范围较大	某些微孔难以区分；需要极高的真空度
二氧化碳吸附			0.38～1.5 nm	可测微孔；不需要高真空环境	推广范围较小；理论模型不成熟
核磁共振	孔隙度、自由流体指数、孔体积、渗透率	块样/碎样	8 nm～80 μm	实验数据丰富	不能表征微孔和部分中孔
自发渗吸	润湿性	块样	—	操作简便；成本低	所能获取信息少

对比匹配小角中子散射法是小角散射与流体注入法最为典型的互补性应用。对于小角中子散射，通过绝对散射强度来计算两相介质的孔隙度必须知道两相介质的衬度（页岩基质与孔隙的平均中子散射长度密度之差被称作衬度）。因此页岩孔隙中所填充流体的散射长度密度可以在很大程度上影响孔隙结构的计算结果。水的 SLD（-0.56×10^{10} cm^{-2}）和重水的 SLD（$+6.39\times10^{10}$ cm^{-2}）存在差异，且具有相同的流体化学性质，因此可以通过调配与页岩基质 SLD（页岩通常 $3.4\sim4.7\times10^{10}$ cm^{-2}）相同的混合流体。将混合流体注入页岩孔隙中可以获得平均对比接近零（zero average contrast，ZAC）的散射体。通过此技术暂时掩盖页岩流体可达孔隙的存在，并与原始样品散射数据进行对比可以获得流体可达孔隙的赋存位置（Sun et al.，2019；Gu et al.，2016）。进一步利用页岩样品在常温常压条件下的散射强度和不同温压条件下注入 CD_4 流体进行对比匹配小角中子散射实验后的散射强度对比，从而可以获得在一定温压条件下甲烷在页岩孔隙中的赋存特征。

另一个典型的例子是使用高压压汞法和小角中子散射法相结合（Swift et al.，2014；Clarkson et al.，2012a）。高压压汞提供了页岩孔喉分布的信息，而（超）小角中子散射则揭示了页岩有关孔隙尺寸、孔隙度、孔隙体积、表面积等信息。小角中子散射与高压压汞获得的孔径分布曲线有一定的相似性和重叠。这在很大程度上是由于在较小的尺度上孔隙自身尺寸接近孔喉的大小。但是不同演化程度的页岩中的孔隙与孔喉的差异也可以通过这种结合方法来表征。而砂岩分别进行小角中子散射与高压压汞测试时获取到的孔径分布的差异则较为明显。俄亥俄州西蒙砂岩的高压压汞的孔喉尺寸-孔隙体积分布与小角中子散射的孔尺寸-孔隙体积分布如图 7.2 所示，孔隙喉道的尺寸与实际的孔隙尺寸有较大的差异。该砂岩的孔径与孔喉比大约为 100，符合砂岩储层规律（Anovitz and Cole，2015；Wardlaw and Cassan，1979）。通过结合以上方法（高压压汞和小角中子散射），不仅可以量化孔隙特征，也可以辅以 SEM 对孔隙和孔喉结构进行成像。

通过核磁共振和冷冻离心技术的结合，可以得到页岩饱和含氢流体的核磁共振孔隙度和可动流体的核磁共振孔隙度（Yuan et al.，2018；Yao et al.，2015）。与对比匹配小角中子散射类似，甲烷在页岩孔隙中的分布也可以通过核磁共振来测定（图 7.3）。结合两种方法可以更精确地标定甲烷在页岩孔隙中的分布。

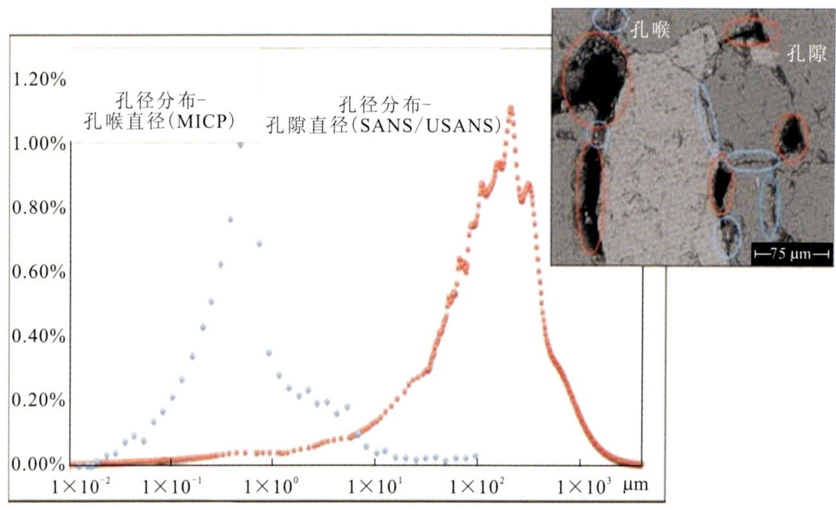

图 7.2　高压压汞（蓝色数据）和小角中子散射（红色数据）的孔隙体积分布

插页是 SEM 图像，显示孔隙和孔喉

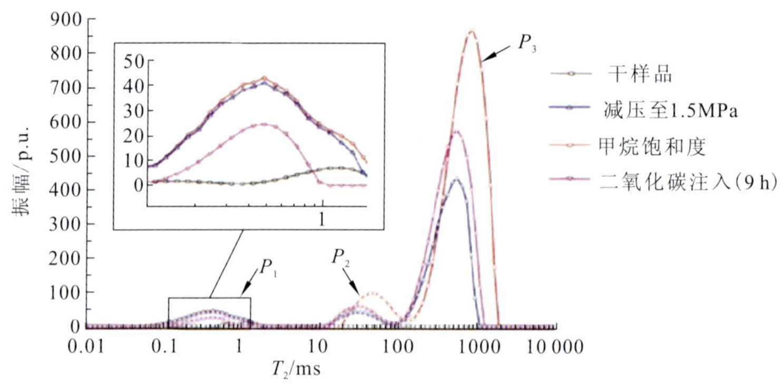

（a）干燥状态和注入不同流体/气体下的测试结果

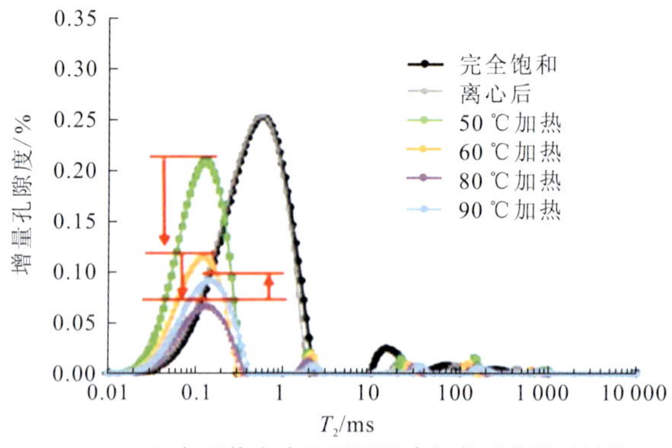

（b）加压饱和水及不同温度加热后的测试结果

图 7.3　部分流体在页岩孔隙中的分布

对于气体（氮气和二氧化碳）吸附测试，页岩微孔和中孔体积及比表面积都会随着样品进一步粉碎而改变（Hazra et al.，2018；Mastalerz et al.，2017；Chen et al.，2015）。页岩样品的粉碎不仅会使闭孔打开从而增加孔隙网络的连通性，而且还会诱导微裂缝的产生（Achang et al.，2017）。但是页岩破碎对于孔隙体积和比表面积的控制机理和影响程度尚不清楚。此外，对于流体注入法而言，随着样品尺寸的减小，样品孔隙与到达外界空间的距离随之减小，流体更易进入样品的内部空间。Sun 等（2017a）通过饱和扩散实验（图 7.4）表明，流体在页岩内部扩散非常缓慢，边缘的孔隙结构控制了页岩的渗透率，比表面积的增加将会扩展样品与外界的连通能力，而比表面积会随着粒径的减小而增大。小角散射对于样品的形态没有严格的要求，并且它包含了开孔与闭孔的完整信息，因此将流体注入法在不同样品粒径上的结果与小角散射的结果进行横向比较有助于揭示样品的分析粒径对于页岩孔隙测试的影响。

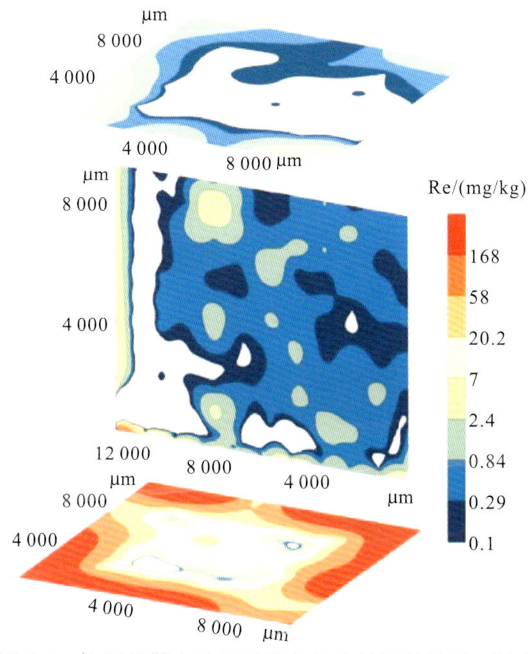

图 7.4　饱和扩散实验指示流体具有较强的边缘可达性

7.1.3　小角散射结合 CT 技术

小角 X 射线散射采用高质量的 X 射线束，可以建立用于研究小体积样品或探测微观形态的系统（表 7.3）。实验室级别的 CT 技术利用的是 X 射线透射物体时产生的衰减现象，将衰减数据进行三维重构。而同步辐射级别的 X 射线光源可以提供更高的分辨率并以此开发出同步辐射计算机断层扫描技术。利用小角线站现有的设备，小角 X 射线散射还与其他扫描技术相结合，如 CT 和扫描透射 X 射线显微镜等将多张散射图像进行数字重构，来直观地展现样品的空间结构。目前，世界上许多光束线已接纳小角 X 射线散射作为主要技术，并采用了多种光学聚焦系统来聚焦硬 X 射线，如 Kirkpatrick-Baez 镜（KB 镜）、复合折射透镜、菲涅耳区板等。图 7.5 为竹子样品进行小角 X 射线散射-CT 实验，证实了该方法的可用性。

表 7.3　页岩孔隙表征——射线探测技术

方法	提供参数	样品需求	适用范围	优点	缺点
CT	孔喉大小、形态及连通性	块样	微—纳米级	三维无损观测；最低可分辨纳米级孔喉	观测面较小，代表性不强；仪器昂贵
小角 X 射线散射	孔隙度、结构尺寸、比表面、孔径分布、颗粒形态	薄片/碎样	纳米级	无损；统计性较好；测试时间短	绝对强度校准的流程复杂
小角中子散射				无损；统计性较好；对轻元素及同位素敏感	测试时间长

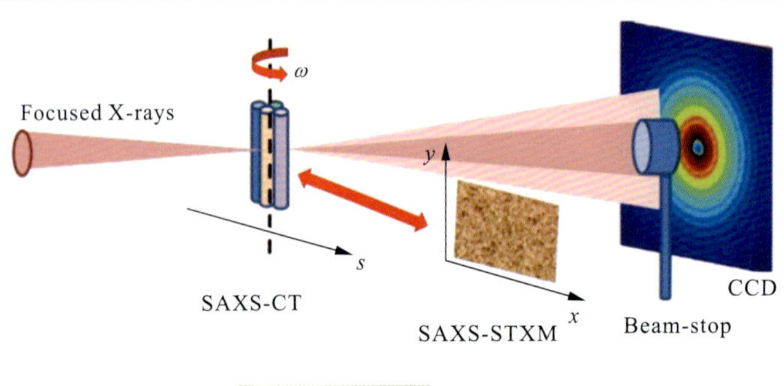

图 7.5　小角 X 射线散射-CT 和小角 X 射线散射-STXM 设备示意图

STXM 为扫描透射 X 射线显微镜

小角 X 射线散射-CT 成像转换的主要困难是测量时间较长，因为每个测量角度可能需要数分钟才能获得足够的散射信号。增加扫描步数以提高图像分辨率，延长投影时间提高 CT 重建的质量，然而，这将都会对测量时间产生不利影响。最近出现的二维 X 射线光谱探测器，可以大大缩短测量时间，使小角 X 射线散射-CT 在实际应用中切实可行。

7.2　页岩储层润湿性的研究

润湿性是指一种流体在有其他非混相流体存在时，其在固体表面流动和优先黏附或者润湿的能力。其基本原理是界面附近流体与固体、流体与流体分子间的相互作用。页岩的润湿性是表征岩石物理特性的重要参数之一，对于页岩孔隙空间中油气分布、剩余油饱和度、毛细管力、相对渗透率和开采过程中的水驱效果等都有重要影响。因此在页岩油气开采过程中准确判断储层的润湿性，对于优化开采、压裂液返排、水岩相互作用及压裂液和添加剂的选择均具有指示意义。页岩中常见无机矿物的亲水强弱为石英>方解石>白云石>长石。同时亲油的微米级干酪根离散分布在亲水的无机矿物间会形成页岩独特的润湿性特征。

有学者研究发现不同成熟度的干酪根中含有一定量的水，表明不同热演化阶段有机质中干酪根的润湿性存在一定的差异。学者通过孔隙尺度的分子模拟定量地研究了干酪根的润湿性与热演化程度的关系，发现两者密切相关。高热演化程度干酪根表面为亲油，中等热演化程度干酪根表面为混合润湿，而低成熟度干酪根表面主要表现为亲水，因此富有机质页岩的润湿性受页岩矿物组分、TOC 质量分数、热演化程度和流体组分等因素的综合影响，这也表明页岩孔隙中流体的运移主要会受到页岩内部复杂的孔隙网络的连通性优劣和页岩润湿性的影响。目前研究润湿性的方法包括定量和定性两大类，定量分析方法包括接触角法、滴水实验、流体自吸-驱替法、核磁共振、水膜浮选法等，定性分析方法包括自吸速率法、显微镜观察法、相对渗透率法、毛细管压力曲线法和测井曲线法等。值得注意的是，这些方法均采用不同的参数标准判断岩石的润湿性特征，因此对于同一样品而言不同的实验手段可能会得到不同的结果，需要同时利用多种测试方法进行相互印证。

7.2.1 接触角实验

页岩的润湿性通过常压下水（去离子水）和油在空气中与页岩表面的接触角进行测定（图 7.6）。

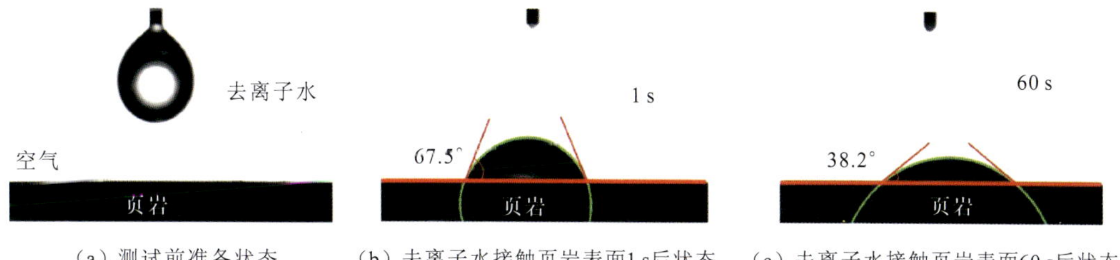

（a）测试前准备状态　（b）去离子水接触页岩表面1 s后状态　（c）去离子水接触页岩表面60 s后状态

图 7.6 页岩气-液接触角实验

Borysenko 等（2009）通过气-水接触角对亲水性页岩样品和亲油性页岩样品表面进行测定。亲油性页岩更富含高岭石黏土矿物，亲水性页岩更富含伊利石黏土矿物。气-水接触角在亲水性页岩上为 10°～30°，在亲油性页岩上约 120°。

Elgmati 等（2011）和 Bai 等（2013）测定的 Haynesville 页岩、Utica（Indian Castle）页岩、Utica（Dolgeville）页岩和 Fayetteville 页岩的气-水（不同添加剂）接触角分别为 14°、42.5°、60°～80°、47.8°。所选取的样品 Haynesville 页岩和 Utica 页岩的 TOC 质量分数在 0.3%～0.8%，Fayetteville 页岩的 TOC 质量分数约 4.04%。Haynesville 页岩和 Utica（Indian Castle）页岩具有高伊利石质量分数，Utica（Dolgeville）页岩和 Fayetteville 页岩的伊利石质量分数低但是具有中高的方解石质量分数。添加剂（聚合物和表面活性剂）通常会降低气-水接触角，使岩石的润湿性更加亲水，甚至使接触角降至接近零。但是 Haynesville 页岩的添加剂使气-水接触角从 14° 升高到 20° ～25°，这也许与页岩高伊利石低 TOC 质量分数有关。对于 Utica（Dolgeville）页岩从不同深度选取相同组分和 TOC 质量分数的样品在相同的添加剂下也会具有不同的润湿性特征，说明页岩的润湿性特征不单纯与组分有关。

Engelder 等（2014）对 Marcellus 页岩和 Haynesville 页岩样品的气-水接触角和气-油接触角进行了测定。Marcellus 页岩是 TOC 质量分数在 12%左右的钙质页岩（高碳酸盐矿物），Haynesville 页岩的 TOC 质量分数约 4.04%，高伊利石质量分数。Haynesville 页岩具有很低的气-油接触角（9° ～10° ），说明在空气中 Haynesville 页岩具有很强的亲油性。Haynesville 页岩气-水接触角为 50.69°，2%氯化钠卤水接触角为 40.2°，20%氯化钠和氯化钾卤水接触角为 39.92°，因此被归类为中亲水性页岩。Marcellus 页岩的气-水接触角为 72°，因此被归类为轻亲水页岩或更亲油页岩。

Dehghanpour 等（2013，2012）测定的 Horn River 盆地的 Fort Simpson（FS）页岩、Muskwa（M）页岩和 Otter Park（OP）页岩的气-水接触角分别为 27° 、38° ～45° 和 46° ～50° 。但是油滴在页岩表面迅速铺开（接触角几乎为零）。Lan 等（2015）测定的 Horn River 盆地的 M 页岩、OP 页岩、Evie 页岩及 Montney（MT）页岩的气-水接触角分别为 58° 、73° 、37° 和 45° 。同样油滴在页岩表面迅速铺开（接触角几乎为零）。

Yassin 和 Hassan（2016）测定的西加拿大沉积盆地 9 块 Duvernay 页岩的气-卤水接触角结果为 65° ～103°，说明 Duvernay 页岩在空气中属于油润湿。同时气-卤水接触角在磨碎的页岩的测试结果要高于在岩心表面的测试结果。4 个样品的气-卤水接触角在 127° ～152°，显示了高度的疏水性。除人工破碎样品使得表面更粗糙的影响外，在磨碎的页岩上高气-卤水接触角也可能与有机质在表面的分布比例升高有关。同样所有的样品出现了油滴在页岩表面迅速铺开（接触角几乎为零）的现象。

Liang 等（2016）测定的 3 块中国龙马溪组页岩气-水接触角（常温下）分别为 33.2° 、36.6° 和 32.5° 。本研究中龙马溪组页岩的主要矿物组成为石英（41.1%）和黏土（29.72%）。黏土矿物主要为伊利石和伊蒙混层矿物及少量的绿泥石，无高岭石和蒙脱石。页岩的平均 TOC 质量分数为 3.5%。当在 60 ℃测定页岩气-水接触角时，所得结果将会下降。前期 Liang 等（2015）对另外 3 块龙马溪组页岩气-水接触角的测定结果分别是 10.7° 、20.4° 和 36.4°，并且随着 TOC 质量分数的升高而升高。同样油在所有样品表面的接触角都趋近于零。基于以上结果龙马溪组页岩呈现了水润湿和油润湿的双亲特征，并且更亲油。Li 等（2016）对中国鄂尔多斯盆地的页岩样品气-水接触角的测定结果为 22.93° 。该页岩样品的 TOC 质量分数为 1.8%，黏土矿物质量分数为 39.7%。同时该接触角的测定结果接近于 Frumkin-Derjaguin 方程的预测值（18.89° ）。Peng 和 Xiao（2017）对 Eagle Ford 页岩气-水接触角的测定结果为 81.5°，气-油接触角的测定结果为 46.2°；对 Barnett 页岩气-水接触角的测定结果为 89.6°，气-油接触角的测定结果为 40.9° 。

Sun 等（2017b）对中国南方下志留统龙马溪组页岩 3 块样品的气-水接触角的测定结果为 18.7° ～55.4°；对下寒武统牛蹄塘组页岩 2 块样品的气-水接触角的测定结果为 7.4° ～18.9°；对上二叠统龙潭组页岩 1 块样品的气-水接触角的测定结果为 47°；气-正

葵烷的润湿角结果显示，正葵烷滴到所有页岩表面将会迅速完全扩散开。Yang 等（2019，2018）对中国海相龙马溪组页岩样品的气-水接触角的测定结果为 2.8°～20.7°；对陆相东岳庙组页岩的气-水接触角的测定结果为 21.2°～46.4°；对海陆过渡相的大隆组—龙潭组页岩的气-水接触角的测定结果为 57.8°～61.7°；所有页岩样品的气-正葵烷的润湿角结果也均接近于零。

Mirchi 等（2014）通过油-水接触角对 TOC 质量分数 8.3%的页岩进行测定。在常温常压条件下去离子水在油饱和页岩中的接触角为 72.64°，呈现了页岩的亲水性特征。Habibi 等（2016）在饱和卤水的页岩样品上进行水-油接触角和油-水接触角测试（图 7.7）。由于原油不透明，该实验采用煤油作为油相流体。样品的油-水接触角为 30°～63°，水-油接触角高于油-水接触角，说明页岩具有很强的亲水性。该测试结果与气-油接触角结果（通常接近于零即强亲油性）相矛盾。但液体流体环境的测试更接近页岩油储层条件，因此水-油接触角和油-水接触角测试具有更高的可信度。Pan 等（2018）对胜利页岩油样品甲烷-卤水接触角的测试显示在 25～70℃的常压下均低于 60°。该页岩样品由方解石（49%）、石英（19%）、伊利石（16%）和少量其他矿物组成。结果显示页岩在甲烷-卤水体系中呈现了亲水性特征。

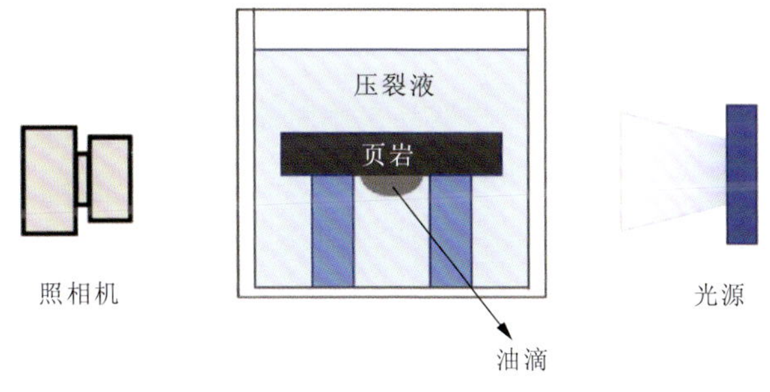

图 7.7　页岩液-液接触角实验

7.2.2　自发渗吸实验

20 世纪 90 年代，有学者提出了利用无因次时间 t_D 对流体自发渗吸（简称自吸）实验数据进行归一化处理，流体自吸速率法逐渐成为一种广泛使用的润湿性评价方法。流体自吸评价润湿性的基本原理：岩石亲水性越强，则毛细管力越大，自吸驱油时的渗吸速率越高，否则速率越低。因此开展流体自吸实验能较为快速地评价岩石的亲水性强弱。页岩润湿性的差异会导致明显不同的流体自吸行为，对应的流体自吸量存在差异，因而反过来可以利用流体自吸特征研究页岩润湿性。

Takahashi 和 Kovscek（2010）对孔隙度 0.2%和绝对卤水渗透率 0.12 mD 的硅质页岩岩心进行对流自发渗吸实验。对流自发渗吸是混合润湿裂缝储层中主要的采油机理，水通过毛细管力从裂缝中进入页岩基质，同时油从页岩基质中沿水进入的反方向驱替进入裂缝中。不同 pH 的卤水被用来驱替页岩中的油。页岩样品中的油在中性 pH 的卤水中不能驱替出来，反映了硅质页岩的中度亲油性特征。但是，页岩样品中油在低 pH 或高 pH 的卤水中可以被驱替出来，并且在高 pH 的卤水具有最高的采油率，说明页岩与低 pH 或高 pH 的卤水接触会改变页岩的润湿性使其更亲水。同时自发渗吸实验还可以与 CT 结合，可动态观察页岩的自发渗吸行为。

Odusina 等(2011)通过结合核磁共振与自发渗吸实验对美国 Eagle Ford 页岩、Barnett 页岩、Floyd 页岩、Woodford 页岩的润湿性进行表征。实验分为两步，一步是先将页岩样品自吸水然后自吸十二烷；另一步是先将页岩样品自吸十二烷然后自吸水。不同步骤下页岩重量的变化通过天平测定同时也通过核磁共振进行验证。所有的样品均可以自吸水和十二烷，呈现了混合润湿性的特征。但是对比两种自吸流体的平均体积，4 种页岩展现了不同的行为。Eagle Ford 页岩、Barnett 页岩和 Floyd 页岩自吸了更多的水，而 Woodford 页岩自吸了更多的十二烷。结合页岩样品的矿物组分和 TOC 质量分数的差异，研究者发现在 Woodford 页岩中 TOC 质量分数与吸入十二烷的体积具有正相关性，说明亲油性的有机组分有助于增强页岩的亲油性特征。但是在 Barnett 页岩和 Floyd 页岩中这种相关性并未出现，一方面是页岩 TOC 质量分数的分布范围窄（3%～4%），另一方面是有机孔的发育程度不同。因此，研究者指出，有机质成熟度也会影响页岩的润湿性。

Dehghanpour 等（2012）对 Horn River 盆地 5 块 Devonian 页岩进行水和油的对流自发渗吸实验，并研究页岩矿物组分和岩石物理特征对自发渗吸特征的影响。这 5 块页岩样品主要是由石英和黏土矿物组成。将样品采用对流自发渗吸的方法完全浸入水和油中 72 h 并记录样品重量的变化。由于所有测试的样品的吸水量均高于吸油量，该页岩被归类为亲水性页岩。同时水的吸入量与伊利石的质量分数呈正相关，与石英的质量分数呈负相关。尽管该页岩主要的黏土矿物为低水敏性的伊利石，但是高质量分数的黏土矿物自吸了大量的水。由于样品中含有水敏性强的伊蒙混层矿物，样品发生水化作用。Dehghanpour 等（2013）也对页岩吸水的影响及自吸过程中微裂缝的产生做了深入研究。

Makhanov 等（2012）也对 Horn River 盆块页岩样品进行了自发渗吸实验用于研究压裂液返排率低的情况。水、卤水和油分别对页岩进行对流自发渗吸实验。该研究者发现了页岩层理对自发渗吸的影响，KCl 卤水在垂直页岩层理方向的自发渗吸斜率远低于平行层理方向的自发渗吸斜率。同时通过自吸流体体积除以流体与页岩的接触面积与自吸时间的平方根作图呈现自吸速率。结果发现水溶液（水和卤水）在页岩中的自吸速率均高于油的自吸速率，呈现了页岩的亲水性特征。接触角的结果显示气-油接触角均低于气-水接触角，呈现了页岩的亲油性特征。但是接触角结果与自发渗吸结果的差异引起的原因尚不明确。

Xu 和 Dehghanpour（2014）为了研究 Horn River 盆地页岩块样高的水自吸速率与低的气-油接触角的矛盾现象，设计了页岩碎样的自发渗吸实验。结果显示在页岩碎样的自发渗吸实验中油的自发渗吸速率总会高于水的自发渗吸速率。破碎的页岩样品在进行水和油的自吸实验比较时，认为页岩的平均粒径（小于 5 um）、孔径分布和比表面积都是完全相同的，因此自吸速率的差异主要来源于润湿性的差异。页岩碎样和页岩块样的水和油自吸速率的矛盾可能来源于以下原因：①块样和碎样中亲油性或者亲水性孔隙网络的连通性不同，块样中亲油性孔隙网络的连通性差，导致油的自吸速率偏低，但是将样品破碎后亲油性孔隙网络的连通性变好，使得油的自吸速率高过水的自吸速率；②块样中包含了碎样中没有的页岩层理性特征，在层理的孔隙空间会自吸更多的水。

Ghanbari 和 Dehghanpour（2015）也对 Horn River 盆地页岩进行了块样的自发渗吸实验，并研究页岩组分对自吸特征的影响。通过 SEM 的观察发现页岩中方解石和有机质多平行于层理分布。亲油性有机质周围被方解石和石英包裹会导致有机孔隙连通性差，从而导致块样的油自吸速率低。同时研究指出接触角实验对富有机质页岩润湿性评价存在缺陷，结果受有机质分布的影响很大。同时亲油性的有机质或亲水性的黏土矿物平行于页岩层理分布会导致流体很难突破层理进行垂直于层理方向的运移。

Gao 和 Hu（2016）为了研究页岩层理特征对自发渗吸的影响，提出了新的通过自发渗吸实验表征页岩润湿性的方法。实验前将页岩样品切成边长 1 cm 的立方体，然后用环氧树脂将立方体 4 个面覆盖，通过顶底 2 个面来控制自发渗吸流体沿平行层理还是垂直层理方向进行自吸。研究者对 Barnett 页岩平行和垂直层理分别用去离子水和正癸烷进行自发渗吸实验。基于去离子水和正癸烷自发渗吸的速率和自吸量的对比来判断页岩的润湿性。发现页岩层理对流体运移行为（流体自吸过程）具有明显的控制作用，且平行层理方向的流体自吸速率更快、孔隙连通性更好。

Yassin 等（2017）基于 Handy（1960）的前期工作提出了一个孔隙润湿性指数（pore wettability index，PWI）来评价西加拿大盆地 Duvernay 页岩的润湿性：

$$Q_{\mathrm{N}}^{2}\times\left(\frac{L^{2}\phi\xi}{4\sigma K_{\mathrm{abs}}}\right)=\left(\frac{\cos\theta}{r}\right)\times t_{\mathrm{imb}} \tag{7.1}$$

式中：归一化的浸润体积为 $Q_{\mathrm{N}}=Q/A_{\mathrm{w}}L$，$Q$ 为样品被浸润的体积，A_{w} 为样品与水面接触的横截面积，L 为样品的高度；ξ 为液体的黏度；ϕ 为有效孔隙度；σ 为表面张力；K_{abs} 为绝对渗透率；θ 为接触角；r 为孔隙半径；t_{imb} 为自吸时间。

孔隙润湿性指数同时考虑了润湿性和孔径。在所有的样品中油的孔隙润湿性指数（$\mathrm{PWI_o}$）均高于卤水的孔隙润湿性指数（$\mathrm{PWI_w}$）。但是在孔隙润湿性指数计算时，有效孔隙度和绝对渗透率采用了一样的赋值。但是亲油性孔隙网络和亲水性孔隙网络具有不同的孔隙特征，会导致对于水和油会有不同的有效孔隙度和绝对渗透率。因此通过孔隙润湿性指数对页岩润湿性的评价还需要进一步的深入研究。

页岩中亲油性孔隙和亲水性孔隙共存导致润湿性情况复杂。亲油性孔隙和亲水性孔隙的孔隙结构（如孔隙形状、孔隙大小、孔隙体积、孔隙连通性等）均会很大程度上影响页岩的润湿性。Lan 等（2015）对西加拿大盆地的 Montney 页岩和 Horn River 页岩的润湿性研究显示孔隙连通性对其影响很大。自发渗吸的结果显示 Montney 页岩呈现亲油性特征，Horn River 页岩呈现亲水性特征。但接触角的结果显示两套页岩均为强亲油性特征。两套页岩润湿性的差异推测与亲油性或亲水性孔隙网络的孔隙连通性有关。确切地说 Montney 页岩具有连通性更好的亲油性孔隙网络，可能是固体沥青覆盖了孔隙表面导致的。同时发现在 Montney 页岩中 TOC 质量分数与油润湿性指数呈正相关。油润湿性指数的定义如下：

$$WI_o = 1 - \frac{I_w}{I_w + I_o} \tag{7.2}$$

式中：I_w、I_o为卤水、油的总润湿体积比样品的总孔隙体积。

Montney 页岩中的有机质主要是固体沥青，因此越高的 TOC 质量分数等同于越多的固体沥青分布。同时通过 SEM 观察也发现固体沥青覆盖在无机矿物表面。同时固体沥青中发育纳米级孔隙，形成于生烃和有机质二次裂解过程。因此，Montney 页岩具有更高的 TOC 质量分数并发育大量的有机孔隙具有更好的亲油性孔隙网络的连通性，导致了更亲油的特征。对于 Horn River 页岩，通过 SEM 观察有机质相对分散，导致有机孔连通性差，使得 Horn River 页岩块体呈现亲水性特征，为了进一步验证孔隙连通性对页岩润湿性的影响，Horn River 页岩碎样呈现了更亲油的特征。页岩样品的破碎过程人为地提高了亲油孔隙的连通性，所以页岩中润湿性的特征受孔隙连通性的影响很大。同时也说明由于页岩的非均质性很强，表面的接触角结果不能代表页岩整体的润湿性。在页岩润湿性的评价中要充分考虑页岩中不同润湿性孔隙网络连通性的情况。

Gao 和 Hu（2018）对中国海相龙马溪组页岩和陆相延长组页岩的润湿性和孔隙结构特征进行了深入研究。基于研究者前期提出的定向自发渗吸评价页岩润湿性的方法（Gao and Hu，2016）龙马溪组页岩属于更亲油的页岩，延长组页岩属于更亲水的页岩。为了评价两组页岩的孔隙结构，研究者采用氮气吸附、高压压汞、场发射扫描电镜和 FIB-SEM 来进行孔隙结构表征。龙马溪组页岩等效镜质组反射率为 2.84%～3.05%，干酪根类型为 I 型，小孔径的有机质孔隙非常发育，无机孔隙在过成熟度强压实作用下大量减少。延长组页岩的镜质组反射率为 0.83%～1.02%，干酪根类型为 I—II_1 型，由于有机质成熟度低压实作用相对弱，大孔径的无机孔非常发育，但是有机孔发育程度低。因此页岩孔隙结构的差异直接反映在页岩润湿性的差异上。两套页岩不同程度的成岩作用和成熟度导致龙马溪组页岩亲油性的有机孔更发育，延长组页岩亲水性的无机孔更发育，从而导致两套页岩不同的润湿性特征。

Hu 等（2015）通过示踪剂流体的自发渗吸和饱和扩散实验结合激光剥蚀等离子质谱仪直接观察示踪剂的运移特征。该实验也证实了页岩润湿性与孔隙连通性之间的相关性。对于龙马溪组页岩和 Barnett 页岩进行了带有无机示踪剂的 API 卤水（8%NaCl 和 2%$CaCl_2$）自发渗吸实验，通过激光剥蚀等离子质谱仪对示踪剂的检测，显示页岩中连通的亲水孔隙网络只局限在样品边缘的微米尺度区域内。对于下寒武统牛蹄塘组页岩进行了带有有机示踪剂的正癸烷的扩散实验，结果显示大分子直径有机铼的扩散距离小于相对小分子直径的有机碘的扩散距离。有机碘在整个页岩样品中均有分布，说明牛蹄塘组页岩具有很好的亲油孔隙连通性同时反映了样品更亲油的特征。Hu 等（2017）对于龙马溪组页岩润湿性和孔隙连通性的研究也显示样品对于润湿性流体呈现出好的孔隙连通性，对于非润湿性流体呈现出差的孔隙连通性。同时结果显示龙马溪组页岩中连通性好的亲油性孔隙孔径（10 nm 左右）小于连通性差的亲水性孔隙孔径（50～100 nm）。

Gao 等（2019）通过总结前人对页岩润湿性与孔隙结构（特别是亲水和亲油孔隙的孔隙连通性）提出了 4 种孔隙网络模型（图 7.8）。

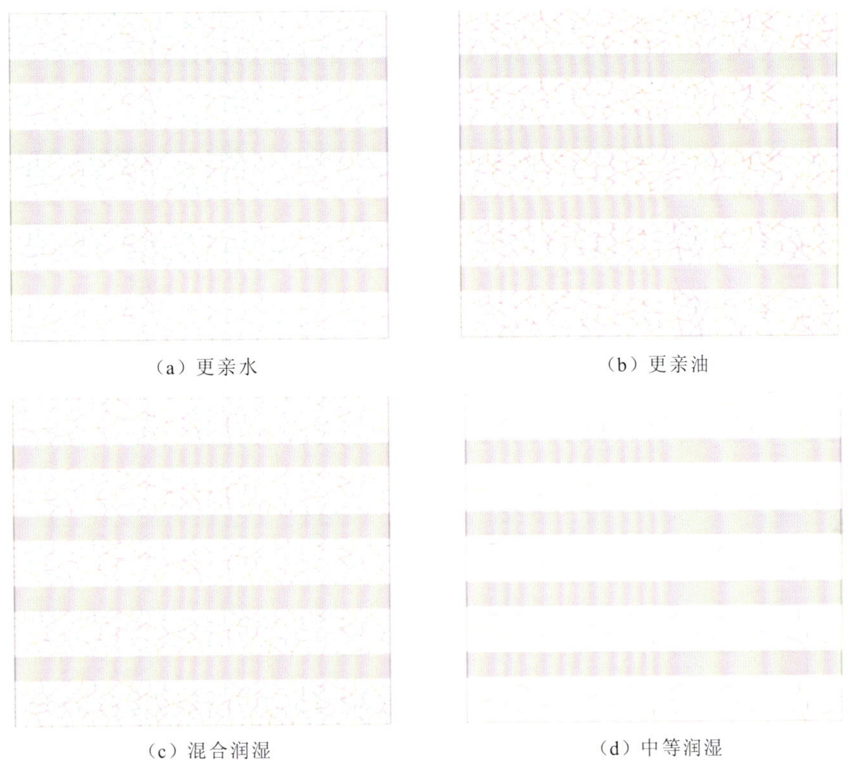

图 7.8　4 种孔隙网络模型

对于更亲水的页岩，亲水性的孔隙更发育，形成了一个更连通的亲水通道。相反更亲油的页岩，亲油性的孔隙更发育，亲油通道更连通。对于混合润湿性的页岩，亲油孔隙和亲水孔隙均很发育并且相互连通。对于中等润湿的样品，亲油性孔隙和亲水性孔隙均不发育且连通性较差。鉴于页岩的孔隙结构会影响页岩的润湿性，同时页岩的成熟度又是孔隙结构的主控因素（Mastalerz et al.，2013），基于前人对不同成熟度页岩的自发渗吸结果（表 7.4），Gao 等（2019）提出了基于成熟度的页岩润湿性演化模式（图 7.9）。

7.2.3　核磁共振实验

自从核磁共振技术应用在砂岩和碳酸盐岩润湿性的表征后（Cheng et al.，2017；Branco and Gil，2017；Freedman and Heaton，2003），很多学者开始研究如何应用核磁共振 T_2 谱的分布来测定页岩的润湿性（Korb et al.，2018；Wang et al.，2016；Odusina et al.，2011）。

Odusina 等（2011）以已知润湿性的砂岩样品作为校准标准，首次通过核磁共振技术对美国四个地区 50 块页岩进行了核磁测试评价其润湿性。具体测试流程如图 7.10 所示，对一组页岩样品以相反的流体浸润顺序进行核磁测试，可以综合对比其油-水润湿性特征。

表 7.4　不同成熟度的页岩自发渗吸结果

地层	组	位置	R_o 或 R_{equ}/%	R_o 或 R_{equ} 来源	润湿性	润湿性来源
三叠系	延长组	中国鄂尔多斯盆地	0.83～1.02	Xiong 等（2016）	亲水	Gao 和 Hu（2018）
志留系	龙马溪组	中国四川盆地	2.84～3.05	Tian 等（2013）	亲油	
密西西比系	Barnett 组	美国得克萨斯州沃思堡盆地	1.35	Loucks 等（2009）	三种润湿	Gao 和 Hu（2016）
侏罗系	自流井组	中国四川盆地	1.08～1.82	李延钧等（2013）	三种润湿	Gao 等（2018）
三叠系	Montney 页岩样品	加拿大不列颠哥伦比亚和亚伯达省	2.06	Chalmers 和 Bustin（2012）	亲油	Lan 等（2015）
泥盆系	Horn River 页岩样品	加拿大霍恩河盆地	1.6～2.5	Ross 和 Bustin（2009，2008）	亲水	
奥陶系-志留系	五峰组—龙马溪组	中国四川盆地	2.2～3.06	Gao 和 Zhang（2014）	亲油	Yang 等（2017）
志留系	龙马溪组	中国上扬子板块	2.17	Sun 等（2017a）	混合润湿	Sun 等（2017a）
二叠系	龙潭组		2.82		亲水	
寒武系	牛蹄塘组		3.22		中等润湿	

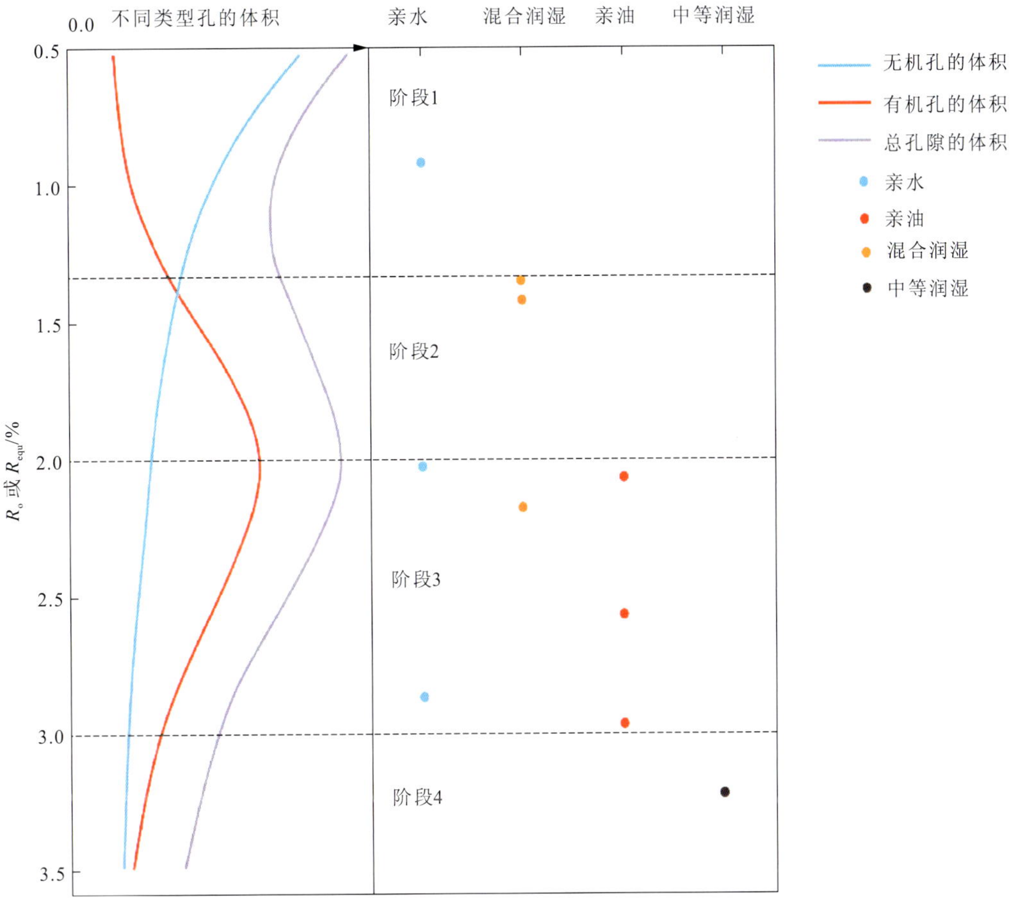

图 7.9　页岩润湿性演化模式

通过用页岩自吸后的核磁信号减去自吸前的核磁信号可以得到自吸流体的量。页岩具有混合润湿性但不同页岩对油和水的亲和力不同如图 7.11 所示，Eagel Ford 页岩更亲水，Woodford 页岩更亲油，Barnett 页岩对油和水的亲和力相近。并且页岩吸入癸烷的量与页岩 TOC 质量分数有较强的相关性，说明有机质对油润湿性起主要作用（图 7.12）。

Sulucarnain 等（2012）在 Odusina 等（2011）基础上提出了核磁共振润湿指数的概念 NMR(I_w)，其中−1 表示完全亲油，0 表示中性，+1 表示完全亲水，表达式如下：

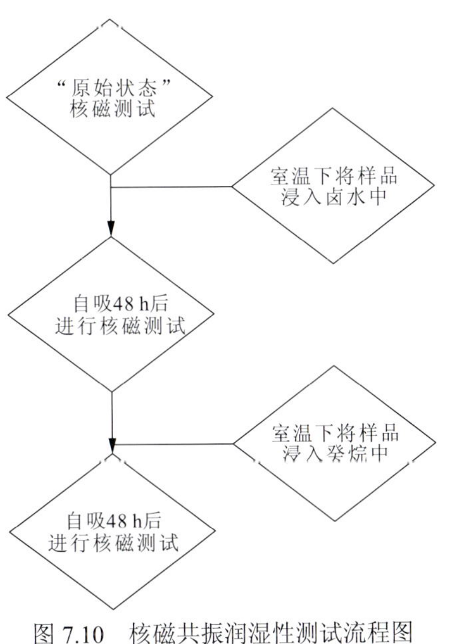

图 7.10　核磁共振润湿性测试流程图

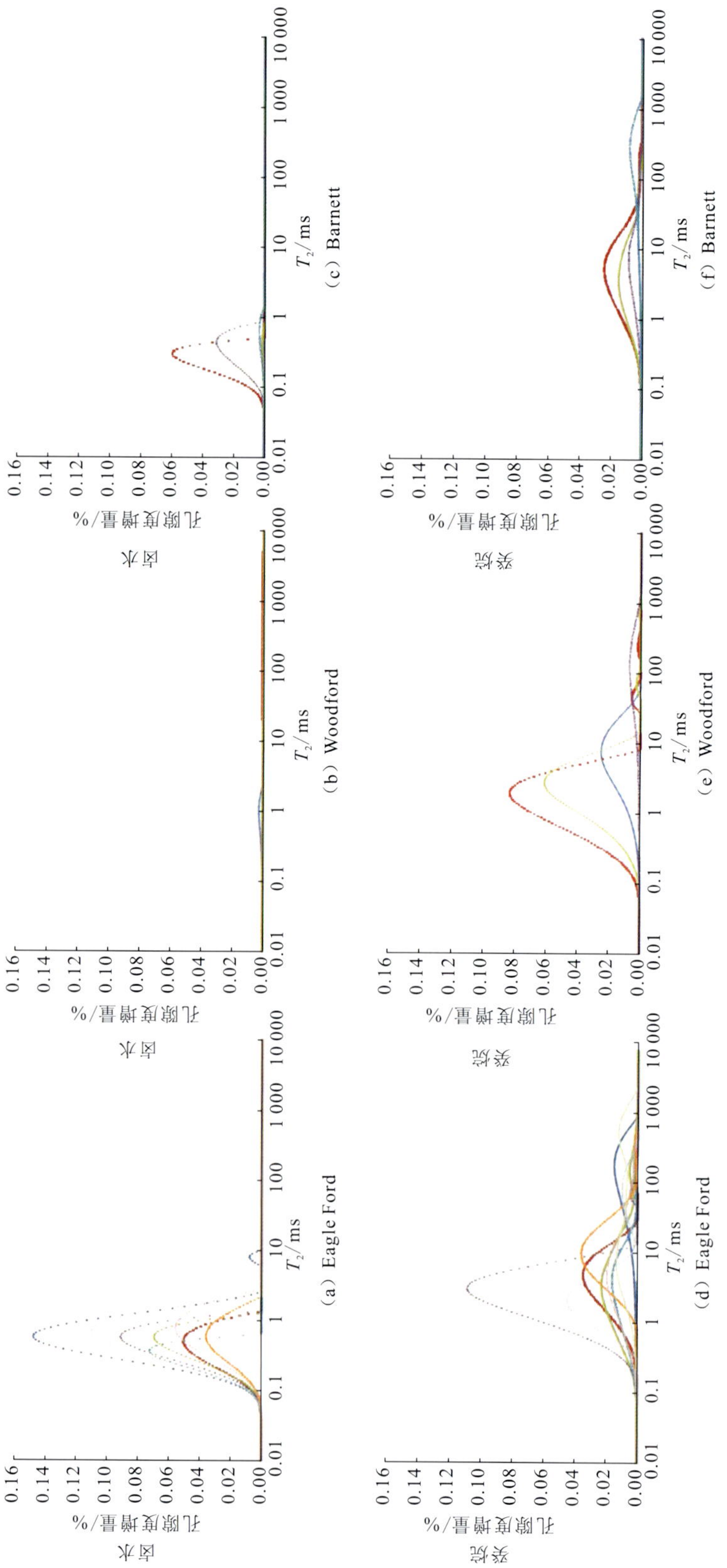

图7.11 三个地区的页岩核磁共振T_2谱（Odusina et al., 2001）

$$\mathrm{NMR}(I_w)=\frac{\mathrm{NMR}(S_w)-\mathrm{NMR}(S_{do})}{\mathrm{NMR}(S_w)+\mathrm{NMR}(S_{do})} \tag{7.3}$$

式中：$\mathrm{NMR}(S_w)$为核磁共振孔隙流体体积（盐水实际吸收量）除以氦孔隙度得到的盐水润湿表面分数；$\mathrm{NMR}(S_{do})$为将核磁共振孔隙流体体积（实际吸收癸烷的量）除以氦孔隙度，得到的癸烷润湿表面分数。

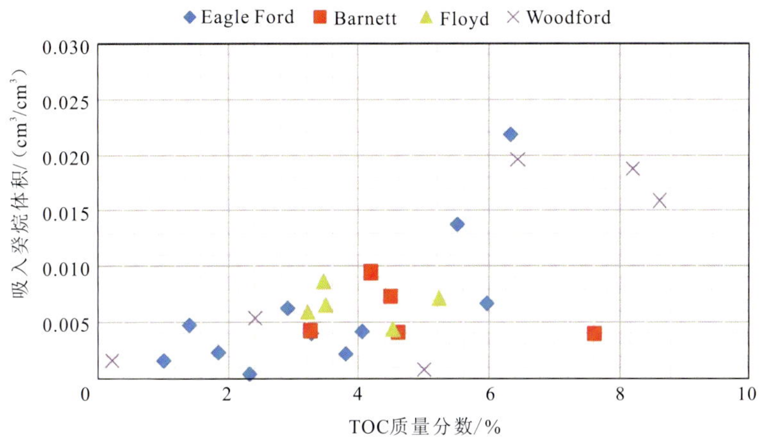

图 7.12　吸入癸烷量与 TOC 质量分数关系（Odusina et al.，2011）

表 7.5 为 Sulucarnain 等（2012）对奥陶系不同深度页岩的核磁测试结果。

表 7.5　奥陶系不同深度页岩的核磁测试结果

样品号	S_{native}	S_w	S_{do}	S_{total}	$\mathrm{NMR}(I_w)$	TOC 质量分数/%
XX01	0.26	0.59	0.024	0.61	0.92	1.6
XX02	0.60	0.70	0.038	0.74	0.9	1.7
XX03	0.28	0.50	0.015	0.51	0.94	2.1
XX04	0.14	0.08	0.35	0.43	-0.63	4.3
XX05	0.42	0.30	0.26	0.56	0.07	2.6
XX07	0.17	0.09	0.38	0.47	-0.62	4.9
XX09	0.47	0.35	0.046	0.40	0.77	0.3
XX12	0.18	0.04	0.27	0.31	-0.75	5.8
XX23	0.40	0.10	0.023	0.12	0.61	1.9
XX25	0.66	0.41	0.16	0.57	0.45	3.4

注：其中油润湿页岩以灰色突出

Zhang 等（2014）研究了一种可以缩短测试时间的注液装置，通过监测注液引起的核磁共振信号变化，来研究不同流体对页岩润湿性的影响。实验证明相比传统的自吸方法使用注液装置可以有效地缩短测试时间。图 7.13 为两种方法的对比。研究认为 TOC 质量分数高的页岩吸入柴油量越高，与页岩含有更多的有机孔有关，在核磁 T_2 谱中表现为弛豫时间更快的核磁信号，说明有机孔大多在纳米范围中。最后研究提出页岩不同大小的孔隙有不同的润湿特征，故通过在整个孔径范围内应用核磁润湿指数可能会不够准确。

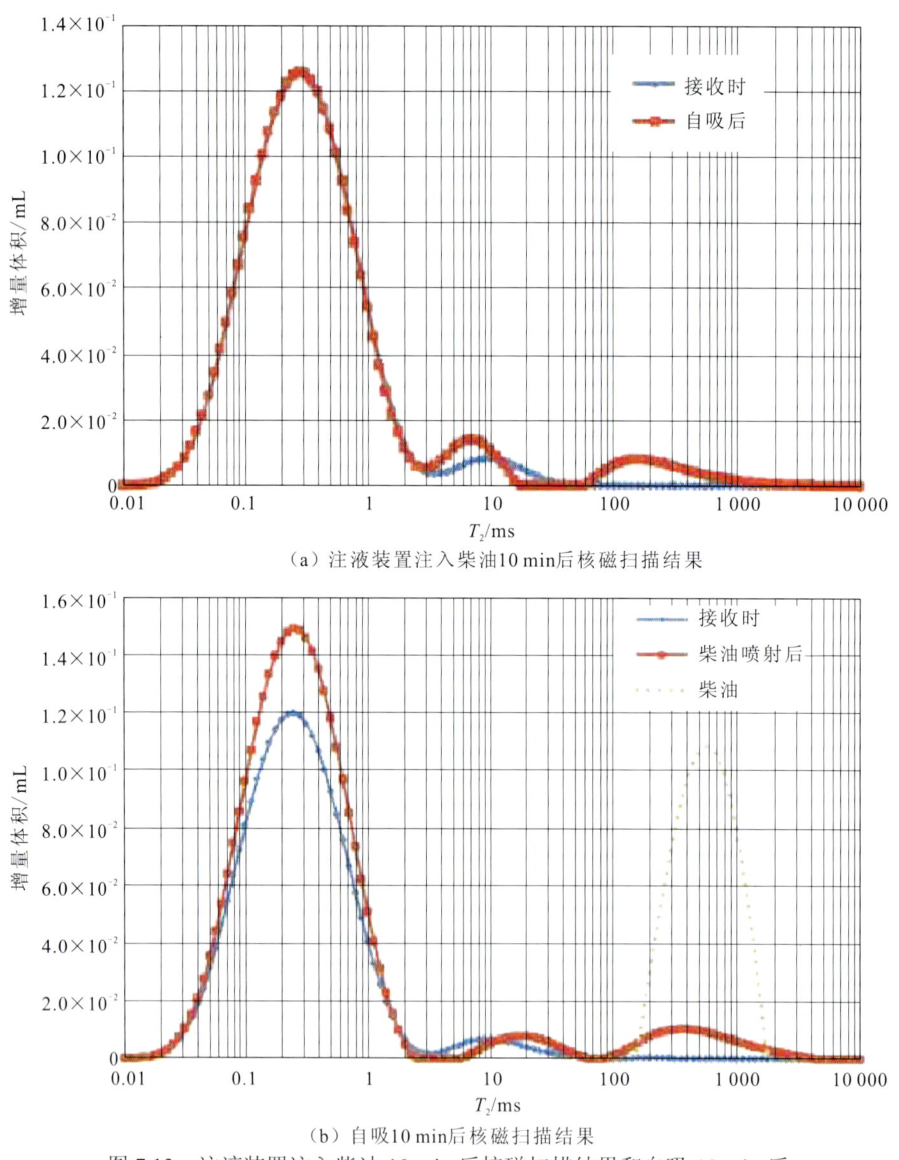

（a）注液装置注入柴油10 min后核磁扫描结果

（b）自吸10 min后核磁扫描结果

图 7.13　注液装置注入柴油 10 min 后核磁扫描结果和自吸 10 min 后核磁扫描结果对比（Zhang et al.，2014）

Wang 等（2016）对四川盆地东南部富有机质页岩岩心样品进行不同条件下油水核磁共振响应的测量，分析了页岩油水核磁共振响应与页岩孔隙类型、润湿性、岩石组成的关系。研究发现 P_1（0.01～0.4 ms）、P_2（0.4～15 ms）和 P_3（＞15 ms）的峰值分别对应有机孔隙、无机孔隙（黏土矿物粒间孔、粒间孔和黄铁矿粒间孔）和微裂缝，并认为有机孔隙、无机孔隙和微裂缝的润湿类型分别为油润湿、水润湿和混合润湿。从 T_2 谱特征来看，页岩中硫铁矿质量分数高，TOC 质量分数高，有机质孔隙和黄铁矿粒间孔隙发育，黏土矿物粒间孔隙发育，饱和水岩心核磁共振 T_2 谱呈双峰特征；相反，则呈现单峰特征。

Wang 等（2017）将核磁共振与接触角实验结合，发现 T_2 谱线形状与水接触角有明显的相关关系。当水接触角大于 36.5° 时，页岩岩心的 T_2 谱具有三峰特征：三个波峰的 T_2 值分别在 0.01～0.4 ms、0.4～0.10 ms 和＞10 ms 范围内。当水接触角小于 34.5° 时，页岩岩心的 T_2 谱呈现双峰特征，T_2 值均分别在 0.01～10 ms 和＞10 ms 范围内。

7.2.4 小角中子散射实验

流体无法进入一个孔隙体系的原因可能是其物理上的封闭性或者是孔隙表面对于特定流体的非润湿性。如果是后者那么同一个孔隙体系对于不同润湿性流体的可进入性情况就会有差异。假设孔喉均大于流体分子的前提下，不同润湿性流体在同一个样品中不可进入孔隙比例的差异反映了样品中孔隙体系润湿性的差异（László et al.，2012）。Bahadur 等（2018）首次通过小角中子散射同位素匹配法测定 3 块 Marcellus 页岩（样品信息见表 7.6 和表 7.7，分别为硅质页岩、富黏土质页岩和钙质页岩）中不同润湿流体的可进入孔隙和不可进入孔隙的比例，从而评价了 Marcellus 页岩的润湿性。小角中子散射同位素匹配法的实验原理见第 5 章。

表 7.6 3 块 Marcellus 页岩的信息（Bahadur et al.，2018）

样品	样品长度/cm	埋深/m	石英/%	方解石/%	伊利石/%	黄铁矿/%	计算样品 SLD/（10^{10} cm^{-2}）
Mar-1	7.3	2 302.2	66	4	23	7	4.01
Mar-2	17.98	2 306.8	51	9	34	7	3.99
Mar-3	7.3	2 310.2	37	35	20	8	4.18
矿物 SLD/（10^{10} cm^{-2}）			4.2	4.7	3.4	3.8	

表 7.7 3 块 Marcellus 页岩的组分信息*（Bahadur et al.，2018）

样品	C	H	N	O	S	TOC	原子 H/C	原子 O/C
Mar-1	6.69	0.78	0.24	4.31	3.84	5.64	1.38	0.46
Mar-2	10.73	0.91	0.38	5.05	3.79	9.60	1.01	0.36
Mar-3	8.09	0.77	0.28	11.37	3.54	4.54	1.19	1.06

*以质量所占百分比表示碳、氢、氮、氧、硫及 TOC 质量分数，以及计算 Marcellus 页岩样品的 H/C、O/C

Bahadur 等（2018）通过氘代水和氘代甲苯测定页岩不同孔径分布上的可进入孔隙比例。实验分为两个步骤，首先通过小角中子散射实验测定干燥样品的总散射强度信号。然后将与页岩散射长度密度（SLD）相似的润湿性流体注入页岩中。注入的流体会填充可进入性孔隙，从而消除这部分孔隙的散射信号，进而得到的残余散射信号将来自流体不可进入的孔隙。将残余的散射强度信号比上干燥样品的总散射强度信号将得到流体不可进入的孔隙比例。在 Marcellus 页岩中 3 个样品对于不同流体的可进入情况具有相似的趋势（图 7.14）。

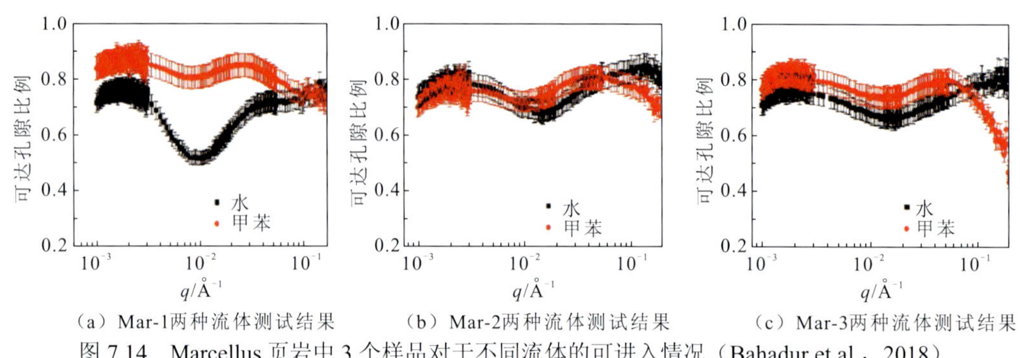

图 7.14　Marcellus 页岩中 3 个样品对于不同流体的可进入情况（Bahadur et al.，2018）

水在三个样品的大孔(孔隙直径大于 160 nm)中的可进入性达到 70%～80%，在 10～160 nm 孔径范围内的可进入性下降，其中硅质页岩的下降比例远高于钙质页岩和富黏土质页岩。在所有样品中小于 5 nm 孔隙直径的范围内，水的可进入性孔隙比例又升高到 70%～80%。对于甲苯，其可进入的孔隙趋势与水相似，在孔径大于 5 nm 的范围内稍高于水的可进入性。但是 3 个样品在孔径小于 5 nm 的范围内甲苯的可进入性均低于水，其中钙质页岩最为显著。其原因可能与孔径小于 5 nm 的孔隙的润湿性有关，也可能是甲苯分子的动力学直径（约 0.67 nm）大于小孔隙的喉道。但是甲苯在小于 5 nm 的孔隙中低的可进入性与碳酸盐矿物的关系尚不清楚。

甲苯和水在页岩 50 nm 孔隙直径的位置均呈现低的可进入性，其中硅质页岩最为显著，是否与大量的石英矿物有关尚不清楚。而每类页岩均呈现这一现象更可能与有机质有关，而非特定的矿物。尽管水和甲苯在页岩的不同孔径段都可以进入，但是其进入程度不同，因此其差异可以用来定量地评价页岩的润湿性。同时页岩中大部分矿物本身是亲水性的，并且水分子直径小于甲苯分子，从理论上来看水进入的孔隙体积要高于甲苯。但是实际情况是从 5 nm 孔隙直径到几百纳米孔隙直径的范围内甲苯的可进入性要高于水，因此也说明页岩本身混合性润湿的特征。在生油窗阶段，油或者沥青会覆盖在矿物或者孔隙表面形成亲油性通道。同时有机质二次裂解形成的有机孔隙网络体系也会提高亲油性流体的可进入性。因此在页岩油气开发的过程中润湿性翻转来提高页岩油气产量和采收率也越来越被重视。同时对比匹配小角中子散射法可以探测不同流体在页岩中的可进入性，从而为定量表征页岩的润湿性提供了新的途径。

7.3　页岩储层水岩作用的研究

水岩作用是指水、热液和岩石在岩石固相线以下的温度、压力范围内进行的各种化学反应和物理化学作用（叶聪林 等，2010）。对于油气储层及页岩储层，水岩作用贯穿了储层的整个成岩演化史，参与了油气从形成到运移、聚集成藏，甚至逸散的整个过程，对储层物性的发展、演化意义重大，对油气的聚集、分布、成藏规模及开采效率有着非常重要的影响。水岩作用体系通常由三个部分组成：固体相、液体相和气体相（庞忠和，1996）。固体相通常以无机矿物的形式表达（如石英、长石、绿泥石、云母等），或以化学成分的形式表达（如 CaO、Fe_2O_3、MgO 等）；液体相通常以水溶液（含各种阴、阳离子）、有机酸、酚及液态烃类等形式表达；气体相通常以 CO_2、H_2S、CH_4 等气体分子形式表达。在水岩作用中，基本的地球化学、物理化学方式有：①流体对固相的溶解淋滤和交代；②固液两相间的同位素交换；③氧化-还原；④流体、地下水中的元素在固相表面的吸附；⑤流体、地下水流经岩石孔隙时发生的渗滤分异。

页岩气逐渐成为我国非常规油气研究的热点，故研究水岩作用对页岩储层地球化学特征的认识、成藏规律的认识和高效开采具有重要的意义。目前对页岩来说，水岩作用的研究主要集中在流体对页岩理化特性、微观结构和宏观强度的影响上。

7.3.1　对页岩理化特性的影响

前人通过 X 射线衍射、分子动力学模型、线性膨胀率、电势电位测定和阳离子交换容量等实验手段来评估水对页岩理化性能的影响。张政等（2019）采用 CPZ-II 型双通道页岩膨胀仪，从判断页岩类型及水化特征入手，以湘西北页岩为研究对象开展了页岩水化膨胀抑制性实验。选择应用广泛的 KCl、SDBS 和 CTAB 等 3 种钻井液体系，通过改变 KCl、SDBS 和 CTAB 离子浓度，分别对比了不同离子浓度下 3 种钻井液体系对湘西北页岩的膨胀速率和最终膨胀量的影响，分析了其膨胀抑制机理，进而优选出了其膨胀抑制剂的最佳浓度（图 7.15）。

卢运虎等（2020）针对龙马溪组深层页岩组构特征，建立了深层页岩典型黏土矿物（镁蒙脱石、铁蒙脱石和伊利石）水岩作用的分子动力学模型。他将蒙脱石和伊利石的晶体结构建立模型，采用 Material Studio 软件中的 Forcite Plus 模块对蒙脱土含水膨胀过程进行了模拟。为了模拟水分子对蒙脱石和伊利石水化的影响，对构建的蒙脱石和伊利石超晶胞模型随机添加 8 个、16 个、24 个、32 个、40 个和 48 个水分子，并控制温度变量，从而分析含水量、温度和矿物特征变化对晶胞层间距和水分子扩散系数的影响。图 7.16 的结果显示晶胞层间距水分子数量对黏土矿物晶胞层间距变化具有显著影响，水分子数量越多，晶胞层间距越大；温度主要影响黏土矿物晶胞层间距水分子扩散系数，温度越高，水分子扩散系数越大；相同水岩作用条件下蒙脱石晶胞层间距大于伊利石，但伊利石晶胞层间水分子扩散系数大于蒙脱石。结合微观实验验证了水岩作用对典型矿物微观结构的影响程度（图 7.17）。

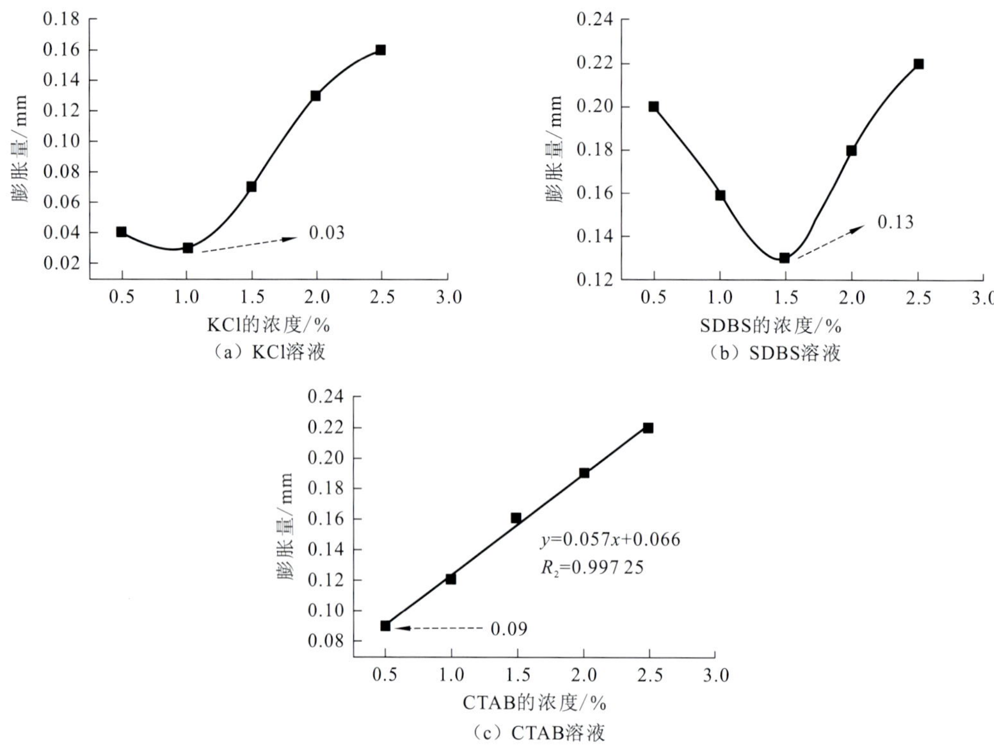

（a）KCl溶液
（b）SDBS溶液
（c）CTAB溶液

图 7.15　不同离子浓度下 3 种钻井液体系对湘西北页岩的膨胀量影响（张政 等，2019）

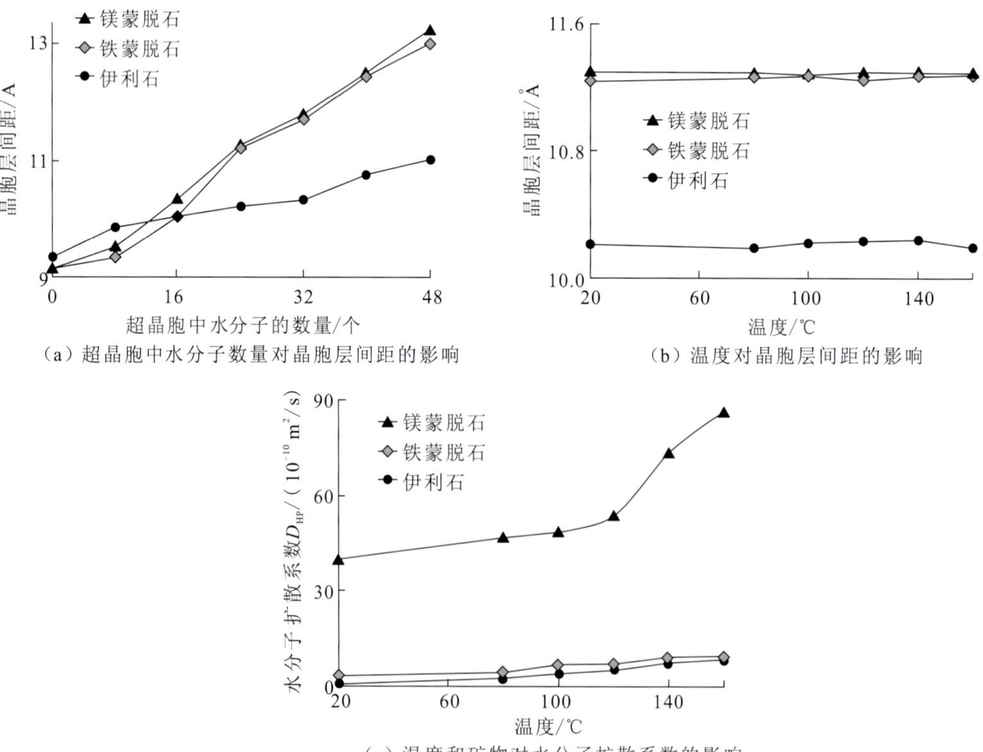

（a）超晶胞中水分子数量对晶胞层间距的影响
（b）温度对晶胞层间距的影响
（c）温度和矿物对水分子扩散系数的影响

图 7.16　水分子数量、温度和矿物特征变化对晶胞层间距和水分子扩散系数的影响（卢运虎 等，2020）

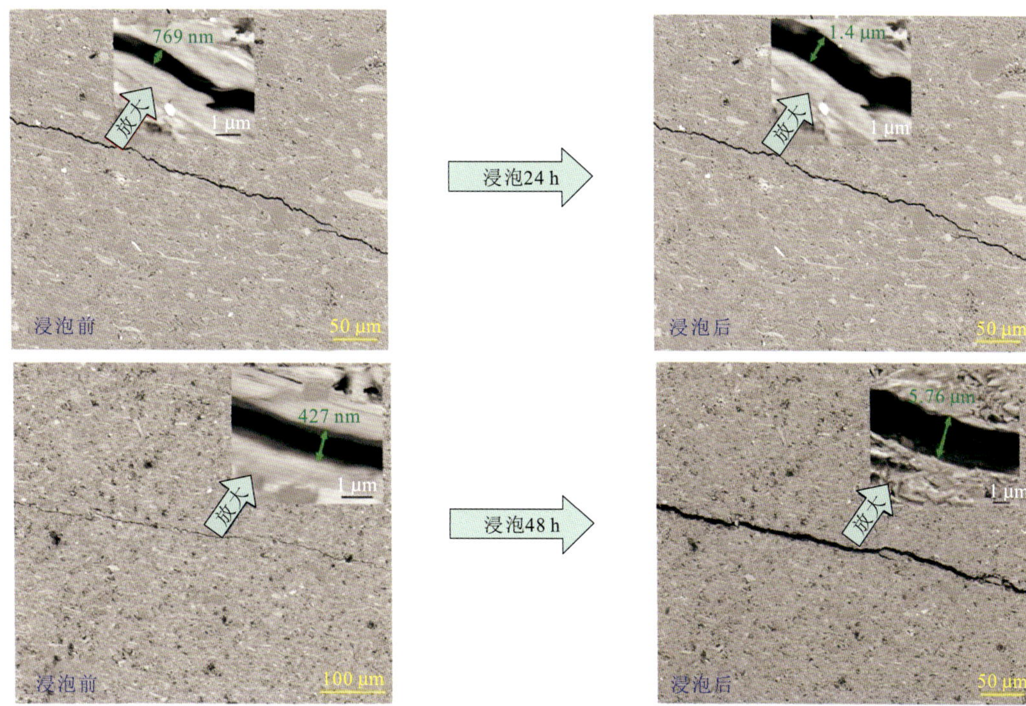

图 7.17　典型黏土矿物水化微观实验（卢运虎 等，2020）

Phan 等（2018）研究了 Li、Sr 和 U 作为离子交换和矿物溶解反应的地球化学示踪剂，目的是评价 Li、Sr 同位素和 U 浓度是否可用于研究页岩中压裂液与主要矿物的水岩反应。结果表明压裂液和页岩的相互作用对 Marcellus 页岩中 Li 和 Sr 同位素特征及总溶解固体量（total dissolved solids，TDS）增加趋势的影响可以忽略不计。返排液主要是注入的流体与已存在的地层水的混合。而返排液中 U 浓度的增加，表明压裂液在储层中发生了 U 示踪的反应（沉淀、氧化还原或吸附）及酸性压裂液反应而导致的方解石溶解。因此水岩作用会影响 Marcellus 页岩返排液中各种组分的浓度，导致页岩中发生的矿物溶解和沉淀反应，从而影响非常规储层的天然气产量。虽然无法单纯通过监测返排液的主要离子来检测所有水岩作用，一旦未来开发出表征储层中水岩作用的方法，就可以为改善水力压裂设计、提高非常规页岩气的产量提供理论指导。

Ali 和 Hascakir（2017）对美国 Eagle Ford、Marcellus、Green River 和 Barnett 页岩的水岩作用进行了研究。将破碎后的页岩样品在储层条件下置于水中 3 周，获得用于研究的页岩和溶水样品。采用 XRD 方法确定页岩矿物的变化，用 XPS 和 SEM-EDS 方法测定页岩的元素组成，并分析了水的阴离子和阳离子、TDS、电导率、pH、TOC、胶体的稳定性（用 Zeta 电位表征）。其结果表明：水的硫酸盐质量浓度与通过 XPS 分析确定的页岩的硫元素和氧元素的原子比相关。水中的镁浓度主要与页岩中的伊利石质量分数有关，钙浓度与岩样中的方解石和石膏质量分数有关。溶解率最大的是水中产生硫酸盐的矿物，其次是水中产生钙离子的石膏和方解石，含镁矿物（主要是白云石）的溶解率最低。水样的 TDS 表明，Green River 样品与水的相互作用程度最小，Barnett 页岩的程度最大。Zeta 电位值表明 Eagle Ford 页岩在水岩相互作用后水中的胶体稳定性最差。

7.3.2 对页岩微观结构的影响

目前，国内外学者借助 CT、SEM、核磁共振图谱等观察了流体与岩石相互作用的微观特征，如页岩内部的微裂缝生长、演化过程、各向异性及溶蚀特征。

卢运虎等（2020）利用聚焦离子束-热场发射扫描电子显微镜观察了页岩水化前后的微观结构，并且利用能谱仪分析了水化裂缝处的矿物元素。结果表明，伊利石吸水后晶胞层间距变化小，伊利石吸水膨胀性差，而蒙脱石吸水后晶胞层间距变化大，伊蒙混层中蒙脱石吸水易形成水化微观裂缝（图 7.17）。

Jiang 等（2019）测试了不同自吸流体（油和水）核磁共振的 T_2 谱图。实验结果表明，页岩自发吸水过程的吸水速率和吸水量远高于自发吸油过程，这个结果与毛细管力驱动的浸泡模型相反。由此认为，自发渗吸除与毛细管压力相关外，也和水化应力有关。实验结果表明过量的吸收水主要以束缚水的形式存在页岩中。过量的自发渗吸水进入基质，与矿物发生水岩作用会形成许多微裂缝，这些裂缝连接了孤立的有机孔隙，缓解了水锁现象（图 7.18）。

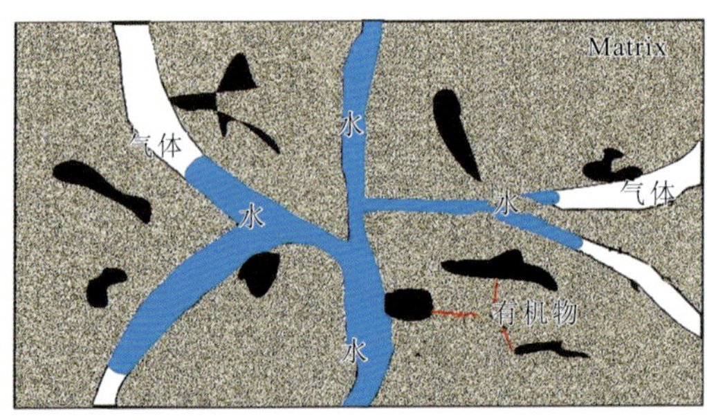

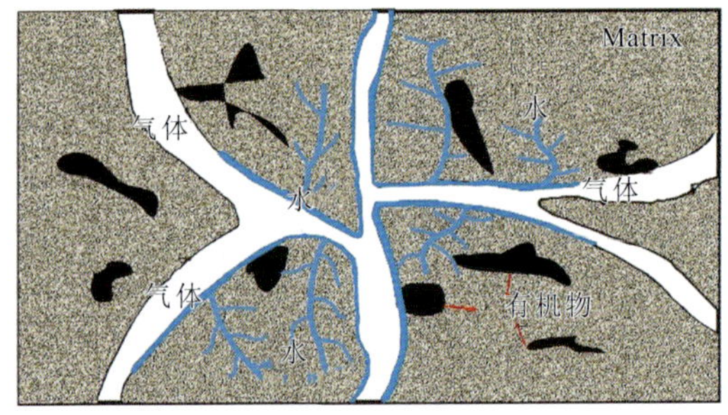

图 7.18　水锁自解示意图（Jiang et al.，2019）

游利军等（2018）对人工造缝的岩样开展压裂液返排和气驱压裂液实验。监测压裂液返排流动阶段的页岩液相渗透率、返排液固相粒度分布和浊度变化，对比压裂液气驱前后的气测渗透率，分析返排液对页岩储层中裂缝的损害机理与损害程度。

7.3.3　对页岩宏观强度的影响

流体对页岩宏观强度的研究一般借助岩石力学试验方法，开展流体浸泡后的页岩强度实验。在流体作用下，页岩强度一般会发生不同程度的降低，而且降低的程度与岩石的矿物组成、各向异性和流体的性质有关。目前研究集中在中浅层页岩气藏水岩作用，以及水岩作用对页岩内部结构、强度及其耦合机制的影响等。

游利军等（2014）通过对四川盆地南部志留系龙马溪组出露的富有机质页岩开展支撑与无支撑裂缝的干燥岩样、压裂液滤液浸润岩样的渗透率随有效应力变化的实验，结果表明页岩应力敏感性由强到弱依次为：压裂液浸润无支撑裂缝岩样、无支撑裂缝干燥岩样、支撑裂缝干燥岩样、压裂液滤液浸润支撑裂缝岩样。滞留压裂液的润滑作用、水化作用及侵蚀作用综合影响着页岩的压力敏感性。

康毅力等（2019）开展了水岩作用前后页岩应力敏感性评价实验，表征了应力敏感性实验前后裂缝面性质的变化特征，分析了水岩作用对裂缝面的作用机理。他们认为页岩初始缝宽越宽，应力敏感性越强。页岩发生水岩作用后其应力敏感程度从高到低依次为碱敏＞矿化度降低的盐敏＞水敏。矿化度降低的盐敏和水敏过程中，黏土矿物水化膨胀，并发生微粒运移，裂缝表面更加光滑。而碱敏过程流体不仅与裂缝表面发生水化作用，而且发生碱液侵蚀，加剧了页岩的应力敏感程度。含支撑剂的裂缝页岩应力敏感程度减弱，支撑剂的嵌入和破碎是产生应力敏感性的主要原因，故支撑剂优选和合理铺置是降低应力敏感程度的关键。

7.3.4　小角中子散射的应用前景

水岩作用对页岩微观结构的影响目前还存在很多待解决的问题，比如目前页岩气的开采需要在高压下注入大量含支撑剂的压力液（约 2 600 万 gal）来产生裂缝（孙张涛和吴西顺，2014）。以美国页岩开采为例，平均只有 6%～10%的压裂液返排，未返排的压裂液被认为通过各种机制滞留在周围的页岩基质、微裂缝和其他裂缝网络中。然而大量的压裂液在页岩储层中的滞留机理、滞留空间分布及水岩作用情况尚不清晰。随着页岩气产出，页岩孔隙压力降低，有效应力增加，裂缝闭合，渗流能力降低（康毅力 等，2019），其水岩作用是引起页岩储层应力敏感性损害的重要原因。同时水岩作用也是引起页岩膨胀开裂导致井壁失稳的重要原因（张政 等，2019）。因此在微观尺度上对于页岩水岩作用的研究则尤为重要。

小角中子散射方法在非常规油气领域的应用为以上问题的研究提供了新的思路。Sun 等（2019）和 Bahadur 等（2018）利用小角中子散射及对比匹配小角中子散射研究了页岩样品的开孔及闭孔信息，以及不同流体在页岩中的可进入性。除页岩孔隙结构表征上的应用外，对比匹配小角中子散射在水岩作用研究中也有很好的应用前景。例如，水（H_2O）与重水（D_2O）混合物的中子 SLD 可以匹配为零，类似于页岩中孔隙的 SLD。将这种混合流体添加到页岩样品中，可以在纳米尺度上研究页岩与压裂液接触时的膨胀性（图 7.19）。

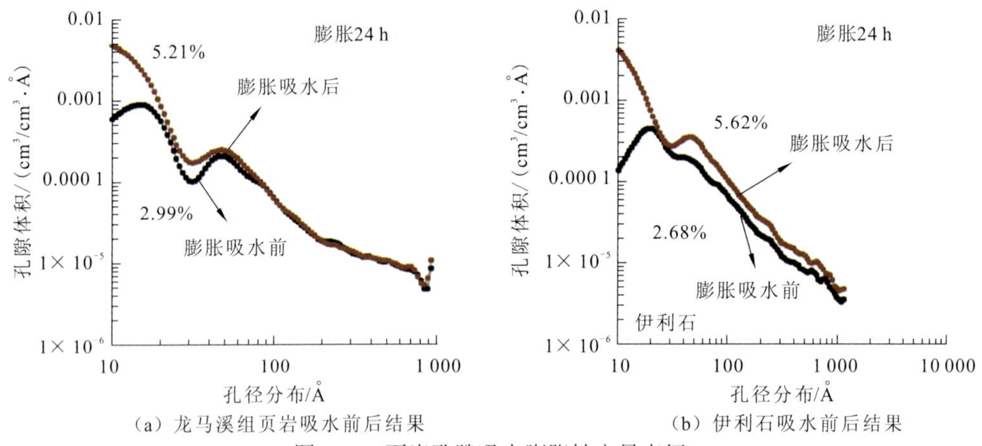

（a）龙马溪组页岩吸水前后结果　（b）伊利石吸水前后结果

图 7.19　页岩孔隙吸水膨胀性定量表征

小角中子散射也是研究页岩吸附动力学的重要方法。Bahadur 等（2018）进行了水和甲苯在 Marcellus 页岩中的吸附动力学研究。实验所用的 H_2O/D_2O 混合流体的 SLD 为 $3.52\times10^{10}\,cm^{-2}$，甲苯/氘代甲苯-甲苯混合流体的 SLD 为 $4.04\times10^{10}\,cm^{-2}$。使配置混合流体的 SLD 最接近样品的 SLD。在样品加入混合流体后立即进行小角中子散射测试，每隔 1 min 测定一次。水和甲苯的吸附动力学实验分别进行了 440 min 和 580 min。其标准化、累积散射强度-时间函数分别如图 7.20 和图 7.21 所示。

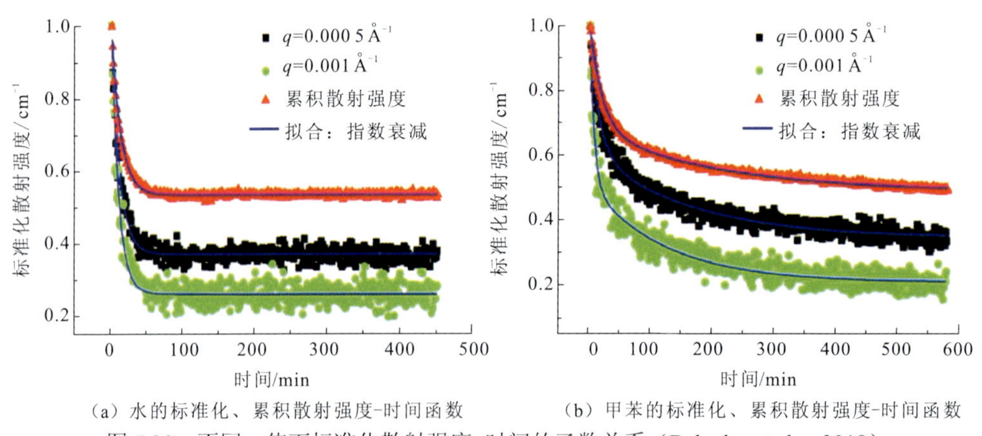

（a）水的标准化、累积散射强度-时间函数　（b）甲苯的标准化、累积散射强度-时间函数

图 7.20　不同 q 值下标准化散射强度-时间的函数关系（Bahadur et al.，2018）

累积标准化散射强度-时间函数（Bahadur et al.，2018）结果表明，在 0～100 min，页岩水吸附速率大于甲苯，吸附过程在 100 min 后逐渐停止。甲苯吸附速率略低于水，但随着时间的推移，甲苯将继续渗透更多的孔隙。以下几个因素可能导致甲苯较水的吸附速率低：①甲苯改变了与孔隙有关的有机质和矿物质的结构，但过程缓慢（>125 min）；②甲苯缓慢地置换样品内的束缚水；③甲苯较大的分子直径延迟了对孔隙的渗透。

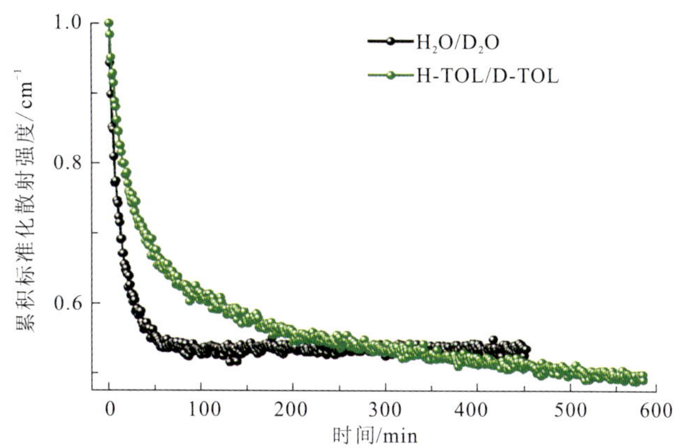

图 7.21　累积标准化散射强度-时间函数（Bahadur et al.，2018）

7.4　页岩储层渗透性的研究

渗透率是储层物性特征研究中最重要的参数之一，是储层评价、开发方案设计、数值模拟及产能评价必不可少的参数。页岩储层渗透率通常在纳达西级（小于 $1\times10^{-6}\ \mu m^2$），很难用常规方法测得。目前测量渗透率的方法有稳态法、非稳态法、高压压汞法和核磁共振法等，每种技术都有其各自的优劣，本节将对每种方法在页岩上的应用进行介绍。

7.4.1　稳态法

稳态法是实验室测定岩心渗透率的标准方法之一。该方法原理简单，操作方便，典型的稳态实验装置如图 7.22 所示，常用测试气体为 CO_2、He、Ar 及超临界 CO_2，提供围压的介质一般为高压油或水。进行稳态实验，首先需要使岩心达到所需的孔隙压力并使其平衡。其次增加上游或下游一端压力，使样品两端产生压力差，使气体开始流动。实验可以选择保持恒定的压力差或施加恒定的流速两种方式进行测量。Zhang 等（2002）研究发现，上述两种方式在结果上具有一定的可比性。因为压力监测的精确度高于极低流速监测的精确度，所以对于极低渗透率的介质，通常建议使用恒压差方法（Malkovsky et al.，2009）。

稳态法对装置的密封性要求极高，测量低渗透率页岩所需时间很长，一般需要十几天，测量精度也随着时间的增加而降低，故一般并不适用于页岩渗透率的测量，因此有些学者在传统装置上进行了改进。与传统装置相比，Sinha 等（2012）在上游供气系统中增加了气体压力泵，如图 7.23 所示，该装置可以测量低至 10 nD 的渗透率。Boulin 等（2012）提出了一种推拉式结构装置，可以用来测量致密岩的渗透率。该装置分别在样品的上游端和下游端安装两个活塞泵，在达到实验需要的初始平衡后，通过两端活塞的位移保持实验需要的压差，最后通过活塞位移随时间的变化关系来计算渗透率。

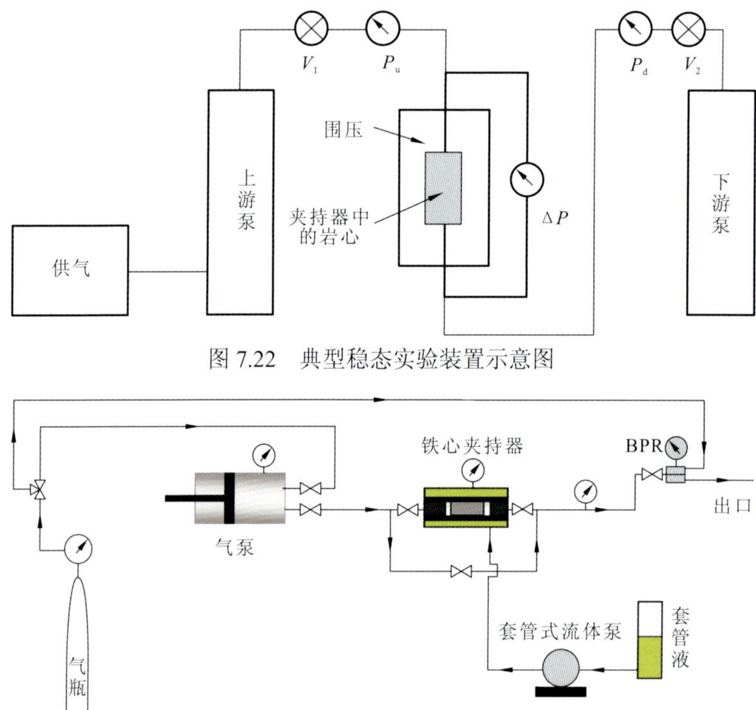

图 7.22　典型稳态实验装置示意图

图 7.23　测量致密岩渗透率的稳态装置原理图（Sinha et al.，2012）

气体滑脱效应随着分子平均自由程的增加而增加，在等温条件下与压力成反比。Sinha 等（2013）研究了不同气体（氩气、氦气和甲烷）在页岩中的渗透率。研究发现，在不同压力（P）下测得渗透率与压力倒数 $1/P$ 呈线性关系，说明了克林肯贝格效应的有效性。Rushing 等（2004）研究发现在样品下游施加有限背压测得的渗透率与经过克林肯贝格校正的渗透率相近，说明通过在样品下游施加有限的背压，可以减少非达西流动效应。Li 等（2009）定义了非滑动渗透率的概念，即在保持恒定压差的情况下，随着背压的增加，渗透率不再发生改变时所测定的渗透率。Dong 等（2012）通过实验发现，对于较高渗透率的介质（>0.1 mD），克林肯贝格校正后的渗透率和非滑动渗透率是相等的，但对于较低渗透率的介质（<0.1 mD），非滑动渗透率低于克林肯贝格校正后的渗透率。

7.4.2　非稳态法

常用的测定岩石样品渗透率的非稳态实验包括脉冲衰减法及其改进方法和压力下降法。

1. 脉冲衰减法

脉冲衰减法是测定低渗透多孔介质渗透率最常用的实验方法。脉冲衰减技术最初是基于 Brace 等（1968）描述的方法进行测量，Lin（1977）将其进一步发展，后人进一步提出了一些改进建议以简化和改进实验。该方法要求实验过程中温度恒定，需装配高精度的压力数据采集装置具有很好的密封性。与稳态法相比，脉冲衰减法具有测试时间短、精确度高等优势。

非稳态实验需要在样品的上游端和下游端各安装一定体积的容器（通常为圆柱体气缸）进行储气，实验时打开上游端阀门使上游气体通过样品进入下游端容器中，通过测量上游端和下游端的压力及两端的压力差，计算得到渗透率。图 7.24 为传统脉冲衰减法装置图。在理想情况下，上游和下游设置的气缸容量应是相同的，当气体通过样品时，上游压力的减少等于下游压力的增加，这样可以使样品平均孔隙压力保持不变，整体孔隙体积压缩变化接近于零。此外，对称的设计会使气体的流入量等于流出量，因此会使通过样品的质量流速的空间变化最小化。如果设置不对称，压力衰减可能不再是单指数形式，因此将更难分析。

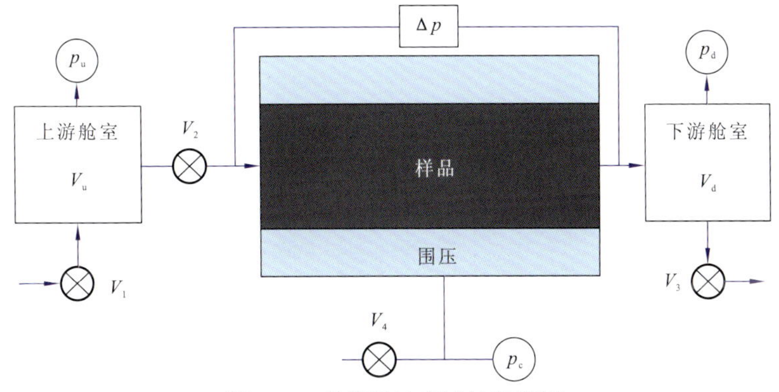

图 7.24　传统脉冲衰减法装置图

一些学者对传统非稳态法实验装置进行了一定的改进。Jones（1972）对经典脉冲衰减进行了改进，该装置可测渗透率范围是 0.001 mD<k<1 000 mD。其原理图如图 7.25

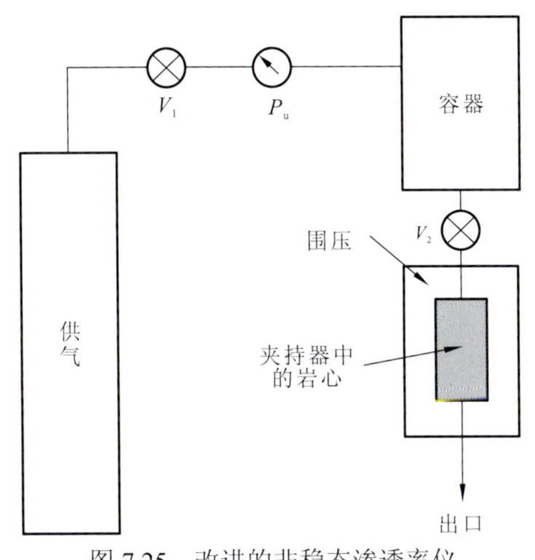

图 7.25　改进的非稳态渗透率仪

所示，该装置的上游气缸和夹持器中间安装有一个阀门，在下游端，夹持器与外界连通。这种装置的优点是实验装置简单，实验所需的运行时间短。为了减少常规脉冲衰减方法的实验运行时间，Jones（1997）在常规装置基础的上游和下游处额外各加了一个大气缸，此方法可以省去常规脉冲衰减法中的系统平衡过程，并可以降低对样品非均质性的敏感性。但此装置可测渗透率范围较小，仅为 0.01 mD$<k<$1 mD。

Lasseux 等（2012）提出了一种可以直接测定经克林肯贝格校正的渗透率、克林肯贝格系数和孔隙度的测量方法。此方法可以降低因密封性较差导致气体泄露等因素的影响。该实验装置与常规脉冲衰减方法类似，但在供气和上游气瓶之间的管道中包含了一个额外的气缸如图 7.26 所示。在实验的第一阶段，压力脉冲的施加方式与常规脉冲衰减实验相同。在第二阶段，将第二个气缸中额外的压力脉冲直接向样品释放。最后通过记录两个阶段的压力变化计算得到测量结果。

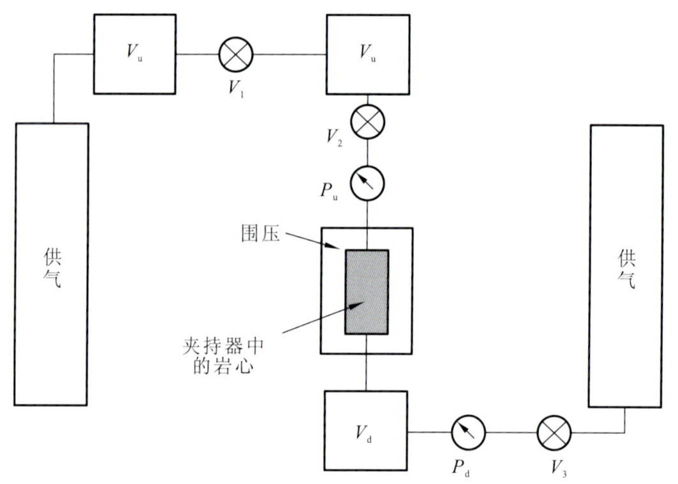

图 7.26　分步脉冲衰减法测渗透率装置

Pan 等（2015）采用常规脉冲衰减法测量页岩的各向异性渗透率。该方法将制备好的立方体页岩样品装入用 3D 打印机打印好的模具中。通过旋转模具中的立方体页岩样品方向以测量各方向的渗透率，并在脉冲衰减实验中逐步增加围压研究应力作用下的渗透率行为。经过研究发现页岩具有很强的各向异性，且平行于层理的渗透率高于垂直于层理的渗透率。

2. GRI 法（压力下降法）

GRI 法是脉冲衰减法的一种衍生方法（Luffel and Guidry，1992，1989），通常也称为压力下降法。该方法最初是为了在不考虑地应力的情况下从岩屑中获得渗透率，后来有学者对其进行改进，使其能够在地应力条件下分析完整岩心柱样品（Cui and Brezovski，2013；Cui et al.，2010）。表 7.8 为 GRI 法和脉冲衰减法对致密岩石的实验测量结果对比。

表 7.8　GRI 法和脉冲衰减法的实验测量结果

作者	年份	岩石类型	来源	样品尺寸	测试方向	测试流体	方法	孔隙压力	有效压力	温度	表观渗透率
Luffel 等	1993	页岩	阿巴拉契亚盆地	圆柱（直径：38 mm，长：6～13 mm） 颗粒（粒径：0.5～0.84 mm）	—	He	GRI 法/脉冲衰减法	GRI 法：0.7 MPa 脉冲衰减法：6.9 MPa	20.7 MPa	—	GRI 法：0.004～0.45 nD 脉冲衰减法：0.002～0.08 nD
Ghanizadeh 等	2015a	页岩	加拿大Duvernay组	圆柱（直径：38 mm，长：45.7 mm） 颗粒（0.5～0.84 mm）	平行于层理	GRI：He PD：N_2	GRI 法/脉冲衰减法	GRI 法：1.5 MPa 脉冲衰减法：6.9 MPa	3.5 MPa，40.4 MPa	—	GRI 法：初始状态 0.37～5.9 nD；干燥 38 nD～1.1 μD 脉冲衰减法：0.002～0.08 nD
Ghanizadeh 等	2015b	粉砂岩	加拿大Montney组和Bakken组	圆柱（直径：38 mm，长：49～53 mm）	平行于层理	GRI：He PD：N_2	GRI 法/脉冲衰减法	GRI 法：1.5 MPa 脉冲衰减法：2.7～6.9 MPa	3.1 MPa，20 MPa	—	GRI 法：3.3～46 nD 脉冲衰减法：1 nD～5 μD
Cui 和 Brezovski	2013	页岩	加拿大西部上Montney 组部	圆柱（直径：30 mm，长：30～40 mm）	平行于层理	He，Ar，癸烷	GRI 方法/脉冲衰减	3.45～6.9 MPa	0.7～48 MPa	—	0.1～1 μD
Yang 等	2015	致密岩	中国四川省	圆柱（直径：25 mm，长：30 mm）	—	He	单室脉冲衰减法 / 脉冲衰减法	8～13.5 MPa	1.75 MPa	30 ℃	单室脉冲衰减法：～63 nD 脉冲衰减法：～68 nD

GRI 法的测量优势在于实验速度更快，以及颗粒岩屑比完整的岩石圆柱更容易获得。此外，对于具有吸附特性的页岩，可将破碎岩心测量作为吸附实验的一部分，建立岩石的吸附等温线（Civan and Devegowda，2015；Kim et al.，2015）。但 GRI 法应用于颗粒样品的测量也存在一些不足：①GRI 法不对样品施加围压，会导致测量结果较地层实际情况偏大；②GRI 法对样品、实验过程及计算方法没有统一的标准，这就导致不同装置所测结果相差较大。

经典的 GRI 颗粒渗透率测试装置如图 7.27 所示，该装置由参考室（体积 V_r）、样品室（体积 V_s）和高精度传感器组成。测试需要在恒温条件下进行，测试气体一般为氦气。目前研究发现颗粒渗透率与颗粒粒径有比较强的正相关性，认为破碎样品的渗透率测量受到颗粒大小的影响（Achang et al.，2017；Cui and Brezovski，2013）。Cui 和 Brezovski（2013）建议应测定不同样品粒径大小的渗透率，来体现块状样品和破碎页岩的区别。Achang 等（2017）认为最佳的测试颗粒尺寸在 1.0～1.4 mm。

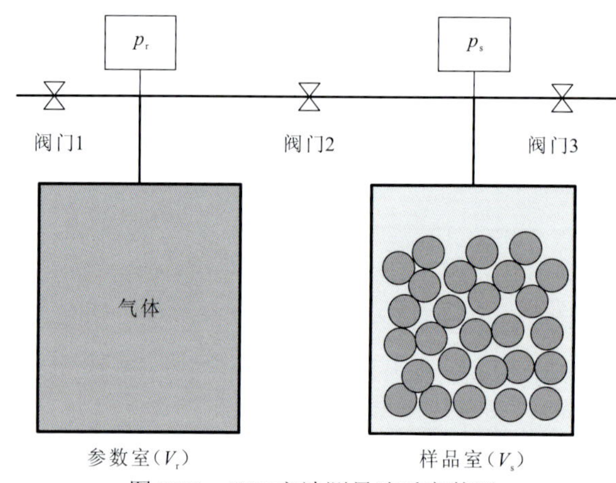

图 7.27　GRI 方法测量渗透率装置

3. GRI 方法的扩展

Cui 等（2010）和 Yang 等（2015）修改了 GRI 法，使其能够在压力条件下分析岩心样品。Cui 等（2010）的设计装置如图 7.28 所示，岩心柱放入有围压的样品室中并保持压力

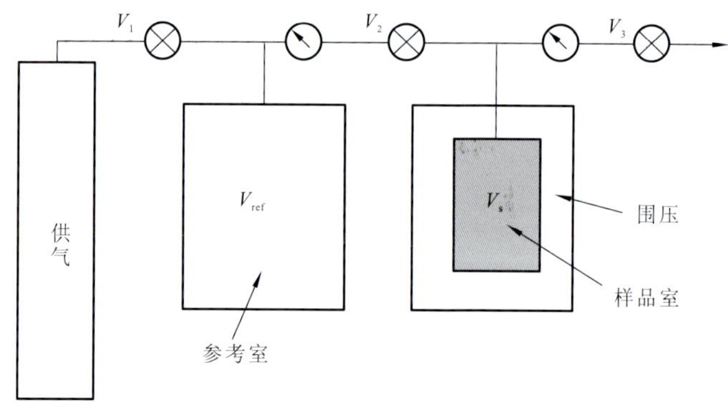

图 7.28　使用岩心柱 GRI 法的实验装置示意图

平衡。实验开始时，打开阀门 2，监测并记录参考室中的压力变化，直到系统达到平衡，根据压力变化计算渗透率。Yang 等（2015）也提出了一种类似的技术，称为单室脉冲衰减。

7.4.3　高压压汞法

许多学者通过解释高压压汞进退汞曲线来推导岩石渗透率（Katz and Thompson，1987；Swanson，1981；Kolodzie，1980）。对压汞数据的分析可以分为关联法和理论模型法。关联法是将毛细管压力曲线参数与渗透率数据进行关联。这种方法需要依赖大量的数据来建立这种相关性。

理论模型法是利用数学模型从进汞数据中预测渗透率。Katz 和 Thompson（1986）提出当汞在一定压力下从一个孔隙网络体系进入另一个孔隙网络体系时，可以通过压汞曲线估算出对应的临界孔喉半径（Davudo and Moghanloo，2018；Katz and Thompson，1986）。基于高压压汞的页岩渗透率（K_r）计算方法如下：

$$K_r = \frac{1}{89}(L_{max})^2 \frac{L_{max}}{L_c} \phi S(L_{max}) \tag{7.4}$$

式中：L_{max} 为当水力传导系数值处于最大时的孔喉直径；L_c 为当汞完全贯穿（渗滤）样品时的临界压力所对应的临界孔喉直径；$S(L_{max})$为对应于 L_{max} 的汞饱和度；ϕ 为孔隙度。

Gao 和 Hu（2013）基于 Katz 和 Thompson（KT）方法测量了渤海湾盆地东营凹陷古近系沙河街组页岩渗透率。图 7.29（a）～（c），为进汞量之差的对数值与进汞压力关

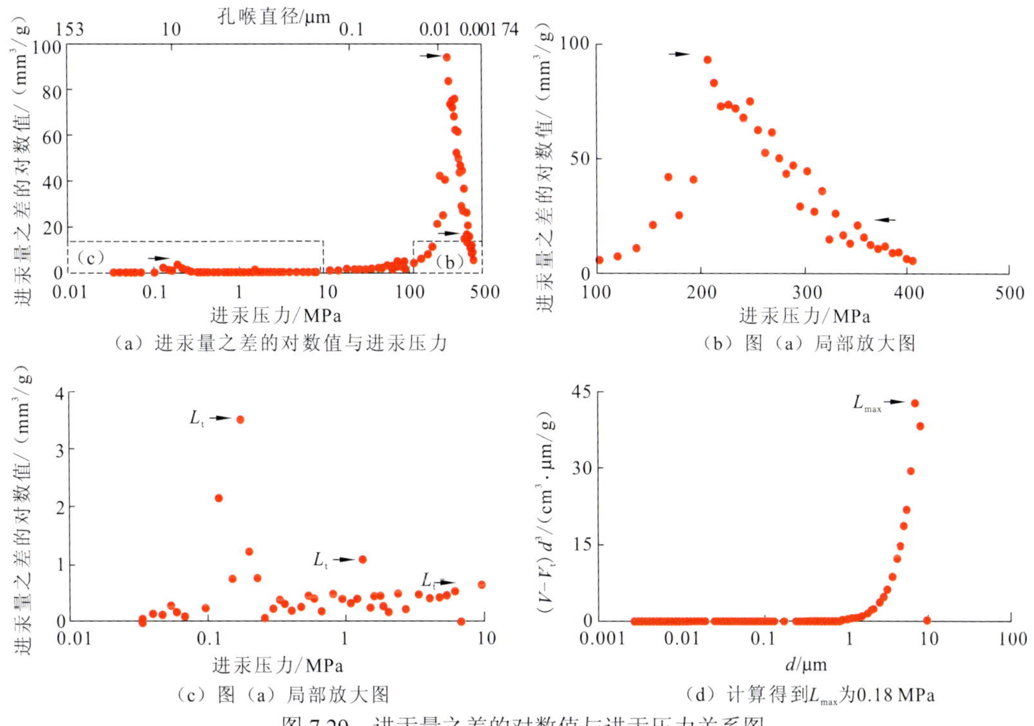

图 7.29　进汞量之差的对数值与进汞压力关系图

系图。从图 7.29（a）中可以看到微米—纳米级别孔喉分布不均，孔喉直径多集中在 10 nm 左右的高压段。将高压段和低压端放大到图 7.29（b）、（c），可以识别出改区段中的临界压力（累计进汞曲线拐点处的压力）。图 7.29（d）为计算得出的 L_{max}，指出了图 7.29（a）中 0.18 MPa 处拐点对应的 L_{max}。Gao 和 Hu（2013）进一步提出了新的、更简单的经验公式来预测渗透率[式（7.5）]，该公式仅使用中值孔喉半径（r_{50}）（对应于 50%汞饱和度的孔喉半径）就可以预测页岩的渗透率，并确认了用新公式预测的渗透率与其他测量方法得到的渗透率具有可比性：

$$\lg K_r = 2.225\lg r_{50} + 0.214 \tag{7.5}$$

式中：r_{50} 为对应于 50%汞饱和度的孔喉半径。

图 7.30 为作者设计的定向压汞技术的示意图，此技术可以表征页岩各向异性。该方法采用环氧树脂包覆正方体页岩四面仅保留需要测试的对立两面，在进行高压压汞测试过程中环氧树脂包覆面会阻止汞流体侵入，故汞侵入过程仅会由预留面方向进行。测试完成后通过式（7.5）计算可得到测试方向的压汞渗透率。根据实验结果发现，页岩垂直纹层方向和平行纹层方向的渗透率存在差异，且随孔隙孔喉直径增加而增加，表现出明显的各向异性。

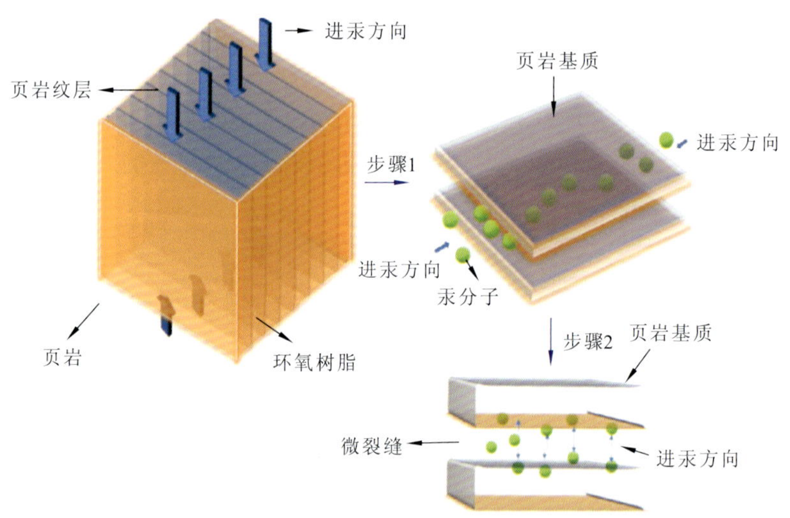

图 7.30　平行纹层压汞示意图

同样有效孔道迂曲度也是表征孔隙连通性的一个重要参数，该参数也可以通过高压压汞数据来获得（Webb，2001；Hager and Jörgen，1998）

$$\tau = \sqrt{\frac{\rho}{24K(1+\rho V_{tot})}\int_{r_{c,min}}^{r_{c,max}} r_c^2 f_v(r_c)\mathrm{d}r_c} \tag{7.6}$$

式中：$\int_{r_{c,min}}^{r_{c,max}} r_c^2 f_v(r_c)\mathrm{d}r_c$ 为孔喉体积概率密度函数；ρ 为体密度，V_{tot} 为总孔体积；τ 为迂曲度；K 为绝对渗透率；r_c 为孔喉半径；$f_v(r_c)\mathrm{d}r_c$ 为单位质量样品中孔喉半径在 r_c 到 $r_c+\mathrm{d}r_c$ 的孔隙体积。

Gensterblum 等（2015）总结了高压压汞法测定渗透率的几个缺点：①极高的流体压

力和注入压力（最高可达 413 MPa），可能导致试样压缩或压裂；②数据转换需要假设界面张力和接触角；③该方法只能表征 3 nm 以上孔喉的孔隙网络连通性。

7.4.4 核磁共振法

核磁共振法是根据孔隙特性和流体特征提出的间接估算渗透率的技术。Seevers（1966）、Timur（1968）和 Kenyon 等（1988）最先提出了通过核磁共振测量来估算渗透率的方法。Westphal 等（2005）提出核磁共振测量可以评价孔隙的连通性，并计算连通孔隙的孔隙度。由于页岩孔隙结构的复杂性，应用于砂岩和碳酸盐岩的测量渗透率方法并不适用于页岩。非常规油气中常用 Schlumberger-DollResearch（SDR）模型[式（7.7）]和 Timur-Coates 模型（自由流体模型）（Coates et al.，1999）[式（7.8）]进行渗透率的预测：

$$K_{\mathrm{r}} = C\phi^4 \times T_{2\mathrm{g}}^2 \tag{7.7}$$

式中：ϕ为核磁孔隙度；$T_{2\mathrm{g}}$ 为 T_2 分布的几何平均值；C 为与岩石或地层有关的常数。

$$K_{\mathrm{r}} = \left(\frac{\phi}{C_{\mathrm{r}}}\right) \times \left(\frac{\mathrm{FFI}}{\mathrm{BVI}}\right)^2 \tag{7.8}$$

式中：K_{r} 是渗透率，mD；C_{r} 为一个与不同岩性有关的常数；FFI 为自由流体体积；BVI 为束缚流体体积。

Li 等（2017）基于 Timur-Coates 模型，通过线性回归得到了适用于页岩的常数，并确定了一个新的页岩模型，该模型对云南东部下寒武统页岩渗透率的预测效果良好。Tan 等（2015）考虑到页岩中干酪根或矿物颗粒的孤立孔隙阻碍了流体的渗透，通过数据拟合方法建立了关于渗透率、核磁共振有效孔隙度和黏土结合水体积的公式。表 7.9 总结了不同理论预测渗透率的方法，有一些新的模型仅适用于部分地区，还需要更多的实验室试验来验证这些模型的合理性。

表 7.9　核磁共振测量渗透率的模型

参考文献	渗透率模型	基础
Yao 等（2010）	$K = 0.49 \exp\left(\frac{\phi_{\mathrm{p}}}{135}\right) - 0.54$	有效孔隙度与渗透率之间的关系
Yao 等（2015）	$K = 0.022\,4(T_{2\mathrm{gm}}^{\mathrm{b}})^{0.182}(T_{2\mathrm{gm}}^{\mathrm{a}})^{1.534}$ $K = 0.05(T_{2\mathrm{gm}}^{\mathrm{b}})^{0.235}\left(\frac{S_{\mathrm{f}}}{S_{\mathrm{b}}}\right)^{3.365}$	SDR 模型 Timur-Coates 模型
Li 等（2012）	$\begin{cases} K = 0.000\,7\phi^4\left(\frac{\mathrm{FFI}}{\mathrm{BVI}}\right)^2 + 0.021, & 1.0 < R_{\mathrm{o}} < 2.1 \\ K = 1.916\,5(\phi_{\mathrm{m}})^{4.294\,4}, & 2.1 < R_{\mathrm{o}} < 3.6 \end{cases}$	煤阶与渗透率的关系
Zou 等（2013）	$K = 199\,119.4\phi_{\mathrm{f}}^3 + 37\,412.9\Phi_{\mathrm{p}}^3$	三重孔隙度模型/双渗透率模型
Li 等（2016）	$\left(\frac{\mathrm{FFI}}{\mathrm{BVI}}\right)^{0.5} = 11.62\left(\frac{K_{\mathrm{NMR}}^{0.25}}{\phi_{\mathrm{N}}}\right) - 0.336$	Coates 模型

7.4.5 小角散射法

应用小角中子散射技术，结合对比匹配法是研究不同流体在页岩中可进入性的有效手段之一。小角中子散射技术与对比匹配技术结合，可以得到绝对压力下甲烷在页岩孔隙中的分布特征。同样，甲烷在页岩孔隙中的分布特征也可以采用核磁共振测量方法（Valori et al.，2017）。所以核磁共振与小角中子散射技术结合优势互补可以更准确地对页岩渗透性进行评价。同样小角中子散射与其他技术结合也可以对页岩渗透性进行评价。Clarkson 等（2012b）通过利用小角中子散射/超小角中子散射技术与氦气比重法结合发现氦气孔隙度与小角中子散射总孔隙度的比值可以对页岩样品的渗透率大小进行一定程度的指示。

对于甲烷在页岩孔隙中的可及性的研究，作者通过以某一龙马溪组页岩为例进行研究。从图 7.31（a）中可以看到，在 50 MPa 环境压力下该样品在注入氘代甲烷后样品孔隙度从 1.98%下降到了 0.97%，说明样品中存在大量甲烷无法进入的孔隙。图 7.31（b）为从此样品中提取有机质进行对比匹配实验的结果，表明甲烷几乎填充了全部有机孔隙。因此通过小角中子散射技术表征甲烷在页岩中的可进入性为测定页岩渗透率提供了一种新的思路。大量研究表明，随着页岩中含水率的增加，页岩的渗透率会逐渐降低。在页岩气的开采过程中，大量的压裂液滞留在页岩基质中，压裂液占据大量孔隙会导致其相对渗透率降低，氘代水（D_2O）可以作为有效的对比匹配流体，通过对比匹配实验表征其在页岩储层中水的可进入性，以及对甲烷可进入性的影响。渗透率是影响页岩油气生产关键因素，虽然目前关于小角散射技术对渗透率评价方面的研究较少，凭借小角散射技术的独特优势在未来小角散射技术对渗透率评价将会是一个有效的途径。

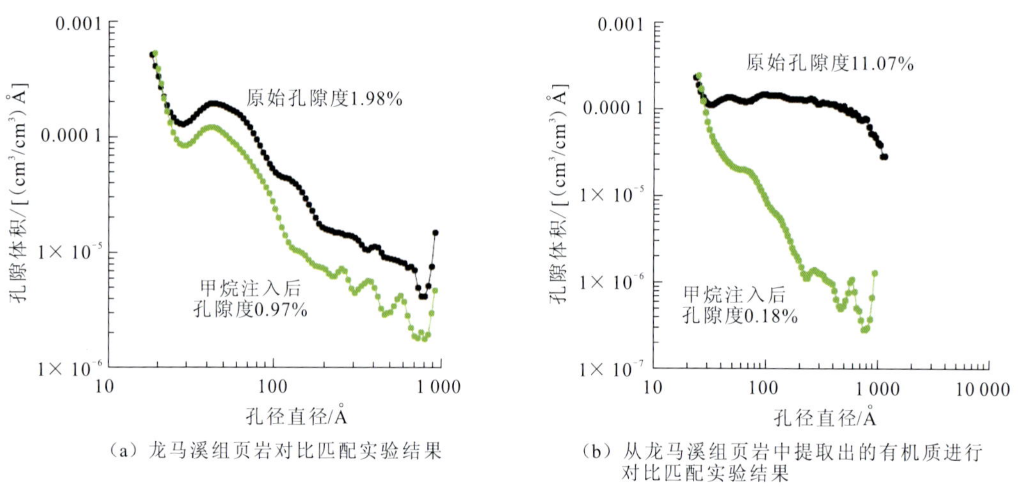

（a）龙马溪组页岩对比匹配实验结果

（b）从龙马溪组页岩中提取出的有机质进行对比匹配实验结果

图 7.31 甲烷在页岩中可进入性表征

参 考 文 献

康毅力, 白佳佳, 李相臣, 等, 2019. 水-岩作用对富有机质页岩应力敏感性的影响：以渝东南地区龙马溪组页岩为例[J]. 油气藏评价与开发, 9(5): 54-62.

李延钧, 冯媛媛, 刘欢, 等, 2013. 四川盆地湖相页岩气地质特征与资源潜力[J]. 石油勘探与开发, 40(4): 423-428

卢运虎, 杨典儒, 金衍, 等, 2020. 深层龙马溪组页岩气藏黏土矿物水岩作用微观机制[J]. 地球化学, 49(1): 76-83.

庞忠和, 1996. 全体系地球化学模拟与水岩相互作用研究[J]. 地学前缘(3): 120-124.

孙张涛, 吴西顺, 2014. 页岩气开采中的水力压裂与无水压裂技术[J]. 国土资源情报 (5): 51-55.

叶聪林, 郑国东, 赵军, 2010. 油气储层中水岩作用研究现状[J]. 矿物岩石地球化学通报, 29(1): 89-97.

游利军, 王巧智, 康毅力, 等, 2014. 压裂液浸润对页岩储层应力敏感性的影响[J]. 油气地质与采收率, 21(6): 102-106.

游利军, 谢本彬, 杨建, 等, 2018. 页岩气井压裂液返排对储层裂缝的损害机理[J]. 天然气工业, 38(12): 61-69.

张政, 曹函, 王天一, 等, 2019. 水岩作用下湘西北页岩膨胀抑制性实验研究[J]. 科技通报, 35(12): 6-11.

ACHANG M, PASHIN J C, CUI X, 2017. The influence of particle size, microfractures, and pressure decay on measuring the permeability of crushed shale samples[J]. International journal of coal geology, 183: 174-187.

ALI M, HASCAKIR B, 2017. Water/rock interaction for Eagle Ford, Marcellus, Green river, and Barnett shale samples and implications for hydraulic-fracturing-fluid engineering[J]. SPE journal, 22(1): 162-171.

ANOVITZ L M, COLE D R, 2015. Characterization and analysis of porosity and pore structures[J]. Reviews in mineralogy and geochemistry, 80(1): 61-164.

BAHADUR J, RUPPERT L F, PIPICH V, et al., 2018. Porosity of the Marcellus shale: a contrast matching small-angle neutron scattering study[J]. International journal of coal geology, 188: 156-164.

BAI B, ELGMATI M, ZHANG H, et al., 2013. Rock characterization of Fayetteville shale gas plays[J]. Fuel, 105: 645-652.

BORYSENKO A, CLENNELL B, SEDEV R, et al., 2009. Experimental investigations of the wettability of clays and shales[J]. Journal of geophysical research: Solid earth, 114(B7): 1-11.

BOULIN P F, BRETONNIER P, GLAND N, et al., 2012. Contribution of the steady state method to water permeability measurement in very low permeability porous media[J]. Oil & gas science and technology, 67(3): 387-401.

BRACE W F, WALSH J, FRANGOS W, 1968. Permeability of granite under high pressure[J]. Journal of geophysical research, 73(6): 2225-2236.

BRANCO F R, GIL N A, 2017. NMR study of carbonates wettability[J]. Journal of petroleum science and engineering, 157: 288-294.

CHALMERS G R L, BUSTIN R M, 2012. Geological evaluation of Halfway-Doig-Montney hybrid gas shale-tight gas reservoir, northeastern British Columbia[J]. Marine and petroleum geology, 38(1): 53-72.

CHEN Y, WEI L, MASTALERZ M, et al., 2015. The effect of analytical particle size on gas adsorption porosimetry of shale[J]. International journal of coal geology, 138: 103-112.

CHENG F, YUJIANG S, JIANFEI H, et al., 2017. Nuclear magnetic resonance features of low-permeability reservoirs with complex wettability[J]. Petroleum exploration and development, 44(2): 274-279.

CIVAN F, DEVEGOWDA D, 2015. Comparison of shale permeability to gas determined by pressure-pulse transmission testing of core plugs and crushed samples[C]//Unconventional resources technology conference, San Antonio, Texas, USA, July 2015.Oklahoma: Society of Petroleum Engineers: 1-13.

CLARKSON C R, FREEMAN M, HE L, et al., 2012a. Characterization of tight gas reservoir pore structure using USANS/SANS and gas adsorption analysis[J]. Fuel, 95: 371-385.

CLARKSON C R, JENSEN J L, CHIPPERFIELD S, 2012b. Unconventional gas reservoir evaluation: What do we have to consider?[J]. Journal of natural gas science and engineering, 8: 9-33.

COATES G R, XIAO L, PRAMMER M G, 1999. NMR logging: Principles and applications[M]. Houston: Haliburton Energy Services: 1.

CUI A, BREZOVSKI R, 2013. Laboratory permeability and diffusivity measurements of unconventional reservoirs: Useless or full of information? A montney example from the Western Canada Sedimentary Basin[C]// SPE Unconventional resources conference and Exhibition-Asia Pacific, Brisbane, Australia, November 2013. Society of Petroleum Engineers: 1-12.

CUI X A, BUSTIN R M, BREZOVSKI R, et al., 2010. A new method to simultaneously measure in-situ permeability and porosity under reservoir conditions: Implications for characterization of unconventional gas reservoirs[C]//Canadian unconventional resources and international petroleum conference, Calgary, Alberta, Canada, October 2010.Oklahoma: Society of Petroleum Engineers: 1-15.

DAVUDOV D, MOGHANLOO R G, 2018. Scale-dependent pore and hydraulic connectivity of shale matrix[J]. Energy & fuels, 32(1): 99-106.

DEHGHANPOUR H, ZUBAIR H A, CHHABRA A, et al., 2012. Liquid intake of organic shales[J]. Energy & fuels, 26(9): 5750-5758.

DEHGHANPOUR H, LAN Q, SAEED Y, et al., 2013. Spontaneous imbibition of brine and oil in gas shales: Effect of water adsorption and resulting microfractures[J]. Energy & fuels, 27(6): 3039-3049.

DONG M, LI Z, LI S, et al., 2012. Permeabilities of tight reservoir cores determined for gaseous and liquid CO_2 and C_2H_6 using minimum backpressure method[J]. Journal of natural gas science and engineering, 5: 1-5.

ELGMATI M M, ZOBAA M, ZHANG H, et al., 2011. Palynofacies analysis and submicron pore modeling of shale-gas plays[C]//North American unconventional gas conference and exhibition, The Woodlands, Texas, USA, June 2011. Oklahoma: Society of Petroleum Engineers: 1-12.

ENGELDER T, CATHLES L M, BRYNDZIA L T, 2014. The fate of residual treatment water in gas shale[J]. Journal of unconventional oil and gas resources, 7: 33-48.

FREEDMAN R, HEATON N, 2003. Wettability saturation and viscosity from NMR measurements[J]. SPE journal, 8(4): 45-61.

GAO Z, HU Q, 2013. Estimating permeability using median pore-throat radius obtained from mercury intrusion porosimetry[J]. Journal of geophysics and engineering, 10(2): 1-7.

GAO Z, HU Q, 2016. Wettability of Mississippian Barnett shale samples at different depths: Investigations from directional spontaneous imbibition[J]. AAPG bulletin, 100(1): 101-114.

GAO Z, HU Q, 2018. Pore structure and spontaneous imbibition characteristics of marine and continental shales in China[J]. AAPG bulletin, 102(10): 1941-1961.

GAO T L , ZHANG H, 2014. Formation and enrichment mode of Jiaoshiba shale gas field, Sichuan Basin[J]. Petroleum exploration and development, 41(1): 31-40.

GAO Z, YANG S, JIANG Z, et al., 2018. Investigating the spontaneous imbibition characteristics of continental Jurassic Ziliujing Formation shale from the northeastern Sichuan Basin and correlations to pore structure and composition[J]. Marine and petroleum geology, 98: 697-705.

GAO Z, FAN Y, HU Q, et al., 2019. A review of shale wettability characterization using spontaneous imbibition experiments[J]. Marine and petroleum geology, 109: 330-338.

GENSTERBLUM Y, GHANIZADEH A, CUSS R J, et al., 2015. Gas transport and storage capacity in shale gas reservoirs: A review. part A: Transport processes[J]. Journal of unconventional oil and gas resources, 12: 87-122.

GHANBARI E, DEHGHANPOUR H, 2015. Impact of rock fabric on water imbibition and salt diffusion in gas shales[J]. International journal of coal geology, 138: 55-67.

GHANIZADEH A, BHOWMIK S, HAERI-ARDAKANI O, et al., 2015a. A comparison of shale permeability coefficients derived using multiple non-steady-state measurement techniques: Examples from the Duvernay Formation, Alberta (Canada)[J]. Fuel, 140: 371-387.

GHANIZADEH A, CLARKSON C R, AQUINO S, et al., 2015b. Petrophysical and geomechanical characteristics of Canadian tight oil and liquid-rich gas reservoirs: I. Pore network and permeability characterization [J]. Fuel, 153: 664-681.

GU X, MILDNER D F R, COLE D R, et al., 2016. Quantification of organic porosity and water accessibility in marcellus shale using neutron scattering[J]. Energy & fuels, 30(6): 4438-4449.

HAGER, JÖRGEN, 1998. In department of chemical engineering[D]. Sweden: Lund University.

HABIBI A, DEHGHANPOUR H, BINAZADEH M, et al., 2016. Advances in understanding wettability of tight oil formations: A montney case study[J]. SPE reservoir evaluation & engineering, 19(4): 583-603.

HANDY L L, 1960. Determination of effective capillary pressures for porous media from imbibition data[J]. Transactions of the AIME-adsorption, 219(1): 75-80.

HAZRA B, WOOD D A, VISHAL V, et al., 2018. Porosity controls and fractal disposition of organic-rich Permian shales using low-pressure adsorption techniques[J]. Fuel, 220: 837-848.

HU Q, EWING R P, ROWE H D, 2015. Low nanopore connectivity limits gas production in Barnett formation[J]. Journal of geophysical research: Solid earth, 120(12): 8073-8087.

HU Q, ZHANG Y, Meng X, et al., 2017. Characterization of micro-nano pore networks in shale oil reservoirs of Paleogene Shahejie Formation in Dongying Sag of Bohai Bay Basin, east China[J]. Petroleum exploration and development, 44(5): 720-730.

JIANG Y, FU Y, LEI Z, et al., 2019. Experimental NMR analysis of oil and water imbibition during fracturing in Longmaxi shale, SE Sichuan Basin[J]. Journal of the Japan petroleum institute, 62(1): 1-10.

JONES S C, 1972. A rapid accurate unsteady-state Klinkenberg permeameter[J]. Society of petroleum engineers journal, 12(5): 383-397.

JONES S C, 1997. A technique for faster pulse-decay permeability measurements in tight rocks[J]. SPE formation evaluation, 12(1): 19-26.

KATZ A, THOMPSON A, 1986. Quantitative prediction of permeability in porous rock[J]. Physical review B, 34(11): 8179-8181.

KATZ A, THOMPSON A, 1987. Prediction of rock electrical conductivity from mercury injection measurements[J]. Journal of geophysical research: Solid earth, 92(B1): 599-607.

KENYON W, DAY P, STRALEY C, et al., 1988. A three-part study of NMR longitudinal relaxation properties of water-saturated sandstones[J]. SPE formation evaluation, 3(3): 622-636.

KIM C, JANG H, LEE J, 2015. Experimental investigation on the characteristics of gas diffusion in shale gas reservoir using porosity and permeability of nanopore scale[J]. Journal of petroleum science and engineering, 133: 226-237.

KING J R H E, EBERLE A P, WALTERS C C, et al., 2015. Pore architecture and connectivity in gas shale[J]. Energy & fuels, 29(3): 1375-1390.

KOLODZIE J R S, 1980. Analysis of pore throat size and use of the Waxman-Smits equation to determine OOIP in Spindle Field, Colorado[C]//SPE annual technical conference and exhibition, September 1980. Oklahoma: Society of Petroleum Engineers: 1-13.

KORB J, NICOT B, JOLIVET I, 2018. Dynamics and wettability of petroleum fluids in shale oil probed by 2D T_1-T_2 and fast field cycling NMR relaxation[J]. Microporous and mesoporous materials, 269: 7-11.

LAN Q, XU M, BINAZADEH M, et al., 2015. A comparative investigation of shale wettability: The significance of pore connectivity[J]. Journal of natural gas science and engineering, 27: 1174-1188.

LASSEUX D, JANNOT Y, PROFICE S, et al., 2012. The "Step Decay": A new transient method for the simultaneous determination of intrinsic permeability, klinkenberg coefficient and porosity on very tight rocks[C]//International symposium of the society of core analysts, Aberdeen, Scotland, August 2012. Scotland: Society of Core Analysts: 27-30.

LÁSZLÓ C, ÁGOSTON S, TAMÁS P, et al., 2012. Structural evolution of the northwestern Zagros, Kurdistan Region, Iraq: Implications on oil migration[J]. GeoArabia, 17(2): 81-116.

LI S, DONG M, LI Z, 2009. Measurement and revised interpretation of gas flow behavior in tight reservoir cores[J]. Journal of petroleum science and engineering, 65(1-2): 81-88.

LI S, TANG D, XU H, et al., 2012. Porosity and permeability models for coals using low-field nuclear magnetic resonance[J]. Energy & fuels, 26(8): 5005-5014.

LI J, LI X, WANG X, et al, 2016. Water distribution characteristic and effect on methane adsorption capacity in shale clay[J]. International journal of coal geology, 159: 135-154.

LI A, DING W, WANG R, et al., 2017. Petrophysical characterization of shale reservoir based on nuclear magnetic resonance (NMR) experiment: a case study of Lower Cambrian Qiongzhusi Formation in eastern Yunnan Province, South China[J]. Journal of natural gas science and engineering, 37: 29-38.

LIANG L, XIONG J, LIU X, 2015. Experimental study on crack propagation in shale formations considering hydration and wettability[J]. Journal of natural gas science and engineering, 23: 492-499.

LIANG C, JIANG Z, CAO Y, et al., 2016. Deep-water depositional mechanisms and significance for unconventional hydrocarbon exploration: A case study from the lower Silurian Longmaxi shale in the southeastern Sichuan Basin[J]. AAPG bulletin, 100(5): 773-794.

LIN W, 1977. Compressible fluid flow through rocks of variable permeability[R]. California: California University, Livermore (USA). Lawrence Livermore Lab.

LOUCKS R G, REED R M, RUPPEL S C, et al., 2009. Morphology, genesis, and distribution of nanometer-scale pores in siliceous mudstones of the Mississippian Barnett shale[J]. Journal of sedimentary research, 79(12): 848-861.

LUFFEL D L, GUIDRY F K, 1989. Reservoir rock properties of Devonian shale from core and log analysis[C]// SCA International symposium on core analysis. Dallas, 1989. Texas: Society of Core Analysts, 1989.

LUFFEL D L, GUIDRY F K, 1992. New core analysis methods for measuring reservoir rock properties of devonian shale[J]. Journal of petroleum technology, 44(11): 1184-1190.

LUFFEL D L, HOPKINS C W, SCHETTLER P D, 1993. Matrix permeability measurement of gas productive shales[C]//SPE Annual Technical Conference and Exhibition, Houston, Texas, October 1993. Society of petroleum engineers: 1-10.

MAKHANOV K, DEHGHANPOUR H, KURU E, 2012. An experimental study of spontaneous imbibition in Horn River shales[C]// SPE Canadian unconventional resources conference, Calgary, Alberta, Canada, October 2012. Oklahoma: Society of Petroleum Engineers: 1-13.

MALKOVSKY V, ZHARIKOV A, SHMONOV V, 2009. New methods for measuring the permeability of rock samples for a single-phase fluid[J]. Izvestiya, physics of the solid earth, 45(2): 89-100.

MASTALERZ M, SCHIMMELMANN A, DROBNIAK A, et al., 2013. Porosity of devonian and mississippian new albany shale across a maturation gradient: Insights from organic petrology, gas adsorption, and mercury intrusion[J]. AAPG bulletin, 97(10): 1621-1643.

MASTALERZ M, HAMPTON L, DROBNIAK A, et al., 2017. Significance of analytical particle size in low-pressure N_2 and CO_2 adsorption of coal and shale[J]. International journal of coal geology, 178: 122-131.

MIRCHI V, SARAJI S, GOUAL L, et al., 2014. Dynamic interfacial tensions and contact angles of surfactant-in-brine/oil/shale systems: Implications to enhanced oil recovery in shale oil reservoirs[C]// SPE improved oil recovery symposium, Tulsa, Oklahoma, USA, April 2014. Oklahoma: Society of Petroleum

Engineers: 1-17.

ODUSINA E O, SONDERGELD C H, RAI C S, 2011. NMR study of shale wettability[C]// Canadian unconventional resources conference, Calgary, Alberta, Canada, November 2011.Oklahoma: Society of Petroleum Engineers: 1-22.

PAN Z, MA Y, CONNELL L D, et al., 2015. Measuring anisotropic permeability using a cubic shale sample in a triaxial cell[J]. Journal of natural gas science and engineering, 26: 336-344.

PAN B, LI Y, WANG H, et al., 2018. CO_2 and CH_4 wettabilities of organic-rich shale[J]. Energy & fuels, 32(2): 1914-1922.

PENG S, XIAO X, 2017. Investigation of multiphase fluid imbibition in shale through synchrotron-based dynamic micro-CT imaging[J]. Journal of geophysical research: Solid earth, 122(6): 4475-4491.

PHAN T T, GARDINER J B, CAPO R C, et al., 2018. Geochemical and multi-isotopic ($^{87}Sr/^{86}Sr$, $^{143}Nd/^{144}Nd$, $^{238}U/^{235}U$) perspectives of sediment sources, depositional conditions, and diagenesis of the Marcellus shale, Appalachian Basin, USA[J]. Geochimica et cosmochimica acta, 222: 187-211.

RUSHING J, NEWSHAM K, LASSWELL P, et al., 2004. Klinkenerg-corrected permeability measurements in tight gas sands: Steady-state versus unsteady-state techniques[C]// SPE annual technical conference and exhibition, Houston, Texas, September 2004. Oklahoma: Society of Petroleum Engineers: 1-15.

ROSS D J K, BUSTIN R M, 2008. Characterizing the shale gas resource potential of Devonian-Mississippian strata in the Western Canada sedimentary basin: Application of an integrated formation evaluation[J]. AAPG bulletin, 92(1): 87-125.

ROSS D J K, BUSTIN R M, 2009. The importance of shale composition and pore structure upon gas storage potential of shale gas reservoirs[J]. Marine and petroleum geology, 26(6): 916-927.

SEEVERS D O, 1966. A nuclear magnetic method for determining the permeability of sandstones[C]//SPWLA 7th annual logging symposium, Tulsa, Oklahoma, May 1966. Society of Petrophysicists & Well Log Analysts: 1-14.

SINHA S, BRAUN E M, PASSEY Q R, et al., 2012. Advances in measurement standards and flow properties measurements for tight rocks such as shales[C]// SPE/EAGE European unconventional resources conference and exhibition, Vienna, Austria, March 2012. Society of petroleum engineers: 1-13.

SINHA S, BRAUN E M, DETERMAN M D, et al., 2013. Steady-state permeability measurements on intact shale samples at reservoir conditions-effect of stress, temperature, pressure, and type of gas[C]// SPE middle east oil and gas show and conference, Manama, Bahrain, March 2013. Oklahoma: Society of Petroleum Engineers: 1-16.

SULUCARNAIN I D, SONDERGELD C H, RAI C S, 2012. An NMR study of shale wettability and effective surface relaxivity[C]// SPE canadian unconventional resources conference, Calgary, Alberta, Canada, October 2012. Oklahoma: Society of Petroleum Engineers: 1-12.

SUN M, YU B, HU Q, et al., 2017a. Pore connectivity and tracer migration of typical shales in south China[J]. Fuel, 203: 32-46.

SUN M, YU B, HU Q, et al., 2017b. Pore characteristics of Longmaxi shale gas reservoir in the Northwest of

Guizhou, China: Investigations using small-angle neutron scattering (SANS), helium pycnometry, and gas sorption isotherm[J]. International journal of coal geology, 171: 61-68.

SUN M, ZHANG L, HU Q, et al., 2019. Pore connectivity and water accessibility in Upper Permian transitional shales, southern China[J]. Marine and petroleum geology, 107: 407-422.

SWANSON B F, 1981. A simple correlation between permeabilities and mercury capillary pressures[J]. Journal of petroleum technology, 33(12): 2, 498-2, 504.

SWIFT A M, ANOVITZ L M, SHEETS J M, et al., 2014. Relationship between mineralogy and porosity in seals relevant to geologic CO_2 sequestration[J]. Environmental geosciences, 21(2): 39-57.

TAN M , MAO K , SONG X , et al., 2015. NMR petrophysical interpretation method of gas shale based on core NMR experiment[J]. Journal of petroleum science and engineering, 136: 100-111.

TAKAHASHI S, KOVSCEK A R, 2010. Wettability estimation of low-permeability, siliceous shale using surface forces[J]. Journal of petroleum science and engineering, 75(1/2): 33-43.

TIAN H, PAN L, XIAO X, et al., 2013. A preliminary study on the pore characterization of Lower Silurian black shales in the Chuandong Thrust Fold Belt, southwestern China using low pressure N_2 adsorption and FE-SEM methods[J]. Marine and petroleum geology, 48: 8-19.

TIMUR A, 1968. An investigation of permeability, porosity, and residual water saturation relationships[C]// SPWLA 9th annual logging symposium, New Orleans, Louisiana, June 1968. Society of petrophysicists & well log analysts: 1-12

VALORI A, VAN DEN BERG S, ALI F, et al., 2017. Permeability estimation from NMR time dependent methane saturation monitoring in shales[J]. Energy & fuels, 31(6): 5913-5925.

WANG L, FU Y, LI J, et al., 2016. Mineral and pore structure characteristics of gas shale in Longmaxi formation: A case study of Jiaoshiba gas field in the southern Sichuan Basin, China[J]. Arabian journal of geosciences, 9(19): 733.

WANG L, FU Y, LI J, et al., 2017. Experimental study on the wettability of Longmaxi gas shale from Jiaoshiba gas field, Sichuan Basin, China[J]. Journal of petroleum science and engineering, 151: 488-495.

WARDLAW N, CASSAN J, 1979. Oil recovery efficiency and the rock-pore properties of some sandstone reservoirs[J]. Bulletin of canadian petroleum geology, 27(2): 117-138.

WEBB P A, 2001. An introduction to the physical characterization of materials by mercury intrusion porosimetry with emphasis on reduction and presentation of experimental data[M/OL]. Georgia: Micromeritics instrument Corp. https://anime.micrx.com/Repository/Files/An_Introduction_To_The_Physical_Characterization_of_Materials_by_Mercury.pdf

WESTPHAL H, SURHOLT I, KIESL C, et al., 2005. NMR measurements in carbonate rocks: Problems and an approach to a solution[J]. Pure and applied geophysics, 162(3): 549-570.

XIONG F, JIANG Z, CHEN J, et al., 2016. The role of the residual bitumen in the gas storage capacity of mature lacustrine shale: A case study of the Triassic Yanchang shale, Ordos Basin, China[J]. Marine and petroleum geology, 69: 205-215.

XU M, DEHGHANPOUR H, 2014. Advances in understanding wettability of gas shales[J]. Energy & fuels,

28(7): 4362-4375.

YANG Z, SANG Q, DONG M, et al., 2015. A modified pressure-pulse decay method for determining permeabilities of tight reservoir cores[J]. Journal of natural gas science and engineering, 27: 236-246.

YANG R, HAO F, HE S, et al., 2017. Experimental investigations on the geometry and connectivity of pore space in organic-rich Wufeng and Longmaxi shales[J]. Marine and petroleum geology, 84: 225-242.

YANG R, HU Q, HE S, et al., 2018. Pore structure, wettability and tracer migration in four leading shale formations in the Middle Yangtze Platform, China[J]. Marine and petroleum geology, 89: 415-427.

YANG R, HU Q, HE S, et al., 2019. Wettability and connectivity of overmature shales in the fuling gas field, Sichuan Basin (China)[J]. AAPG bulletin, 103(3): 653-689.

YAO Y, LIU D, CHE Y, et al., 2010. Petrophysical characterization of coals by low-field nuclear magnetic resonance (NMR)[J]. Fuel, 89(7): 1371-1380.

YAO Y, LIU D, LIU J, et al., 2015. Assessing the water migration and permeability of large intact bituminous and anthracite coals using NMR relaxation spectrometry[J]. Transport in porous media, 107(2): 527-542.

YASSIN M R, Hassan Y, 2016. A theory for relative permeability of unconventional rocks with dual-wettability pore network[J].SPE journal, 21(6): 116-121.

YASSIN M R, BEGUM M, DEHGHANPOUR H, 2016. Source rock wettability: A Duvernay case study[C]// Unconventional resources technology conference, San Antonio, Texas, 1-3 August 2016. Society of petroleum engineers: 3039-3057.

YASSIN M R, BEGUM M, DEHGHANPOUR H, 2017. Organic shale wettability and its relationship to other petrophysical properties: A Duvernay case study[J]. International journal of coal geology, 169: 74-91.

YUAN Y, REZAEE R, VERRALL M, et al., 2018. Pore characterization and clay bound water assessment in shale with a combination of NMR and low-pressure nitrogen gas adsorption[J]. International journal of coal geology, 194: 11-21.

ZHANG X, TIAN J, WANG L, et al., 2002. Wettability effect of coatings on drag reduction and paraffin deposition prevention in oil[J]. Journal of petroleum science and engineering, 36(1): 87-95.

ZHANG L, LI J, TANG H, et al., 2014. Fractal pore structure model and multilayer fractal adsorption in shale[J]. Fractals, 22(03): 1-16.

ZOU M, WEI C, ZHANG M, et al., 2013. Classifying coal pores and estimating reservoir parameters by nuclear magnetic resonance and mercury intrusion porosimetry[J]. Energy & fuels, 27(7): 3699-3708.